图数据实战

用图思维和图技术解决复杂问题

[美]丹妮丝·柯斯勒·戈斯内尔（Denise Koessler Gosnell）
[美]马蒂亚斯·布罗谢勒（Matthias Broecheler）著

田夏 梁越 陈思聪 译

Beijing · Boston · Farnham · Sebastopol · Tokyo

O'Reilly Media, Inc. 授权机械工业出版社出版

机械工业出版社
CHINA MACHINE PRESS

英文原版由 O'Reilly Media, Inc. 2020 年出版。

简体中文版由机械工业出版社 2024 年出版。英文原版的翻译得到 O'Reilly Media, Inc. 的授权。此简体中文版的出版和销售得到出版权和销售权的所有者——O'Reilly Media, Inc. 的许可。

版权所有，未得书面许可，本书的任何部分和全部不得以任何形式重制。

北京市版权局著作权合同登记　图字：01-2021-3386 号。

图书在版编目（CIP）数据

图数据实战：用图思维和图技术解决复杂问题 /（美）丹妮丝·柯斯勒·戈斯内尔（Denise Koessler Gosnell），（美）马蒂亚斯·布罗谢勒（Matthias Broecheler）著；田夏，梁越，陈思聪译 . —北京：机械工业出版社，2023.9

书名原文：The Practitioner's Guide to Graph Data: Applying Graph Thinking and Graph Technologies to Solve Complex Problems

ISBN 978-7-111-73628-8

Ⅰ.①图… Ⅱ.①丹… ②马… ③田… ④梁… ⑤陈… Ⅲ.①图像数据处理 Ⅳ.① TN911.73

中国国家版本馆 CIP 数据核字（2023）第 145249 号

机械工业出版社（北京市百万庄大街22号　邮政编码100037）
策划编辑：王春华　　　　　　　　责任编辑：王春华　冯润峰
责任校对：郑　婕　刘雅娜　　　　责任印制：郜　敏
三河市国英印务有限公司印刷
2024 年 3 月第 1 版第 1 次印刷
178mm×233mm · 22 印张 · 451千字
标准书号：ISBN 978-7-111-73628-8
定价：139.00元

电话服务　　　　　　　　　　网络服务
客服电话：010-88361066　　　机　工　官　网：www.cmpbook.com
　　　　　010-88379833　　　机　工　官　博：weibo.com/cmp1952
　　　　　010-68326294　　　金　书　网：www.golden-book.com
封底无防伪标均为盗版　　　　机工教育服务网：www.cmpedu.com

O'Reilly Media, Inc.介绍

O'Reilly以"分享创新知识、改变世界"为己任。40多年来我们一直向企业、个人提供成功所必需之技能及思想,激励他们创新并做得更好。

O'Reilly业务的核心是独特的专家及创新者网络,众多专家及创新者通过我们分享知识。我们的在线学习(Online Learning)平台提供独家的直播培训、互动学习、认证体验、图书、视频,等等,使客户更容易获取业务成功所需的专业知识。几十年来O'Reilly图书一直被视为学习开创未来之技术的权威资料。我们所做的一切是为了帮助各领域的专业人士学习最佳实践,发现并塑造科技行业未来的新趋势。

我们的客户渴望做出推动世界前进的创新之举,我们希望能助他们一臂之力。

业界评论

"O'Reilly Radar博客有口皆碑。"

——*Wired*

"O'Reilly凭借一系列非凡想法(真希望当初我也想到了)建立了数百万美元的业务。"

——*Business 2.0*

"O'Reilly Conference是聚集关键思想领袖的绝对典范。"

——*CRN*

"一本O'Reilly的书就代表一个有用、有前途、需要学习的主题。"

——*Irish Times*

"Tim是位特立独行的商人,他不光放眼于最长远、最广阔的领域,并且切实地按照Yogi Berra的建议去做了:'如果你在路上遇到岔路口,那就走小路。'回顾过去,Tim似乎每一次都选择了小路,而且有几次都是一闪即逝的机会,尽管大路也不错。"

——*Linux Journal*

目录

前言

试着回想你上一次在社交媒体平台上搜索某个人的时候。

你会去看结果页上的什么内容呢?

最可能的是,你从个人信息结果列表的名字开始看。然后可能大部分的时间都花在探究"共同好友"部分,从而回忆起自己是如何认识某人的。

我们在社交媒体上探究共同好友的人类本能行为,启发我俩写了这本书。尽管初衷一致,我们写这本书的原因却不尽相同。

首先,你是否停下来思考过,应用程序里的"共同好友"部分是如何生成的?

作为被要求交付搜索结果页里的"共同好友"模块的工程师,他们需要创建一个错综复杂的工具和数据的合集来解决这个极其复杂的分布式问题。我们其中一个做过这些功能,另一个写过用来交付它们的工具。我们热衷于从我们的共同经验中理解和教导他人,这是我们合著此书的第一个原因。

其次,第二个原因在于,任何使用社交媒体的人都会凭直觉直接从"共享好友"部分推理出一个人的背景。这种推理和思考数据内部关系的过程被我们称为图思维,这就是我们所说的人类通过关联数据来理解生活的方式。

我们都是如何习得这个技能的呢?

并没有一个明确的时间点标识着我们学会了该技能。处理人物、地点、事物之间的关系就是我们的思考方式本身。

无论是在现实生活中还是在数据中,人们都能轻松地从关系中推断出背景,这也是图思维浪潮兴起的根源。

而当谈到对图思维的理解时,人们大致分成两个阵营:一边认为图(graph)只意味着条形图；另外一边则认为图表之类的过于复杂。不管是哪一种，这些思维过程都应用了传统的方法来思考数据和技术。但问题是局势已变，工具已经进化，有新的知识等着你学习。

我们相信，图是强大的、可部署的。图技术可以使你的工作效率更高——我们曾经合作过的一些团队如是说。

本书将这两种思维方式结合起来。

图思维缩小了人类日常生活与使用数据做决策之间的差距。想象一下，把整个世界看成一个带有行和列的电子表格，并试图使其全部合理化。对于大多数人来说，这种做法不自然，而且会适得其反。

这是因为人们是通过关系来驾驭和理解生活的。计算机才需要数据库，并且只能在行列数据的世界中运行。

图思维是一种通过以关系为中心的方法来解决复杂问题的方法。图技术弥补了"关系"与现代计算机基础设施的线性内存限制之间的差距。

随着越来越多的人通过应用图思维来学习如何使用图技术进行构建，你可以想象下一波创新将带来什么。

本书的目标读者

本书旨在教会读者两件事。首先，通过提出问题和推理数据，教会读者形成图思维。其次，我们将带读者学会用代码解决最常见的复杂图问题。

这些新概念通常与需要跨多个不同工程部门执行的任务交织在一起。

数据工程师和架构师是将想法从开发转变为生产的核心。我们编写本书旨在向读者展示如何使用图数据和图工具解决从开发到生产过程中可能出现的常见假设。对数据工程师或数据架构师来说，另一个好处是可以通过理解图思维来获悉世界上更多的可能性。对用图数据解决的各种问题进行综合有助于打造新的模式，以在生产应用程序时使用。

数据科学家和数据分析师可能最受益于推理如何使用图数据来回答有趣的问题。本书中的所有示例都是为了将查询优先的理念应用于图数据而构建的。数据科学家或分析师的另外的好处是了解在生产应用程序中使用分布式图数据的复杂性。在本书中，我们将讲解常见的开发陷阱及其在生产环境中的解决过程，以便可以构想出新类型的问题来解决。

计算机科学家将学习如何使用函数式编程和分布式系统中的技术来查询和推理图数据。

我们将概述程序遍历图数据的基本方法，并使用图工具逐步介绍它们的应用。在此过程中，我们还将介绍分布式技术。

我们将关注图数据和分布式复杂问题的交叉领域，这是一个任何技术人员都想要学习的热门工程话题。

本书目标

本书的第一个目标是，使用图论、数据库模式、分布式系统、数据分析和许多其他领域的概念，以独特的交集形成我们在本书中所说的图思维。一个新的应用领域需要新的术语、示例和技术。本书是读者理解这一新兴领域的基础。

在过去十年的图技术中，出现了一系列在生产系统中使用图数据的通用模式。本书的第二个目标就是教会读者这些模式。我们将定义、说明、构建和实施团队使用图技术解决复杂问题的最流行方式。学完本书后，读者将拥有一套使用图技术构建的解决常见问题的模板。

本书的第三个目标是改变读者的思维方式。理解图数据并将其应用于自己的问题，会使思维过程发生范式转变。我们将通过大量示例让读者了解其他人在应用程序中思考和解释图数据的常见方式，帮助读者学会把图思维应用到技术决策中。

本书主要内容

本书大致由以下内容组成：

- 第 1 章讨论图思维并提供将其应用于复杂问题的详细过程。

- 第 2 章和第 3 章介绍将在后续各章中使用的基本图概念。

- 第 4 章和第 5 章应用图思维和分布式图技术构建 C360 银行应用程序，这是现如今最流行的图数据用例。

- 第 6 章和第 7 章通过电信行业用例介绍分层数据和嵌套图数据。第 6 章为第 7 章解决的常见问题奠定了基础。

- 第 8 章和第 9 章通过示例详细讨论跨图数据的路径查找，该示例通过路径量化社交网络中的信任。

- 第 10 章和第 12 章教读者使用图数据的协同过滤来设计一个受 Netflix 启发的推荐系统。

- 第 11 章是一章补充内容，说明如何将实体解析应用于多个数据集的合并，从而在一个大图中进行集体分析。

除第 1、11 章外，每两章（第 4 章和第 5 章，第 6 章和第 7 章，第 8 章和第 9 章，第 10 章和第 12 章）都遵循相同的结构。每组中的前一章介绍开发环境中的新概念和新示例，后一章深入探讨实际部署需要解决的生产细节问题，例如性能和可扩展性。

排版约定

本书中使用以下排版约定：

斜体（*Italic*）
　　表示新的术语、URL、电子邮件地址、文件名和文件扩展名。

等宽字体（`Constant width`）
　　用于程序清单，以及段落中的程序元素，例如变量名、函数名、数据库、数据类型、环境变量、语句以及关键字。

等宽粗体（**`Constant width bold`**）
　　表示应该由用户输入的命令或其他文本。

等宽斜体（*`Constant width italic`*）
　　表示应由用户提供的值或由上下文确定的值替换的文本。

 该图示表示提示或建议。

 该图示表示一般性说明。

 该图示表示警告或注意。

示例代码

可以从 *https://github.com/datastax/graph-book* 下载补充材料（示例代码、练习、勘误等）。

你也可以在推特上关注我们：*https://twitter.com/Graph_Thinking*。

这里的代码是为了帮助你更好地理解本书的内容。通常，可以在程序或文档中使用本书中的代码，而不需要联系 O'Reilly 获得许可，除非需要大段地复制代码。例如，使用本书中所提供的几个代码片段来编写一个程序不需要得到我们的许可，但销售或发布本书的示例代码则需要获得许可。引用本书的示例代码来回答问题也不需要许可，将本书中的很大一部分示例代码放到自己的产品文档中则需要获得许可。

非常欢迎读者使用本书中的代码，希望（但不强制）注明出处。注明出处时包含书名、作者、出版社和 ISBN，例如：

The Practitioner's Guide to Graph Data，作者 Denise Koessler Gosnell 和 Matthias Broecheler，由 O'Reilly 出版，书号 978-1-492-04407-9。

如果读者觉得对示例代码的使用超出了上面所给出的许可范围，欢迎通过 *permissions@oreilly.com* 联系我们。

O'Reilly 在线学习平台（O'Reilly Online Learning）

O'REILLY® 40 多年来，O'Reilly Media 致力于提供技术和商业培训、知识和卓越见解，来帮助众多公司取得成功。

我们拥有独一无二的专家和革新者组成的庞大网络，他们通过图书、文章、会议和我们的在线学习平台分享他们的知识和经验。O'Reilly 的在线学习平台允许你按需访问现场培训课程、深入的学习路径、交互式编程环境，以及 O'Reilly 和 200 多家其他出版商提供的大量文本和视频资源。有关的更多信息，请访问 *http://oreilly.com*。

如何联系我们

对于本书，如果有任何意见或疑问，请按照以下地址联系本书出版商。

美国：

> O'Reilly Media，Inc.
> 1005 Gravenstein Highway North
> Sebastopol，CA 95472

中国：

> 北京市西城区西直门南大街 2 号成铭大厦 C 座 807 室（100035）
> 奥莱利技术咨询（北京）有限公司

要询问技术问题或对本书提出建议，请发送电子邮件至 *errata@oreilly.com.cn*。

本书配套网站 *http://www.oreilly.com/catalog/9781492044079* 上列出了勘误表、示例以及其他信息。

关于书籍、课程、会议和新闻的更多信息，请访问我们的网站 *http://www.oreilly.com*。

我们在 Facebook 上的地址：*http://facebook.com/oreilly*

我们在 Twitter 上的地址：*http://twitter.com/oreillymedia*

我们在 YouTube 上的地址：*http://www.youtube.com/oreillymedia*

致谢

我们要感谢一群了不起的人，他们贡献了时间和专业知识来为我们提供建议以改进本书。

我们非常荣幸能与 Jeff Bleiel 领导的世界级编辑团队合作。我们的技术编辑团队 Alexey Ott、Lorina Poland 和 Daniel Kuppitz 运用了他们在创建、构建和撰写图技术方面的丰富经验，直接将本书提升到了只有在他们的帮助下才能达到的水平。我们十分感谢他们为提高本书的质量和正确性所做的努力。

我们还要感谢 DataStax 支持和鼓励我们合作创作本书。我们非常感谢 DataStax Graph Engineering 团队成员的支持和审阅，以及他们在我们共同创作时所做的产品更改：Eduard Tudenhoefner、Dan LaRocque、Justin Chu、Rocco Varela、Ulises Cerviño Beresi、Stephen Mallette 和 Jeremiah Jordan。我们特别感谢 Bryn Cooke，他协调并实施了大量的额外工作来支持本书中的想法。

还有其他许多人抽出时间来支持我们，所做的事情远远超过了他们的本职工作，就像 DataStax 一样。我们要感谢 Dave Bechberger、Jonathan Lacefield 和 Jonathan Ellis 对本书的专业贡献和推广。感谢 Daniel Farrell、Jeremy Hanna、Kiyu Gabriel、Jeff Carpenter、Patrick McFadin、Peyton Casper、Matt Atwater、Paras Mehra、Kelly Mondor 和 Jim Hatcher：在整个创作过程中，我们的对话产生的影响比想象中的要大得多。

本书中所有的故事和示例都受到了我们与世界各地同事的合作和经验的启发。为此，我们想感谢与我们交谈并帮助塑造本书叙述的图英雄：Matt Aldridge、Christine Antonsen、David Boggess、Sean Brandt、Vamsi Duvvuri、Ilia Epifanov、Amy Hodler、Adam Judelson、Joe Koessler、Eric Koester、Alec Macrae、Patrick Planchamp、Gary Richardson、Kristin Stone、Samantha Tracht、Laurent Weichberger 和 Brent Woosley。与他们每个人交谈和分享的信息都融入了我们有幸在本书中分享的故事。感谢他们的意见、经验和想法。

Denise 还想向那些在本书写作过程中指导过她的人表达她个人的谢意："感谢 Teresa Haynes 和 Debra Knisley，是你们点燃了我对图论的热情，这种热情每天都在驱动着我，没有你们，我就不会开始这段旅程。感谢 Mike Berry，是你教会了我如何完成工作，以及如何永无止境地追寻下一个伟大设想。感谢 Ted Tanner，是你打开了一扇门，向我展示了什么是匠心打造和卓越交付——时机和执行就是一切。感谢 Mike Canzoneri，是你临门一脚才有了这本书。最重要的是感谢 Ty——这位非官方的'第三作者'，你伴随我走过了每一步，感谢你永无止境的积极性。"

第 1 章

图思维

试着回想第一次听说图技术时的场景。

该场景可能从白板开始，团队里的总监、架构师、科学家和工程师正在上面讨论你的数据问题。最后，有人用线把一条数据与另一条数据连接起来。然后后退一步，有人发现数据与数据之间的连接最终构成了一幅图。

这个偶然的发现化身为点点星火为你的团队开启了图的旅程。该团队发现你可以利用数据之间的关系来为企业提供全新且强大的洞察力。这时，个人或一个小组的任务可能是评估可用于存储、分析和检索图数据的技术和工具。

对你的团队来说，下一个重大启示很可能是：用图来解释数据很容易。但要用图的形式来使用数据就很难了。

听起来很熟悉？

与这种白板体验一样，早就有团队在他们的数据中发现了这样的关系，并将想法变成了我们每天都要用的、价值连城的应用程序。想想像 Netflix、LinkedIn 和 GitHub 这样的应用程序。这些产品将关联数据转化为全世界数百万人使用的人类整体资产。

我们用这本书来告诉你他们是如何做到的。

作为工具的构建者和使用者，我们有上百次机会坐在白板两边进行对话。我们从过去的经验中收集到了一组核心可选项，以及相应的技术决策，来帮助你加速图技术的旅程。

本书将引领你在用图理解数据、将数据作为图来使用之间徜徉。

1.1 为什么是现在将图引入数据库技术

图已经存在了数个世纪。为什么现在突然变得重要起来？

在你跳过这节之前，我们希望你能停下来听我们说完。我们确实要介绍历史，但这不会很长，也不深入。我们需要这样做，因为近来历史上的兴衰可以解释图的再次兴起。

图之所以现在复兴是因为技术行业的关注点在过去几十年中改变了。在这之前，技术和数据库更关注如何最有效地存储数据。关系型技术逐步演进为领跑者确保了这种效率。现在我们想知道如何能从数据中获取最大的价值。

我们现在获得的启示是当数据连接起来时，它在本质上就更有价值。

了解一些数据库技术演变的历史，对我们理解如何发展到这一步会有很多启发，甚至可以解释你为什么选择这本书。数据库技术的历史可以粗略地分为三个时代：层次型、关系型和 NoSQL。以下是对这些历史时代的简略探讨，重点是每个时代与本书的关系。

 下面的内容将简要介绍图技术的演变。我们只强调行业庞大历史中最相关的部分。至少，我们节省了你的宝贵时间，让你不至于浪费时间在维基百科链接中自己查询。

这段简短的历史将把我们从 20 世纪 60 年代带到今天。如图 1-1 所示，该段历史将以第四个时代——图思维告终。我们希望你和我们一起踏上这段短暂的旅程，因为我们相信，历史背景是开启图技术在我们行业内广泛采用的关键之一。

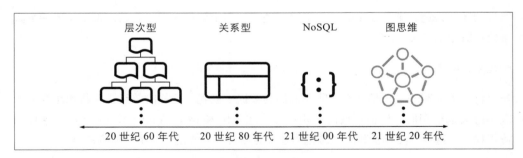

图 1-1：用数据库技术演进的历史时间轴说明图思维的出现

1.1.1 20 世纪 60 年代～80 年代：分层数据

在技术文献中，20 世纪 60 年代～80 年代的数据库技术被交替地标记为"分层"（hierarchical）或"导航"（navigational）。无论用哪个词，这个时代旨在以树状结构组织数据。

在这个时代，数据库技术将数据存储为相互链接的记录。这些系统的架构师设想遍历这些树状结构，这样任何记录都可以通过键、系统扫描或通过导航树的链接被访问。

在 20 世纪 60 年代早期，CODASYL（Conference/ Committee on Data Systems Languages，数据系统语言大会暨委员会）的数据库任务组（Database Task Group，DBTG），组织编纂了该行业最早期的一系列标准。数据库任务组创建了一个从这些树形结构中检索记录的标准。这个早期标准被称为"CODASYL 方式"，为从数据库管理系统中检索数据制定了以下三个目标[注 1]：

1. 使用主键。

2. 按序列顺序检索所有数据。

3. 从一条记录导航链接到另外一条记录。

 CODASYL 是一个成立于 1959 年的联盟，是曾经负责创建和标准化 COBOL 的组织。

最初，CODASYL 的技术人员想要通过键、扫描和链接来检索数据。而迄今为止，我们已经看到这三种原始标准中的两种有了重大创新和采用：键和扫描。

但是为什么没有用 CODASYL 检索标准中的第三种（从一条记录导航链接到另外一条记录）呢？根据记录之间的链接，存储、导航和检索记录，这就是我们要讲的图技术。如上文所述，图并不是什么新鲜事，技术人员已经使用很久了。

用一句话总结这部分历史就是：CODASYL 的链接导航技术太难用了也太慢。那时提出的最有创意的解决方案是 B 树或者自平衡树数据结构，作为解决性能问题的结构性优化。在这里，B 树通过提供可替代访问路径来加速在这些关联记录之间的条目检索[注 2]。

最终，实施成本、硬件成熟度和交付价值之间的不平衡致使这些系统被束之高阁，让位于速度更快的关系型系统。到了今天，CODASYL 已不复存在，尽管一些 CODASYL 委员依然继续着他们的工作。

1.1.2 20 世纪 80 年代～21 世纪 00 年代：实体关系

Edgar F. Codd 将数据组织与其检索系统分离的想法点燃了数据管理技术的新一波创新浪

注 1：T. William Olle, *The CODASYL Approach to Data Base Management* (Chichester, England: Wiley-Interscience, 1978). No. 04; QA76. 9. D3, O5.

注 2：Rudolph Bayer and Edward McCreight, "Organization and Maintenance of Large Ordered Indexes," in *Software Pioneers*, ed. Manfred Broy and Ernst Denert (Berlin: Springer-Verlag, 2002), 245–262.

潮^{注3}。Codd 的工作开创了数据库实体关系时代。

实体关系时代持续了几十年，行业完善了按键检索数据的方法，即 20 世纪 60 年代早期工作组设定的目标之一。在这个时代，我们的行业开发了在存储、管理和从表中检索数据方面极其有效的技术，直到现在也是如此。当时研发的技术在以后数十年后的今天仍然被广泛应用，因为它们已经被验证、有良好的文档，并且为人熟知。

这个时代的系统引入并推广了一种特定的数据思考方式。首先且最重要的是，关系型系统是建立在关系代数的良好数学理论之上的。需要特别指出的是，关系型系统将数据组织成为集合。这些集合关注如何存储和检索真实世界的实体，比如人物、地点和事物。相似的实体，例如人物，会被分到一个数据表中。在这些数据表里，每一条数据是一行（row）。可以通过主键访问数据表中每一条数据。

在关系型系统中，实体可以被关联在一起。但要创建实体之间的关系，你需要新建更多的表。一张关联表将会组合每个实体的主键，并在关联表中将它们存储成新的一行。这个时代及其创新者打造的表形数据解决方案繁盛至今。

关于关系型系统的话题，有海量书籍和资源可以参考，本书并不打算对此进行过多介绍，而是会重点关注今天已被广泛接受的思维过程和设计原则。

无论是好是坏，这个时代引入了一种根深蒂固的观念，即所有数据都映射到一个表中。

如果你的数据需要被组织在表中并从表中检索，关系型技术仍然是首选解决方案。但是无论它们的角色何等重要，关系型技术都不是一个万能的解决方案。

20 世纪 90 年代末期，互联网的兴起吹响了信息时代的号角。在这短暂的历史舞台上，我们嗅到了之前闻所未闻、见所未见的数据量和形态。在数据库创新的这个时代，难以想象的数据量以千奇百怪的形态开始涌入应用程序的队列中。此时终于有人意识到关系型模型是有所欠缺的：它甚至没有提及数据使用的方式。行业已经有了详尽的存储模型，但是对于如何分析及智能地应用数据却一筹莫展。

这带我们来到了数据库创新的第三波浪潮，也是最近一次。

1.1.3 21 世纪 00 年代～20 年代：NoSQL

数据库技术在 21 世纪 00 年代～20 年代的发展可以一句话概括为 NoSQL（Non-SQL 或不仅仅 SQL）浪潮的来临。这个时代的目标是为存储、管理和查询所有形态的数据打造具有扩展性的技术。

注 3：Edgar F. Codd, "A Relational Model of Data for Large Shared Data Banks," *Communications of the ACM* 13, no. 6 (1970): 377-387.

啤酒酿造市场在美国的蓬勃发展所激发的数据库创新，可以帮助我们更好地理解 NoSQL 时代。啤酒的发酵流程没有变化，但是风味却增加了，原料的品质和鲜度得到了提升。酿造师和消费者之间的距离被拉近了，对生产方向产生了即时反馈环。现在，超市里的啤酒不再是老三样，可能有 30 个以上的品牌供你选择。

在寻找发酵的不同组合的问题上，数据库行业可供选择的数据库管理技术经历了指数级增长。架构师需要可扩展的技术来处理不同形态、量级的数据，以及飞速增长的应用程序的需求。这波浪潮中流行的数据形态包括键值、宽表（wide-column）、文档、流和图。

NoSQL 时代想传递的信息很明显：在表结构中存储、管理和查询海量数据不是永远行得通的，就如同不是每个人都想来一杯"勇闯天涯"。

NoSQL 运动有几个动机。这些动机对于理解为什么以及我们处在这波图技术市场的技术成熟周期的哪个阶段来说是至关重要的。我们想指出的三个动机是对数据序列化标准、专用工具和水平可扩展性的需求。

首先，网页应用程序的流行为在这些应用程序之间传递数据创造了天然的渠道。通过这些渠道，创新者发明了各种全新的数据序列化标准，例如 XML、JSON 和 YAML。

自然地，这些标准引出了第二个动机：专用工具。跨 Web 交换数据的协议与生俱来就不是结构化的。该需求引发了键值、文档、图和其他专用数据库的创新和普及。

最后，这类新兴应用程序及其汹涌而来的数据，给系统可扩展性带来了前所未有的压力。摩尔定律的衍生物和应用给这个时代带来一线希望：硬件成本，进而数据存储成本，在持续降低。摩尔定律的效应使得数据复制、专用系统和整体计算能力都变得更便宜[注4]。

NoSQL 时代的创新和新需求，为行业从垂直扩展系统迁移到水平扩展系统铺平了道路。水平扩展系统通过增加物理或者虚拟机来提升系统的整体计算能力。水平扩展系统，通常被称为集群，对于终端用户来说表现为一个单独的平台，用户通常无从得知他们的负载实际上是被一组服务器承载的。另外，一个垂直扩展系统需要更强力的机器。空间不足？那就找个更大更贵的盒子，直到没有更大的为止。

水平扩展意味着增加更多资源来分担负载，通常是并行的。垂直扩展意味着增大、增快某一个资源，以便它处理更多负载。

基于上述动机，这个为非结构化数据构建可扩展数据架构的通用工具集逐渐演变为

注 4：Clair Brown and Greg Linden, *Chips and Change: How Crisis Reshapes the Semiconductor Industry* (Cam bridge: MIT Press, 2011).

NoSQL 时代最重要的产物。现在，当设计下一个应用程序时，开发团队可以进行选择评估。他们可以从一整套技术集中进行选择，以适应不同的数据形态、速率及可扩展性的需求。他们也有工具用来管理、存储、搜索和检索任何规模的文档、键值、宽表以及图数据。通过这些工具，我们开始以前所未有的方式处理多种形式的数据。

我们可以用这与众不同的工具和数据做什么呢？我们可以更快地解决更大规模、更复杂的问题。

1.1.4 21 世纪 20 年代以后：图

我们从整个行业历史中看到的关联性为数据库创新的第四个时代奠定了基础：图思维的浪潮。

这个时代的创新从存储系统的效率转移到了如何从存储系统里的数据中汲取价值。

为什么是 21 世纪 20 年代

在我们概述对图时代的看法之前，你可能想知道为什么我们把图思维时代的开端设在 2020 年。下面我们想说明一下我们对图市场时间线的看法。

我们着眼于 2020 年时间线的原因来自两个思路的交汇。这里，我们汇集了 Geoffrey A. Moore 被广泛采用的模型[5]，以及当下对过去三个数据库创新时代的观察。

如同 CODASYL，技术采纳的生命周期通常无法逃脱 Moore 在 20 世纪 50 年代提出的理论。见 Everett M. Roger 写于 1962 年的 *Diffusion of Innovations*[6] 一书。

特别地，在早期采用者和新技术的广泛采用之间有一个已经被证明的、可观察到的时间滞后。我们在 1.1.2 节介绍 20 世纪 70 年代关系型数据库时看到过这种时间滞后。从第一篇论文到可实际应用的关系型技术出现之间有 10 年的滞后。你可以在其他时代中找到类似的滞后。

历史告诉我们图时代之前的每个时代都出现过一个小众的时期，要在几年以后才能得到广泛采用。检视 21 世纪 20 年代，我们对图市场的情况做出同样的假设。同时，历史也告诉我们这并不意味着现有工具的消逝。

不管你想要怎么测量，它都不是一个我们可以确定日期的股票市场预测。我们的展望最终描绘了一个由价值演变驱动的技术采用的新时代。也就是说，价值在从存储效率转向

注 5：Geoffrey A. Moore and Regis McKenna, *Crossing the Chasm* (New York: HarperBusiness, 1999).
注 6：Everett M. Rogers, *Diffusion of Innovations* (New York: Simon and Schuster, 2010).

来自高度连接的数据资产。这种变化需要时间，而且往往不会按计划行事。

连点成线

回想 20 世纪 60 年代由 CODASYL 委员会提出的关于检索数据的三种模式：通过键、扫描和链接访问数据。第一个目标，通过键提取数据，对于任何形态的数据来说都是最高效的访问方式。这种效率是在实体关系时代实现的，并且仍然是一种流行的解决方案。

对于 CODASYL 委员会的第二个目标，通过扫描访问数据，NoSQL 时代已经出现了可以处理大量数据扫描的技术。现在我们的软硬件都具备从海量数据集中提取价值的能力。也就是说，我们已经成功实现了委员会的前两个目标。

最后一个目标：通过遍历链接访问数据。我们的行业已经绕了整整一圈。

行业重新关注图技术与我们从高效管理数据到需要从数据中提取价值的转变密切相关。这种转变并不是说高效管理数据不重要了，而是我们已经解决了一个问题，现在需要面对下一个难题了。我们的行业在关注速度和成本的同时也开始强调价值。

当你能够把分离的信息关联起来组成新的洞见时，你就可以从数据中提取价值。从数据中提取价值来自理解数据中复杂的关系网络。

这等同于理解复杂问题和复杂系统，这些问题和系统在你的数据中可以通过固有的网络观察到。

我们的行业和本书的重点是开发和部署能够从数据中提供价值的技术。与关系型时代一样，理解、部署和应用这些技术需要一种新的思维方式。

为了看到我们在这里谈论的价值，需要改变思维方式。这种思维是从优先考虑结构化数据转变到考虑其关系。这就是我们所说的图思维。

1.2 什么是图思维

无须明确的定义，在本章开头的白板场景里，我们已经见识到了所谓的"图思维"。

当我们阐述数据可能看起来像一张图这种认识时，我们就是在重新创造图思维的能力。它是如此的直截了当：当你意识到理解数据中关系的价值时，图思维包含了你的经验和认识。

图思维将问题域理解为相互连接的图，并使用图技术来描述领域动态以解决领域问题。

能够看到数据中的图与识别领域中的复杂网络是一样的。在复杂网络中，你会发现需要解决的最复杂的问题。大多数极具价值的商业问题和机会都是复杂问题。

这也是为什么数据技术创新的下一阶段会从关注效率转移到关注提取价值上，尤其是通过应用图技术。

1.2.1 复杂问题和复杂系统

我们在没有明确定义复杂问题之前已经使用了很多次这个术语。复杂问题指的是复杂系统中的网络。

复杂问题

  复杂问题指的是可以在复杂系统中被观测和度量的单个问题。

复杂系统

  复杂系统是指一个由多个独立组件构成的系统，这些组件通过多种方式相互连接，使得整个系统的行为不是单一组件行为的简单聚合（也称为"突现行为"，emergent behavior）。

复杂系统描述真实世界构造的各独立组件之间的关系、影响、依赖和交互。简单来说，一个复杂系统可以描述多个组件之间交互所产生的任何事物。复杂系统的例子可以是人的认知、供应链、交通或通信系统、社会组织、全球气候甚至整个宇宙。

大部分高价值业务问题都是复杂问题，需要图思维。本书将教会你四种主要的模式——邻接点、层次、路径和推荐——用图技术来解决世界上各种业务中的复杂问题。

1.2.2 业务中的复杂问题

数据已经不再仅仅是业务的副产品。数据正日益成为我们经济中的战略资产。在此之前，我们需要用最便利的方式、最低的成本来管理数据，从而支撑业务运营。而现在，它变成了一种能够产生回报的投资。这需要我们重新思考处理和对待数据的方式。

例如，在 NoSQL 时代后期，我们见证了微软收购领英和 GitHub。这些收购为解决复杂问题的数据价值给出了明确的衡量标准。具体来说，微软斥资 260 亿美元收购了营收仅为 10 亿美元的领英。而 GitHub 的收购价格定在了 78 亿美元，而其营收仅为 3 亿美元。

领英和 GitHub 都拥有其各自的网络图。它们的网络分别是关于职场和开发者的图。这使得对一个领域的复杂系统建模的数据价值放大了 26 倍。这两起收购开始彰显领域图数据的战略价值。拥有一个领域图会在公司估值上产生巨大的回报。

我们不想用这些统计数字来歪曲我们的意图。看到快速增长的初创公司的高倍收入并不是什么新鲜事。我们把领英和 GitHub 特别提出来作为例子是因为这两家公司发现并变现了数据价值。由于数据资产，这些公司的收入数倍于类似规模和增长的初创公司的估值。

通过应用图思维，这些公司可以展示、访问和理解其领域内最复杂的问题。简而言之，这些公司为一些最大规模、最困难的复杂系统构建了解决方案。

那些在重新思考数据战略方面处于领先地位的公司，同时也在为建模其领域最复杂的问题而创造技术。具体来说，谷歌、亚马逊、联邦快递、Verizon、Netflix 和 Facebook 的共通点是什么？除了成为当今最具价值的公司以外，它们中的每一个都拥有其领域最大、最复杂的复杂问题的建模数据。每家公司都拥有构建领域图的数据。

仔细想一下。谷歌拥有全部人类知识的图。亚马逊和联邦快递有着全球供应链和运输经济的图。Verizon 的数据构建了当今世界上最大的电信图。Facebook 拥有全球社交网络的图。Netflix 有娱乐产业的图，建模方式如图 1-2 所示，实现方式参见第 12 章。

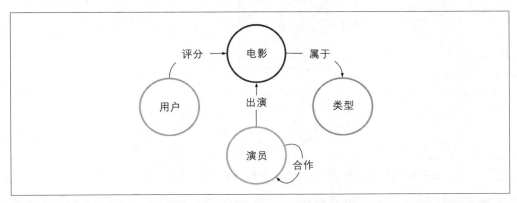

图 1-2：一种用图建模 Netflix 数据的方式，及本书中实现的最后一个示例——大规模协同过滤

展望未来，那些对数据架构进行投资，以建模其领域的复杂系统的公司将有望加入这些巨头的行列。对复杂系统建模技术的投资和从数据中提取价值同等重要。

如果你想从数据中获取价值，那么首先要看的是它的互连性。你要寻找的是数据所描述的复杂系统。在此基础上，你的下一个决策将围绕存储、管理和提取这种互连性的正确技术进行。

1.3 制定技术决策解决复杂问题

无论你是否在上述公司工作过，你都可以学着在你的领域里应用图思维。

所以你应该从哪儿开始？

学习和应用图思维的难点在于，你需要知道关系是否给你的数据带来价值。本节我们将用图来简要说明应用图思维会遇到的种种问题以及未来的挑战。

尽管简单，图1-3仍然试图引发你去评估数据中的核心问题。第一个决定需要团队知道你的应用程序需要什么类型的数据。我们特地从这个问题开始，因为它很容易被忽略。

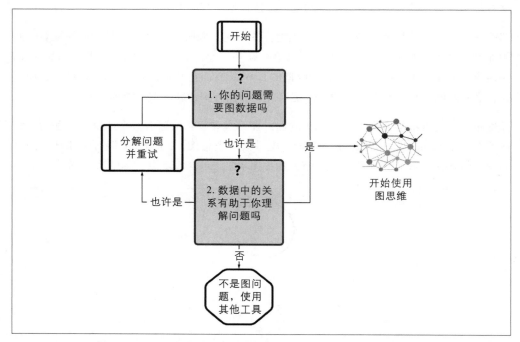

图 1-3：并不是所有问题都是图问题——你需要做的第一个决定

一些团队经常会忽视图1-3所示的问题，因为新事物的诱惑分散了他们的注意力，使得他们无法按已有的流程来构建生产应用程序。新兴事物和已有流程之间的这种关系使得早期团队忽视了对应用程序目标的关键评估。正因为如此，我们看到很多图项目最终失败并被束之高阁。

让我们一步步来看看图1-3试图传递什么，以免你重蹈早期图技术采用者的覆辙。

问题 1：你的问题需要图数据吗

有很多思考数据的方式。决策树中的这第一个问题要求你理解应用程序所需的数据形态。例如，领英页面上的共同好友部分，就可以作为回答图1-3中问题1的"是"的最佳示例。领英使用联系人之间的关系，所以你可以浏览你的职业网络并了解你们的共同联系。向终端用户展示共同好友是一种非常流行的方式，Twitter、Facebook等社交网络应用程序也使用图数据。

当我们说"数据的形态"时，我们指的是你希望从数据中得到的有价值的信息结构。你想知道一个人的姓名和年龄吗？我们可以将其描述为适合用表来存储的一行数据。你想知道本书中的某章、某节、某页和某个示例为你演示了如何给图增加一个顶点吗？我们将其描述为适合文档或层次结构的嵌套数据。你想知道将你与埃隆·马斯克联系在一起的好友的一系列好友吗？在这里，你要问的是一系列最适合图的关系。

从自顶向下的角度考虑，我们建议根据数据形态来决定数据库和技术选项。现代应用程序中常用的数据类型如表 1-1 所示。

表 1-1：常用的数据类型、形态和推荐的数据库类型汇总

数据描述	数据形态	用法	数据库推荐
电子表格或表	关系型	通过主键检索	关系型数据库
文件或文档的集合	层次型或嵌套	通过 ID 识别的根	文档数据库
关系或链接	图	使用模式查询	图数据库

对于今天最有趣的数据问题，你需要能够对数据应用所有三种思考方式。你要能灵活地对数据问题及其子问题应用不同的方式。对于问题的每一个部分，你都需要理解进入、驻留和离开应用程序的数据形态。这些点中的每一个，以及数据传输中的任何时间，都会推动应用程序中技术选择的需求。

如果你不确定问题所需的数据形态，那么图 1-3 中的下一个问题就要鞭策你去思考数据中关系的重要性。

问题 2：数据中的关系有助于你理解问题吗

图 1-3 中更核心的问题问及了你的数据中是否存在关系，并为你的业务问题提供价值。是否能够成功应用图技术取决于决策树中的第二个问题。对我们来说，这个问题只有三个答案：是、否或也许是。

如果你能斩钉截铁地回答"是"或"否"，那么路径还算是清晰的。例如，对于图数据来说，领英的共同好友部分可以作为"是"的一个确切印证，而搜索框需要一个分面搜索功能，则是一个明确的"否"。我们可以通过理解解决业务问题所需的数据形态来明确这些区别。

如果数据中的关系可以帮助你解决业务问题，那么你需要在应用程序中使用图技术。如果数据中的关系没有帮助，你就需要找到其他的工具。也许表 1-1 中的某个选择可以作为你当下问题的解决方案。

但如果你不确定关系对你的业务问题是否重要，那么这就棘手了。这体现在图 1-3 左侧的"也许是"部分。根据我们的经验，如果你的思路把你带到这个决策点，那么很有可

能你在解决一个过大的问题。我们建议你把问题拆分，然后从头开始分析图 1-3。我们建议团队分解的最常见的问题是实体解析，或者了解数据中的真实情况。第 11 章将详细分析一个例子，以说明什么时候该在实体解析中使用图结构。

理解数据时的常见失误

有时，图的数据形态可以暗含其他两种数据形态的重要性：嵌套和表结构。团队常常会误判。

虽然你可能觉得自己的问题是一个复杂问题，因此使用图思维来分析它，但这并不意味着必须在所有数据组件上应用图技术。事实上，将某些组件或子问题投射到表结构或嵌套文档上可能更有利。

使用投射（文件或表）来思考总是有帮助的。因此我们在图 1-3 中所做的思考不仅仅是"思考数据的最佳方式是什么？"它也在探索一种更加敏捷的思考流程来把复杂问题分解为更小的部分。也就是说，我们鼓励你去斟酌：针对当前的问题，思考数据的最佳方式是什么？

对于我们想在图 1-3 表达内容的最佳总结就是：要对症下药。这里的"药"，我们想的是更广泛的代指。不要局限于数据库的选择，而是更多地思考数据表示的选择。

1.3.1 现在你有了图数据，接下来是什么

图 1-3 中的第一个问题驱使你将查询驱动设计应用于数据表示决策。你的复杂问题中的某些部分可能更适用于表结构或者嵌套文档。这是意料之中的。

但如果你有图数据且需要应用它，要怎么办呢？这就需要图思维思考流程的第二部分了，如图 1-4 所示。

更进一步，我们假设你的应用程序可以从理解、建模和使用数据中的关系受益。

问题 3：你要用数据中的关系做什么

在图技术的世界里，你主要对你的图数据做两件事情：分析或者查询。继续领英的例子，共同好友部分是查询图数据并将其加载到视图中的一个例子。领英的调研团队可能会追踪任意两个人之间的平均连接数，这就是一个分析图数据的例子。

第三个问题的答案将图技术决策分成两个阵营：数据分析以及数据管理。图 1-4 的中心展示了这个问题和每种选择的决策流。

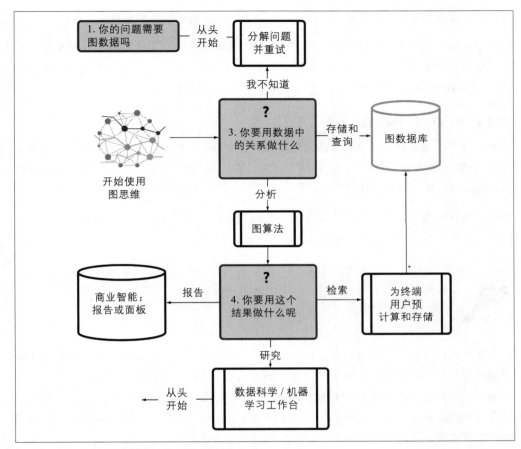

图 1-4：如何驾驭和使用应用程序中的图数据

当我们提到分析时，我们指的是你需要检视你的数据。通常，团队花费时间研究数据中的关系，目标是寻找哪些关系是重要的。这个流程和查询图数据是不一样的。查询指的是你需要从系统中检索数据。在这种情况下，你知道需要问的问题和回答这个问题所需的关系。

让我们从走向右侧的选项开始：当你确定终端应用程序需要存储和查询数据中的关系时的情况。不可否认，由于图行业当下所处的阶段和历史，这是最不可能的路径。但是在这些情况下，你应该已经准备好直接在应用程序中使用图数据库了。

我们从合作中发现了一些需要用数据库管理图数据的常见用例。这些用例是接下来几章的主题，我们留到后面讨论。

然而更常见的是，团队知道他们的问题需要图数据，但是却不知道如何确切地回答自己的问题，或者哪些关系是重要的。这就把问题指向了分析图数据的需求上。

从这里开始，我们希望你和团队能思考要从分析图数据中得到什么样的可交付成果。对于基础设施和工具，围绕图分析创建结构和目标可以帮团队做出更明智的选择。这也是图 1-4 的最终问题。

问题 4：你要用这个结果做什么呢

图数据分析中的主题可能涉及从理解跨关系的特定分布到跨整个结构运行算法。这是算法的领域，例如，连接组件、团检测、三角计数、计算图的度分布、页面排名、推理器、协同过滤等。我们将在接下来的章节中定义它们中的大部分术语。

对于图算法的结果来说，最常见的三个终极目标是：报告（report）、研究或检索。让我们深入了解一下每个选项的含义。

 我们将详细介绍所有三个选项（报告、研究和检索），因为这是当今大多数人使用图数据所做的事情。本书中接下来的技术示例和讨论主要集中在你决定何时需要图数据库。

首先让我们讨论报告。当我们谈及报告一词时，主要指的是它的传统需求，即对于业务数据的智能分析和洞察。最常见的叫法是商业智能（BI）。尽管存在争议，但许多早期图项目的交付成果旨在为高管已建立的 BI 流水线提供指标或输入。从图数据扩展或创建商业智能流程所需的工具和基础设施值得专门写一本书来深入研究。本书并不关注 BI 问题的架构或方法。

在数据科学和机器学习领域，你会发现图算法的另一种常见应用：通用研发。企业投资研发，寄希望于在其图数据中发现价值。有几本书探讨了研究结构化图数据所需的工具和基础设施，但这本书并不在其中。

这将我们带到了最后一条路径上，即"检索"。在图 1-4 中，我们是特指那些给终端用户提供服务的应用程序。我们谈论的是服务于客户的数据驱动产品。这些产品的期望包含着低延迟、高可用、个性化等。和为内部用户创造指标的产品不同，这些应用程序有着不同的架构需求。本书将在接下来的技术章节中讨论这些主题和用例。

回想一下我们提到的领英。如果你使用领英，那么你很可能接触过前面提到的最佳示例，即图 1-4 中我们能想到的印证"检索"路径的最佳方式。领英里有一个功能是描绘你如何同网络中的任意其他人建立联系。当你在看别人的履历时，该功能会告诉你这个人是一度、二度还是三度联系。你与领英上任何其他人之间的联系长度可以透露出你的职业网络的有用信息。领英的这个功能是一个数据产品的示例，它遵循图 1-4 的检索路径向终端用户交付一个上下文图指标。

这三条路径之间的边界是模糊的。区别在于是打造数据驱动产品还是需要获取数据洞察。数据驱动产品为客户带来不可替代的价值。这些产品的下一波创新将是使用图数据来提供相关性更强和更有意义的体验。这些是我们想要在本书中探讨的有趣问题和架构。

分解问题并重试

偶尔你可能会对图 1-3 和图 1-4 中提出的问题感到茫然，只能回以"我不知道"——那也没有关系。

归根结底，你阅读这本书是因为你的业务中含有数据并且有一个复杂问题。这类问题往往庞大且互相依赖。从问题的最高层面看，图 1-3 和图 1-4 所展示的思维过程似乎与你的复杂数据脱节了。

然而，基于我们帮助世界各地数百个团队的集体经验，我们的建议仍然是你应该尝试分解问题并再次循环整个过程。

平衡利益相关的高管的需求、开发者技能和行业需求是极其困难的。你需要着眼于细微之处。以已知的和已验证的价值为基础，逐渐向解决复杂问题靠近。

 如果忽略了决策过程会发生什么？很多时候，我们看到伟大的想法并不能从研发转变为生产应用程序：还是古老的分析瘫痪。运行图算法的目的是确定关系如何为数据驱动应用程序带来价值。你必须要为在该领域花费的时间和资源做一些艰难的决定。

1.3.2 看清局势

了解业务数据的战略意义和发现图技术如何（或是否能够）服务你的应用程序的途径是类似的。为了帮助你确定图数据对业务的战略重要性，我们已经讨论了有关应用程序开发的四个关键问题：

1. 你的问题需要图数据吗？

2. 数据中的关系有助于你理解问题吗？

3. 你要用数据中的关系做什么？

4. 你要用这个结果做什么呢？

将这些思考过程汇集在一起，图 1-5 将所有四个问题合并为一个图表。

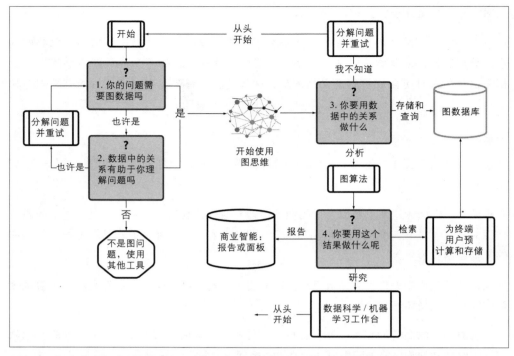

图 1-5：引发本书创作的决策过程：如何在你的应用程序中把握图技术的适用性和使用方法

我们花时间讲解整棵决策树，有两个原因。首先，决策树描绘了我们在构建、建议和应用图技术时使用的思维过程的完整场景。其次，这棵决策树说明了这本书的目的与图思维的契合之处。

也就是说，本书可以作为贯彻执行图 1-5 所示的图思维路线图的指南。

1.4 开启你的图思维旅程

如果使用得当，那么业务数据可以成为一种战略资产和可以产生回报的投资。图在这里特别重要，因为网络效应是一种强大的力量，可以提供无可比拟的竞争优势。另外，当下的设计思维鼓励架构师以最大的便利和最小的成本来管理业务数据。

这种心态要求我们重新思考如何处理和使用数据。

改变思维方式是一个漫长的旅程，而任何旅程都是从第一步开始的。让我们一起迈出这一步，学习在此过程中我们将要使用的一套新术语。

第 2 章

从关系思维进化到图思维

在多年的合作中我们为数百个团队就从哪里以及如何开始着手图数据和图技术提供咨询。从和团队的对话中，我们汇集了最常见的问题和建议，关乎如何为你的业务引入图思维和图数据。

我们希望你带着下面三个问题开始你的图思维旅程，它们也是每个在评估图技术的团队都会遇到的问题：

1. 对我的问题来说，图技术真的比现在的关系型技术更好吗？

2. 如何把我的数据当作图来看待？

3. 该如何给图结构建模？

那些事先花时间研究这三个问题的团队，更有可能成功地把图技术引入到他们现有的技术栈。相反地，从我们的经验来看，因为团队忽略了同业务一起来理解这些问题的过程，业务方更可能使早期的图项目搁浅。

2.1 本章预览：将关系概念转化为图术语

可以将这三个问题作为本章的开端。

我们会从关系型技术和图技术的不同之处开始我们简短的旅程。然后我们会简略地介绍一下关系型数据建模。从这个模型开始，我们会将关系型概念转换为图建模技术，然后带你熟悉一下图论的基本术语。

我们也会介绍图结构语言（Graph Schema Language，GSL），一种帮助你把视觉上的图模式转化为代码的语言（或工具）。我们发明 GSL 来帮助你回答本章开头部分的问题 2 和问题 3。在整本书中，我们都会用 GSL 作为教学工具来把图表转化为结构语句。

不可避免地，有时候你需要做一些艰难的决定，关于该不该、在何处、如何将图思维和技术引入你的工作流程。在本章中，我们将介绍一些工具和技术避免你迷失在一大堆技术意见中。我们在这里奠定的基础将会帮助你评估图技术对你的下一个应用程序来说是不是正确的选择。

本章引入的概念和技术决策将会作为未来例子的基础材料。我们用本章来介绍在整本书的例子中都会用到的词汇概念，用以描述图数据库模式和图数据。

为你的应用引入图数据，开启了一种关于数据中什么是更重要的新的思考范式。可以从思维方式的转变（从关系型到图思维）开始了解这些原则上的差异。

2.2 关系和图：差异在哪里

到这里，我们已经提到了两种迥异的技术：关系型和图。当谈及关系型系统，我们指的是数据的组织方式更关注如何存储和检索真实世界的实体，例如人物、地点和事物。而谈及图系统的时候，我们指的是那些关注如何存储和检索关系的系统。这些关系代表了真实世界实体间的关系：人们认识他人，人们生活在什么地方，人们拥有事物，等等。

类似地，两个系统都可以呈现实体和关系，只是构建和优化的方向不同。

为你的应用选择关系型系统还是图系统不是一个非黑即白的选择；每个选项都有利有弊。选择关系型数据库还是图数据库通常都会触发关于存储需求、可扩展性、查询效率、易用性和可维护性的讨论。这个对话中的任何一个话题都值得讨论，我们旨在阐明那些更主观的标准：易用性和可维护性。

尽管关系型（relational）和关系（relationship）这两个词非常相似，但我们明确地使用它们来指代两种不同类型的技术。关系型（relational）指的是一种数据库，例如 Oracle、MySQL、PostgreSQL 或 IBM Db2。这些系统是建立在特定的数学领域之上的，用于组织和推理数据，即关系代数。与其相反，我们只在图数据和图技术的上下文中使用关系（relationship）一词。这些系统建立在另一种数学理论之上，即图论。

在关系型技术和图技术之间做选择是很困难的，因为没办法在它们之间做功能对比。它们的差异可以追溯到奠定它们核心的数学理论的不同：关系型系统的关系代数，以及图系统的图论。也就是说，每种技术的适用性在很大程度上取决于这些理论及其相关思路对你的问题的适用性。

出于两个原因，我们会在接下来的章节里深入探讨关系型技术和图技术之间的差异。首先，大多数人对关系型思维已经很熟悉了，我们可以对比关系型思维介绍图思维。其次，我们希望能够回应那个无法回避的问题："为什么不用关系型数据库？"在理解图技术的上下文中，探究这两个原因都很重要，因为关系型系统已经非常成熟并广泛应用了。

纵观全书，我们会使用数据来阐释概念、例子和新的术语。让我们从本章将要用的数据开始，来说明关系型概念和图概念之间的区别。你会在第 3～5 章中也看到这些数据。

可运行用例的数据

我们将会用表 2-1 中的数据来构建关系型数据模型和图数据模型。

表 2-1：用以阐明概念、例子和术语的样本数据

customer_id	name	acct_id	loan_id	cc_num
customer_0	Michael	acct_14	loan_32	cc_17
customer_1	Maria	acct_14	none	none
customer_2	Rashika	acct_5	none	cc_32
customer_3	Jamie	acct_0	loan_18	none
customer_4	Aaliyah	acct_0	[loan_18, loan_80]	none

对于第一个用例，数据描述了金融服务行业的几个客户的资产。这些客户可以共享账户和贷款，但是一张信用卡只能被一个客户使用。

让我们看几行数据。表 2-1 展示了 5 位客户的数据。在本章和第 3～5 章里，我们会建模这 5 位客户的数据，用以引入新的概念。

表 2-1 展示了五位不同客户的五条样本数据。其中一些客户共享了账户和贷款，用来展示在金融服务系统里常见的不同类型的客户。

例如，customer_0 和 customer_1，Michael 和 Maria 代表了典型的亲子关系；Michael 是家长，Maria 是孩子。而 customer_2 Rashika 的数据，则代表了金融服务中的独立用户。在大型系统中，这类用户量最大，像 Rashika 这种用户的数据不和其他任何客户共享。最后，customer_3 和 customer_4（Jamie 和 Aaliyah）共享一个账户和贷款。这类数据通常代表这些用户是配偶关系，合并了他们的金融账户。

如果这就是你公司的样本数据，你会怎样和同事讨论这些数据的建模问题呢？在这个场景里，你可能在共享一个白板，或者其他绘图工具，并尝试绘制数据中的实体、属性和关系。无论用的是关系型系统还是图系统，你都可能会讨论出图 2-1 中的概念模型。

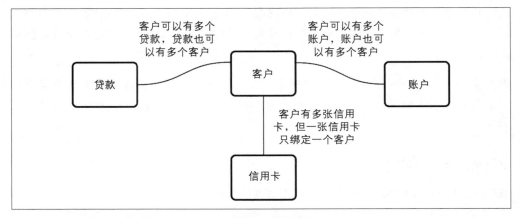

图 2-1：观察表 2-1 中的数据之间的关系得到的概念性描述

我们可以从图 2-1 中找到四个主要实体：客户（customer）、账户（account）、贷款（loan）和信用卡（credit card）。这些实体都和客户有关系。客户可以有多个账户，这些账户也可以有不止一个客户。客户也可以有多个贷款，而贷款也可以有多个客户。最后，客户可以有多张信用卡，但是每张信用卡只能绑定一个客户。

2.3 关系型数据建模

从关系型思考到图思考的转变开始于数据建模。在这两种系统中理解数据建模从为什么图技术可能更合适开始。

对于任何数据库从业者来说，你可能已经见识过关系型系统中的数据模型可视化的方式。创建数据模型最常见的选择是使用统一建模语言（UML），或者实体关系图（ERD）。

在本节中，我们会使用表 2-1 中的样例数据来用 ERD 进行关系型数据建模的简单示范。本节提供了恰到好处的信息以示范从关系型思维到图思维转变的第一步。这并不是对关系型数据建模世界的完整介绍。关于更多关系型数据建模的细节，建议你参考经验丰富的 C.Batini 等人编写的书[1]。对于那些对第三范式已经很熟悉的人来说，你可以跳过下面一部分，直接翻到 2.5 节。

2.3.1 实体和属性

通常来说，数据建模技术通过描述数据中的实体和它们的属性来描述现实世界。这两个概念都有特定含义：

注 1：Carlo Batini, Stefano Ceri, and Shamkant B. Navathe, *Conceptual Database Design: An Entity-Relationship Approach*, vol. 116 (Redwood City, CA: Benjamin/Cummings, 1992).

实体

实体指的是需要在数据库里记录的一个对象，比如一个人、地点或者事物。

属性

属性（attribute）指的是一个实体拥有的属性，例如，名称、日期或其他描述性特征。

传统的关系型数据建模从识别数据中的实体（人物、地点和事物）和它们的属性（姓名、标识符和描述）开始。实体可以是客户、银行账户或产品。属性就是人的姓名或者银行账户账号这类的概念。

我们从建模图 2-1 中的两个实体（客户和账户）开始这个数据建模练习。在关系型系统中，我们通常把实体视为表结构，如图 2-2 所示。

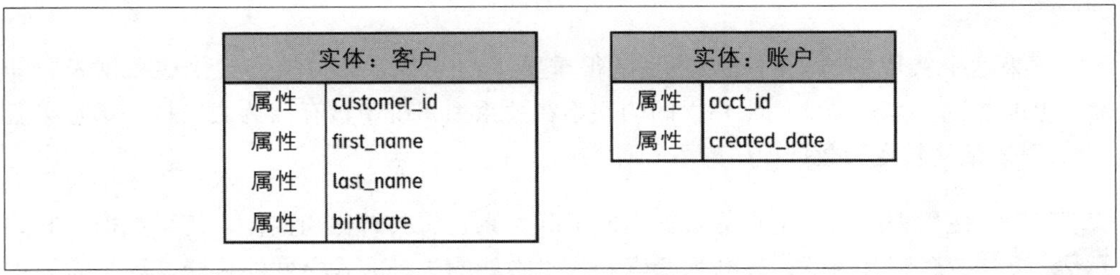

实体：客户	
属性	customer_id
属性	first_name
属性	last_name
属性	birthdate

实体：账户	
属性	acct_id
属性	created_date

图 2-2：建模应用里的数据的传统方式：识别实体和属性

图 2-2 展示了两个主要概念：实体和它们对应的属性。这张图里有两个实体：客户和账户。对于每个实体，都有一些属性来描述这个实体。客户可用唯一标识符、姓名、生日等来描述。账户也有其相应的描述性属性：唯一账户标识以及账户的创建日期。

在关系型数据库中，每个实体都会变成一张表。表中的行包含实体的实例数据，每一列包含的是其描述性属性。

2.3.2 构建 ERD

在现实世界中，客户拥有账户。设计关系型数据库的下一步是对这种连接进行概念建模。我们需要给模型加入一种描述一个人拥有银行账户的描述。图 2-3 展示了一种常用的连接客户和账户的建模方式。

可以看到图 2-3 在图 2-2 之上增加的视觉元素是中间的菱形，将客户和账户实体表连接起来。这个联系表明在数据库中客户和账户之间是有链接的，即客户拥有账户。

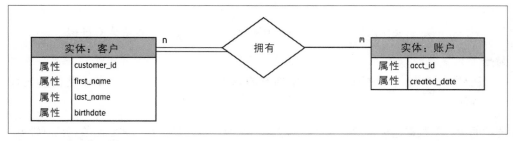

图 2-3：客户和账户的实体关系图

图中的其他视觉细节包括代表人物的表和表示拥有关系之间的双线。这里我们看到一个"n"，而拥有关系另一侧则是一个"m"。这个标识意味着客户和账户之间是多对多的关系。具体来说，这表达了一个人可以拥有多个账户，一个账户可以被多个客户拥有的概念。

而接下来这个实现细节上的细微差别就很重要了：ERD 上的链接会转化成数据表或外键。也就是说，客户和他们账户之间的联系在关系型系统中被存储为表结构。这意味着"拥有"表最终转变为数据库中的另一种实体。

 使用表结构来呈现你数据中的关联关系，将其转化为实体，使得数据之间的关联更加晦涩。表结构检索和人类本能的思维方式之间的跳跃是一个需要克服的思维鸿沟。当你需要理解数据中的关联关系时，这个问题显得尤为突出。

虽然我们被迫用这种方式思考了数十年，但还有更好的方式。

让我们来回顾表 2-1 中的数据，然而这次是用来说明图数据中的概念，以及如何用图数据库建模数据。

2.4 图数据中的概念

我们将用本节来介绍图论领域中一些有用的概念。这些术语用来描述图数据之间的连通性。让我们来可视化样本数据中前三个人的图数据。

图 2-4 中展示的数据将用来阐释本节接下来的部分引入的基本概念。这些数据包含三个人的信息：Michael、Maria 和 Rashika。Michael 和 Maria 共享一个账户，如图 2-4 所示。在我们的例子里，Rashika 不和其他任何人共享数据。

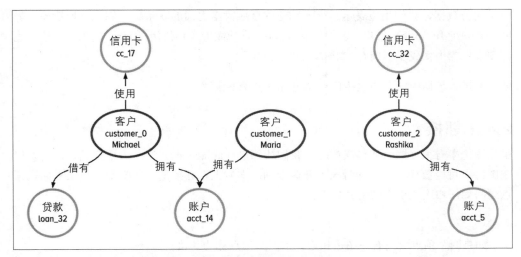

图 2-4：图数据一览，我们将用它来介绍本章中新的图术语

2.4.1 图的基本元素

最先需要介绍的概念是图、图数据及其定义中用到的最基本元素。这些术语广泛应用在图领域的所有成员中，作为图的基本元素为人所知。

图

图是数据的一种呈现方式，有两种不同的元素：顶点和边。

顶点

顶点表示数据中的一个概念或实体。

边

边表示顶点之间的关系或链接。

你可能已经见过我们讨论的基本元素了，从图 2-4 中的金融数据包含四个概念实体：客户、账户、信用卡和贷款。这些实体自然地在图中被画成顶点。

  我们在本书中避免使用节点（node）一词，因为我们关注分布式图，而节点在分布式系统、图论和计算机科学中有不同的含义。

接下来，我们用边来连接顶点。这些联系表示了不同数据块之间存在关系。在图数据中，一条边连接两个顶点，作为两个对象之间关联的抽象表示。

对于这份数据，我们用边表示一个人和他的金融数据之间的联系。我们把数据建模来表明：客户拥有（own）账户，客户借有（owe）贷款或者客户使用（use）信用卡。这些边在图数据库中变成了"拥有""借有"和"使用"。

结合上述，数据中所有的这些顶点和边可以呈现整张图。

2.4.2 邻接

虽然图论中有很多概念值得深究，让我们从邻接（adjacency）这个术语开始。你会发现在图论中讨论数据如何连接时离不开这个词。本质上，邻接是个数学术语，用来描述顶点之间如何相连。正式的定义如下：

邻接

如果两个顶点之间有一条边相连，则两个顶点称为邻接。

在图 2-4 中，Maria 和 acct_14 邻接。同样地，我们可以看到 Michael 和 Maria 都和 acct_14 邻接，因为他们都拥有这个账户。当你能够用不同的方式看到实体和它们之间的关系的时候，在应用中使用图数据的优势立马显现出来。

邻接的概念会贯穿整本书，你会在各种不同的话题中和它不期而遇，从数据的连通性到磁盘上不同的存储格式。目前为止，你只需要知道这个热词代表了顶点之间如何连接。

2.4.3 邻接点

互相连接的数据形成社区。在图论中，这些社区被称为邻接点（neighborhood）。

邻接点

对于顶点 v，所有和 v 邻接的顶点都是 v 的邻接点，写作 N(v)。所有的邻接点都是 v 的邻居。

图 2-5 向我们展示了图邻接点中的概念，从 customer_0 Michael 开始。在样本数据中，顶点 cc_17、loan_32 和 acct_14 都和 Michael 直接相连或邻接。我们称之为 customer_0 的一级邻接点。

你可以从初始顶点开始带着这个概念继续前进。二级邻接点包含从 Michael 开始相距两条边的顶点；Maria 就是 Michael 的二级邻接点。反之同理，Michael 是 Maria 的二级邻接点。从单个起始点开始，如此往复就可以遍历整张图的所有顶点。

2.4.4 距离

邻接点的概念引出了距离。谈论这个样本数据的连接性的另一种方式就是，从一个顶点走到另一个顶点需要多少步。讨论 Michael 的一级或者二级邻接点，和找到从 Michael 开始距离为 1 和 2 的顶点是一样的。

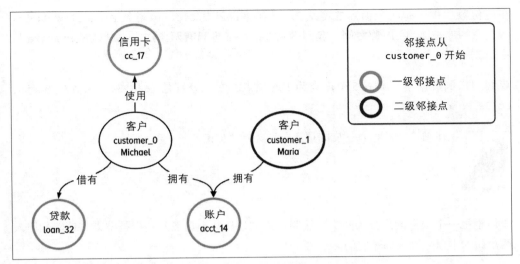

图 2-5：一个可视化例子：从 customer_0 开始的图邻接点

距离

在图数据中，距离是指从一个顶点到另外一个顶点之间需要走过的边的数量。

在图 2-5 中，我们选择了顶点 Michael 作为起始点。顶点 cc_17、loan_32 和 acct_14 是 Michale 的一级邻接点，和与 Michael 距离为 1 等价。

在数学表达中，它经常被写作 dist(Michael，cc_17) = 1。这也意味着从起始点开始的所有二级邻接点都有两条边的距离，以此类推——具体写作 dist(Michael，Maria) = 2。

2.4.5 度

邻接、邻接点和距离的概念帮助我们理解两份数据之间是否连通。对很多应用来说，了解一份数据和它邻居之间的连通性如何是非常有用的。

是否连通，以及连通性是否良好之间的区别引出了一个数学界的新术语：度（degree）。

度

一个顶点的度是与其相关（即相连）的边的数量。

换句话说，我们讨论顶点的度数是指与该顶点接触的边数。

当我们展示接下来的例子时，回想一下图 2-4。在那张图中，我们看到有三条边分别将

Michael 连到 cc_17、loan_32 和 acct_14。可以说 Michael 的度是 3，也可以表示为 deg(Michael) = 3。

在这份数据中，有两个顶点的度是 2。具体来说就是 acct_14 邻接 Michael 和 Maria，所以它的度是 2。在图的右侧，我们看到 Rashika 也只有两条边，也就是说 Rashika 的度是 2。

我们的样例数据中一共有 5 个度数为 1 的顶点。它们分别是 loan_32、cc_17、Maria、cc_32 和 acct_5。

 在图论中，只有一度的顶点被称为叶（leaf）。

我们也把一个顶点的度分为两类，按照这条边是从某个顶点开始还是结束。让我们引入两个新的术语分别来描述它们。

入度

一个顶点的入度是指所有和该顶点相关（或相触）的且进入该顶点的边的总量。

出度

一个顶点的出度是指所有和该顶点相关（或相触）的向外延伸的边的总量。

让我们把这些定义应用在刚才提到过的例子上。

Michael 的三条边都是从 Michael 开始、结束于其他顶点：cc_17、loan_32 和 acct_14。因此，我们说 Michael 的出度为 3，因为三条边都是向外的。

acct_14 的入度是 2，因为它有两条进入的边，分别来自 Michael 和 Maria。Rashika 的两条边都是向外的，所以我们说 Rashika 的出度为 2。

cc_17 的入度是 1，因为连接它的边是进来的，对 loan_32、cc_32 和 acct_5 也同理。Maria 的出度是 1，因为它一条连出去的边到 acct_14。

顶点的度的含义

数据科学家和图论学者使用顶点的度来理解图数据中连接的类型。一个可以开始的地方是在图中找到连接度最高的顶点。

根据应用程序的不同，高度数的顶点可以被认为是枢纽或具有高度影响力的实体。

找到这些高度连接的顶点是很有用的，因为当在图数据库里存储或查询它们时会对性能产生影响。对图数据库实践者来说，度数极端高的顶点（超过 10 万条边）被称之为超级节点（supernode）。

对于本节的目的，我们希望阐明如何在你的应用程序里运用和解释图结构。对于高度连接的顶点的性能问题，我们将在第 9 章详细说明，也会正式定义超级节点，解释它们对你的数据库的影响，并逐步说明应对策略。

回想本章开始时我们提出的三个问题。目前为止我们提到过的概念都只对应了其中前两个问题。接下来会引入一个工具来教会你如何通过把可视图表转化为代码来建模图结构。让我们开始。

2.5 图结构语言

图从业者、学者和工程师普遍同意解释图数据的术语和方法。但是，技术界和学术界对这些词的使用却令人困惑。有些词对图数据库从业者来说是一种含义，而对图数据科学家来说则另有一番含义。

为了解决领域之间的困惑，我们在本书中引入并正式推出了描述图结构（graph schema）的术语。这种语言称为图结构语言或 GSL。GSL 是一种可视化语言，将概念应用于图数据库结构的创建。

我们创造 GSL 作为一种教学工具，用来说明本书所有的例子。我们打造、推介和使用GSL 的目的是规范化图实践者之间沟通图的概念模型、图结构和图数据库设计的方式。对我们来说，这套术语和视觉图示补充了学术界普及的图语言和图社区内的标准。

本节中介绍的视觉提示和术语将会应用在整本书的概念图模型中。我们希望接下来即将看到的许多示例可以作为将视觉示意图转换为结构代码的良好实践。

2.5.1 顶点标签和边标签

图数据的基本元素——顶点和边——给我们提供了图结构语言的第一组术语：顶点标签和边标签。如图 2-3 所示，关系型模型使用表结构来描述数据，我们用顶点标签和边标签来描述一幅图的结构。

顶点标签

顶点标签是指一组语义上同构的对象。即一个顶点标签代表一类共享同样的关系和属性的对象。

边标签

边标签用来在数据库结构里给顶点标签之间的关系的类型命名。

在图建模中，我们给实体打上顶点标签，然后用边标签来描述实体之间的关系。

通常来说，顶点标签描述数据中的实体，共享相同类型的属性和相同标签的关系。边标签描述顶点标签之间的关系。

 顶点和边这两个术语用来特指数据。在描述数据库的结构时，我们使用顶点标签和边标签。

对于表 2-1 的数据，我们同样对客户和账户进行概念图模型建模，如图 2-6 所示。这个概念图模型和图 2-3 中的 ERD 看起来很像，只是使用了 GSL 中的前两个术语。

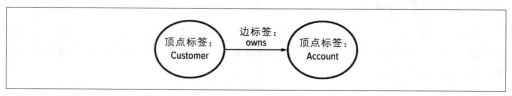

图 2-6：展示了客户和银行账户的顶点和边标签的图模型

在 GSL 中，顶点标签用包含标签名字的圆圈表示，见图 2-6 中的 Customer（客户）和 Account（账户）顶点标签。边标签是两个顶点标签之间带有名称的线。图 2-6 中可以看到边标签 owns（拥有），连接了 Customer 和 Account 两个顶点标签。再看这个图示，这里暗含了客户有一条指向账户的关系，具体来说就是客户（Customer）拥有（owns）账户（Account）。稍后我们会在 2.5.3 节介绍边的方向。

2.5.2 属性

如图 2-3 所示，在关系型模型中，我们用 attribute 来描述数据，用图建模时，则用 property 来描述数据。也就是说，以前用 attribute 的地方，现在使用 property。

属性

　　属性描述的是顶点标签或边标签的自有特征，例如名称、日期或是其他描述性特征。

在图 2-7 中，每个顶点标签都关联了一系列属性。这些属性和图 2-3 里的关系型 ERD 中的 attribute 是一样的。我们可以用它的唯一标识符、姓名和生日来描述一个客户顶点。和以前一样，账户则可以用它的账户 ID、创建日期来描述。在这个数据模型中，我们添加了一个边标签 owns（拥有）来描述这两个实体之间的关系。

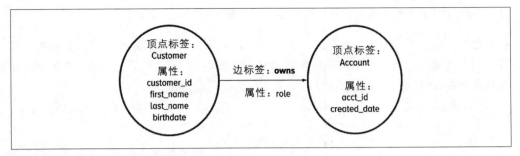

图 2-7：客户和银行账户的图模型

注意：术语属性（property）应用在图结构和图数据的概念中。

2.5.3 边的方向

GSL 中的下一个建模概念是边的方向。在数据模型中建立边标签时，通常根据谈论数据的方式将顶点标签连接起来。我们会说客户拥有账户，在图中建模数据的时候也用这种方式。这也使得每条边有了一个方向。

边的方向有两种建模方式：有向的和双向的。

有向的

有向边是单向的：从一个顶点标签到另一个顶点标签。

双向的

双向（bidirectional 或 bidirected）边可以从任意方向连接顶点标签。

在 GSL 里，在某一端或者两端使用箭头来表明边的方向。如图 2-8 所示，在边标签的下面可以看到箭头。

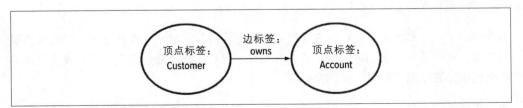

图 2-8：使用线和单向箭头来表明边标签是有向的

我们可以说图 2-8 中的例子表示了一条有向边标签。我们有一个边标签从客户连到账户。

这个边标签用了一条有向边来建模客户拥有这个账户。

除此之外，在建模反方向的数据时，它也可能很有用。一种方式是添加第二条从账户到客户的有向边。这条边表示账户被客户拥有，如图 2-9 所示。我们可以说图 2-9 中的边都是有向边，因为它们都是单向的。

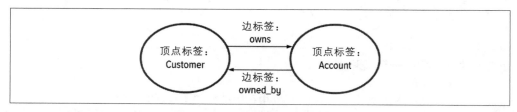

图 2-9：使用两条不同方向的边使我们可以在客户和账户之间穿梭

边标签的方向来源于用语言描述数据的方式。当你描述数据时，会使用主语、谓语（比如动词）和宾语来描述你的领域。要看到这个，考虑你会如何描述本章到此为止用到过的样本数据。你可能会想到类似于"客户拥有账户"，或者"银行账户被客户拥有"之类的表达。在第一个短语中，主语是"客户"，谓语是"拥有"，宾语则是"账户"。这就给我们一个顶点标签的来源，Customer（客户），以及目标顶点标签，Account（账户）。谓语"拥有"（owns）则转化成边标签，并且方向是从客户到他们的账户。我们应用类似的方式来得到从账户到客户的边标签"被拥有"（owned_by）。

笼统地讲，识别出描述中的主谓宾可以转化为边标签的方向。主语是第一个顶点标签，也是边开始的地方。在 GSL 中，我们称之为领域（domain）。然后谓语转换成边标签。最后，宾语是边标签的目标或者范围。这意味着边标签从领域来，到范围去，这里提出了两个新的术语：

领域

　　边标签的领域是指该标签开始或源起的顶点标签。

范围

　　边标签的范围是指该标签结束或指向的顶点标签。

本节的最后一个概念是双向边。到这里我们讨论过的数据里，并没有语义上的含义需要双向边。也就是说，我们可以说客户拥有账户，但是"账户拥有客户"则不成立。我们需要把边标签改成"账户被客户所拥有"。

为了更好地阐述双向边，让我们在例子中加入客户之间的关系。具体来说，互为家庭成员的客户之间连上边标签。如图 2-10 所示，这是一个更好的例子来阐明双向边标签。

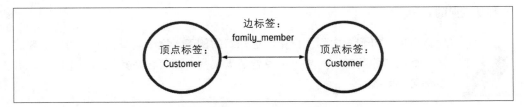

图 2-10：使用一条有双箭头的边来表明这条边标签是双向的

在这个模型中，我们表示客户可以是其他客户的家庭成员。我们把这种类型的关系解释成一种相互关系：如果你是其他人的家庭成员，那么他们也是你的家庭成员。在 GSL 中，我们用一条带有双向箭头的线来建模这个，并说这种边标签是双向的。

在图理论中，双线边和无向边是等价的。也就是说，同时用两个方向建模一个关系，本质上和没有任何特定意义是一样的。然而，在本书的上下文中，我们使用数据之间的关系来提供应用程序的意义，因此必须考虑边的方向。

当第一次遇到方向的概念时，可能不是一个很直观的概念。在图开发中，思考方向的最佳方法是从你如何谈论数据开始。我们建议为你的数据创建一个描述，并确定如何解释其中的关系。这有助于把对数据关系的概念转化为边缘标签的方向的理解。

2.5.4 自指向边标签

虽然没有明确指出，但在图 2-10 中我们已经引入了一个新的概念，现在我们来定义一下。如果一条边的开始和结束都在同一个顶点标签上，我们说这是一条自指向（*self-referencing*）边标签。在 GSL 中，我们如图 2-11 所示描绘和标识该标签。

自指向

　　自指向边标签是指一条边标签的领域和范围是同一个顶点标签。

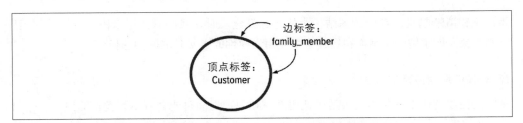

图 2-11：在 GSL 中使用边标签来表示双向的、指向自己的边

图 2-11 是描述开始和结束在同一个顶点标签上的边标签的正确方式。我们说这是一条自指向边标签。在图 2-11 的场景中，这也是一个双向边标签，然而，不是所有的自指向标

签都是双向的。

你会在后文看到有向的、自指向边标签的例子。这个场景例如，当你需要建模一个循环的关系——具体来说就是当某些东西包含在其他东西中时，或者当有父子关系时。

2.5.5 图的多样性

当你开始深入理解用图来建模数据时，你可能会想要一种方式来展示不同顶点标签之间可能存在多少种关系。

对这个问题我们有个好消息。在大多数图模型里，只有一种方式用来描述关系的数量：many（的）。

在 DataStax Graph 和大部分其他图数据库里，所有的边标签都代表多对多（many-to-many）关系。也就意味着，任何顶点都可以通过一条特定的边标签连接到多个其他顶点。这在 ERD 中被称为多对多（many-to-many），在 UML 中使用 0..* 到 0..*。有时在一些关系型社区中也表示为 m:n 的关系。

我们用多样性来表示这个概念：

多样性

多样性是对一个组合可能承担的可允许的大小范围的一种规范。也就是说，多样性描述了与特定顶点相邻的顶点组沿着特定的边标签可能承担的、可允许的大小范围[注2]。

集合（set）或合集（collection）的实际大小被称为基数（cardinality）。基数被定义为一个特定集合或合集中元素的有限数量。

为正确和清晰起见，在谈论图结构中的边标签建模时，我们只使用术语"多样性"。让我们更深入地了解一下当你在图模型中应用多样性的定义时的两种选择。

在 GSL 中建模多样性

多样性在图结构中的应用归根结底是要理解相邻顶点间可能会有不同类型的组合。但只有两种可能：集合或是合集。

注 2：James Rumbaugh, Ivar Jacobson, and Grady Booch, *The Unified Modeling Language Reference Manual*, vol. 2 (Reading, MA: Addison-Wesley, 1999).

集合

集合是一种抽象的数据类型，存储不包含重复元素的值。

合集

合集是一种抽象的数据类型，存储包含重复元素的值。

在一个相邻顶点的集合中，每个顶点只存在一个实例。在一组相邻顶点的合集中，一个顶点可能多次出现。我们用图 2-12 来解释这两个方式的区别。

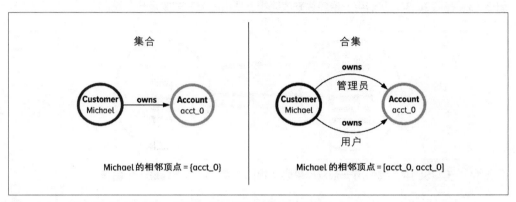

图 2-12：对某一特定边标签的相邻顶点组应用多样性的两种方式

图 2-12 中左图显示，与 Michael 相邻的顶点组合是一个集合：{acct_0}。这意味着我们希望数据库中客户和账户之间最多存在一条边。图 2-12 中右图显示，与 Michael 相邻的顶点组是一个合集：[acct_0, acct_0]。这表示我们希望数据库中客户和账户之间可以有多条边。一个需要多条边的场景是，当你希望表示一个客户既是账户的管理员又是用户的时候。

最有可能需要决定多样性类型的场景是当你对边进行时间建模的时候。你只想在数据库中找到时间上最近的边吗？那么你就可以认为边是一个集合。如果你需要知道所有的边在一段时间内的情况，那么你就可以认为边是一个合集。我们将在第 7 章、第 9 章和第 12 章中讨论边的时间问题。

让我们来看看如何在 GSL 中模拟图 2-12 中两张图之间的差异。

图 2-13 展示了我们如何使用 GSL 中的一条线来说明两个顶点之间最多只有一条边。

为了能够对两个顶点之间的许多边进行建模，我们需要一种方法使一条边与另一条边不同。在图 2-14 中，我们在边上添加了角色（role）属性，这样每条边都是不同的。图 2-14 展示了我们如何在 GSL 中使用双线和属性值来说明我们想在两个顶点之间有许多条边。

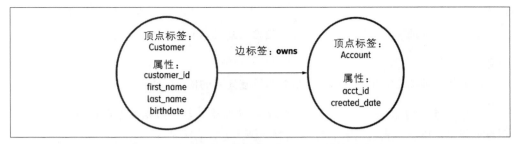

图 2-13：在 GSL 中，我们用一条单线来表明相邻顶点的组合需要是一个集合

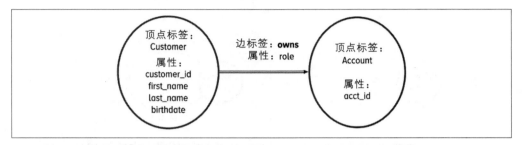

图 2-14：在 GSL 中，我们用一条双线来表明相邻顶点的组合需要是一个合集

理解多样性的诀窍在于理解你的数据。如果你需要在两个顶点之间有多条边——因为你需要连接的顶点组是一个合集，而不是一个集合——那么你就需要在边上定义一个属性，使其独一无二。

2.5.6 图模型的完整示例

使用 GSL 将表 2-1 中的数据转换为图 2-15 中的概念图模型。

我们把图 2-15 中的图称为概念图模型。这个模型创建了图数据库结构。这个概念图模型显示了一个客户和三个与其有关的不同数据点。这四个实体转化为四个独立的顶点标签：客户（Customer）、账户（Account）、贷款（Loan）和信用卡（CreditCard）。

这四个数据之间有三种关系：客户拥有账户、使用信用卡，还可以借用贷款。这在概念图模型中创建了三个边标签：分别是拥有（owns）、使用（uses）和借用（owes）。所有这三个边标签都是有向的；在这个例子中没有双向的边标签。此外，我们看到边标签 uses 和 owes 在两个顶点之间最多只有一条边，而 owns 可以有许多条边。

图 2-15 中最后要探讨的是每个顶点标签上显示的属性。这些是我们可以在表 2-1 的数据中找到的对应属性。一个 Customer 有两个属性：customer_id 和 name。Account、CreditCard 和 Loan 顶点标签各自只有一个属性，分别是：acct_id、cc_num 和 loan_id。对它们各自来说，该属性都是这个数据的唯一标识符。

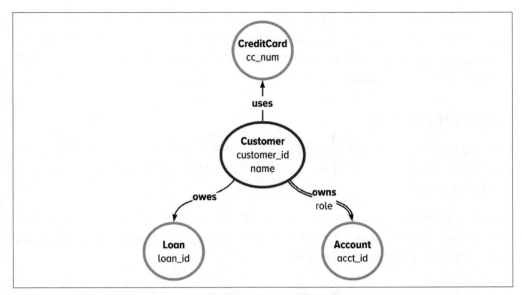

图 2-15：第一个例子的开端：一个金融服务客户数据的基础模型

理解图 2-15 和我们在图 2-4 中展示的实例数据之间的区别很重要。图 2-15 展示了使用 GSL 为数据库结构建立的概念图模型。图 2-4 展示了数据在你的图数据库中的样子。

2.6 确定是关系型还是图

评估关系型或图技术最难的情况是那些数据库建模和数据分析纠缠在一起的技术。我们想要通过对这些话题总结的一些笔记来帮助你提高评估过程的效率。

2.6.1 数据建模

图数据建模和关系型数据建模是很类似的，最主要的区别在于考虑实体间关系的方式。图技术为关系至上的数据做了优化，以便于提供数据库中实体间关系的直接访问方式。鉴于此，如果在你的数据中，实体之间的关系是最重要的特性，那么你可能会想要更多地探索图技术。

和关系型技术不同，图技术是用来最小化思维模型和数据存储、检索之间的差异的。通过图技术，概念数据模型就是真实的物理数据模型。也就是说，你不需要特意去做任何物理数据建模，因为图数据库在逻辑模型之上优化了存储和物理结构。通过将顶点的边存储在结构中，我们得以直接访问一个顶点的关联的边。

在我们的经验中，促使架构师从关系型技术转向图技术的主要原因之一就是他们无须花费太多精力来将思维模型转换为数据存储。当使用图技术时，你可以画一幅图，同时代表概念理解和数据的物理组织方式。这种从概念到物理数据组织的更短的解释创造了一种更强大的方式来设想、讨论和应用数据中的关系。在没有图思维和技术之前，是无法实现的。

2.6.2 理解图数据

应用图论增强了在应用中使用图技术的吸引力。图技术为你提供了理解数据中是否有联系以及如何联系的方式。具体来说，邻接、度等概念打开了对数据的新理解，而这是关系型技术无法做到的。

图结构和图数据的世界之间的细微差别是非常重要的。向团队介绍图技术时，要学习新的术语、概念和应用。让自己不受阻的最有效方法之一，是了解哪些概念适用于数据库建模，哪些适用于应用层面的数据分析。

2.6.3 系统目的和数据库设计

我们从过去的经验中认识到，团队经常会混淆图数据分析和图结构的概念。但对我们来说，混淆使用图结构和图数据两个术语，如同混淆饼图和外键约束一样。

让我们细述个中差异。

关系型技术，例如饼图，对用来创建报表和数据概要的数据库来说非常友好。饼图是用来可视化数据指标的。这类应用（饼图）与关系结构设计（如在数据表中选取外键约束）是完全不同的。

关系型数据库的应用之一是创建饼图，而数据库结构需要设计外键才能实现。

当开始用图技术时，同样的差异也适用。当配置好图数据库之后，你用它来理解数据之间的关系。具体来说，你可以找到图中两个顶点之间的距离。这是在应用层面，使用数据来理解数据中的连接。这是通过创建一个带有顶点标签、边标签和属性的图数据库结构来实现的。

图数据库的应用之一是计算顶点之间的距离，数据库结构需要通过设计边标签和顶点标签来实现这个功能。

这里的重要启示是要理解创建数据库结构和分析图数据之间的区别。

到目前为止，图思维的洪流已经引入了许多术语和复杂性的浪潮。在本章中，我们希望能清楚地划分出创建数据库模型的技术，以及分析图数据的技术。

2.7 总结

本章着眼于统一不同领域中使用的概念和术语。我们旨在为以下三个目标提供背景和信息：

1. 对我的问题来说，图技术真的比现在的关系型技术更好吗？

2. 如何把我的数据当作图来看待？

3. 该如何给图的结构建模？

根据我们的经验，这三个问题是正在为其应用技术栈评估图技术的开发团队的主要谈话内容。

我们选择了本章的内容作为回答这些问题所需的最小主题集。本章中的术语和主题代表了理解数据建模、图数据和关系型系统或图系统中的应用设计的起点。结合 GSL，本章中的基础概念代表了开始使用图技术所需要知道的信息。在这一点上，你已经具备了开始你的第一个应用设计和评估所需的术语和概念。

必须得承认，对于第一个问题的答案我们没有提供太多信息。这是因为我们无法直接回答这个问题。你的团队对图技术的应用需求归结为本章中所介绍的概念和术语的适用性。简而言之：如果关系对你的数据很重要，那么图技术将是你的团队的正确答案。只有你才能确定自己的数据。

另一方面，我们可以指导你在特定的用例中使用关系型技术或图技术。第 3 章将带领你了解一个常见的起始用例，在这个用例中，团队通常会对关系型技术与图技术进行测试。闲话少说，让我们从其他公司已经成功建立的基础开始，打开在业务中应用图数据的大门：客户统一视图。

入门：简单的 C360 视图

我们发现，往往技术团队在讨论大型业务场景下会面对的数据问题时，才意识到图思维的好处，比如尝试从不同的数据源提取价值时。站在白板前，把问题描绘出来，不可避免地会产生一幅充满连线的图。

你可以想象同样的场景。你在白板上涂涂画画，兴奋地讨论系统数据如何分布在不同的竖井中。你的团队一致认为真正需要的是直接访问客户及其数据的方式。为了展示这点，基本每次，你的同事都把客户画在白板的正中间，然后把相关数据连到客户身上。退后几步，所有人都发现你的同事刚刚画了一幅图。

在我们的经验中，正是这些白板练习展示了图思维的力量，用来构建数据管理方案。图应用始于数据管理，因为，无论是概念或者物理上，之前的技术决策迫使我们把图数据转换为表结构方案。问题是表结构数据已经不是今天的应用系统的唯一设计方案了。

对那些需要关注用户个性化需求的应用来说这点显得尤其真实。个性化需求的激增对数据的可用性和相关性产生了自顶向下的压力。这种压力使得组织必须去聚合散落的数据，并保证数据可以用于提升用户的数字化体验。

当团队凑在一起在板子上涂画，重构他们的系统来交付个性化需求时，他们遇到了一个新的问题。单一系统如何同时做到整合数据、实时响应以及把数据关联到终端用户？现有的关系型工具对这些流程已经十分熟稔，但需要数据能够适应行列格式。

然而，关系型工具对某些特定形态的数据来说并不友好——尤其是深度链接的数据。

到这里，我们来到了白板会议中十分关键的讨论议题：识别和对比方案。方案设计过程经常引入多种技术。随之而来的围绕着选择哪种技术的辩论可能会充满分歧且没完没了。

3.1 本章预览：关系型技术和图技术

为了攻克这一共同的难题，本章的主要目标如下：

1. 为图数据定义并确定一个起始应用。

2. 用关系型技术和图技术建立一个应用架构的例子。

3. 为你的系统需求提供一个做出正确选择的指南。

在本章剩余部分，我们将介绍并解释前面描述的白板故事用例。随后，我们将从关系型系统开始深入探讨这种类型的应用的实现细节。然后我们会用同样的步骤在图系统里再走一遍。我们将在本章结尾讨论如何为你的应用选择最适用的技术。正确处理这一问题将有助于你在关于何时、何地以及如何应用图技术来解决数据管理需求的看似循环且永无止境的争论中找到根源。

3.2 图数据的基本用例：C360

正如白板故事所述，全世界的技术团队都意识到可以利用图数据来解决数据管理问题。对于该类型的问题，新旧方案的差异在于建模、存储、检索数据中关系的可用性。

对于那些旨在关注数据中关系的应用程序来说，最初的挑战来自如何转换和统一遍布于关系型系统中的数据。这种转变要求我们从组织实体到组织关系重新组织思维和过程。和前面提到的白板涂鸦类似，用关系来组织数据的新方式十分类似图 3-1 所示的模型。

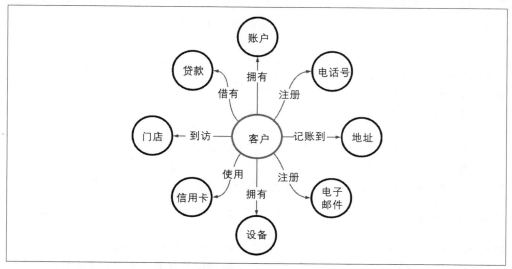

图 3-1：图思维的练习生成了一个概念图模型

图技术的采用者独立地将这种类型的解决方案命名为 Customer 360 应用程序，通常缩写为 C360。C360 项目的愿景，如图 3-1 所示，是围绕业务中重要实体之间的关系设计一个应用程序。

你可以设想一下 C360 应用程序的目标。有一个中心对象，即客户，以及客户与其他整体数据的关系。这些数据可能是与业务领域最相关的数据。通常，我们看到团队从客户的家庭、支付方式或重要的识别细节开始。金融服务中的这一特殊应用是为了回答关于客户的以下类型的问题：

1. 这位客户使用了哪些信用卡？

2. 这位客户拥有哪些账户？

3. 这位客户借有哪些贷款？

4. 我们对这位客户有什么了解？

把客户数据整合到单一应用中的想法并不是什么新鲜事。已有的解决方案包括数据仓库或数据湖，为客户数据提供了单一存储系统。这里的问题不在于企业数据的整合，而在于其可用性。图思维的时代使我们重新审视这些解决方案，寻找一种方法使这些数据可用性更高并提升个性化体验。

这样想吧：你是愿意花一天时间去钓鱼，还是想来一顿便捷的晚餐？

钓鱼或订餐的区别，类似于是把数据放在数据湖中，还是以快速检索为目的组织数据。今天的数字应用需求要求架构师更关注数据的快速交付。图技术允许架构师建立深度连接的检索系统，以作为耗时较长的在整个数据湖的搜索探寻的补充。

为什么业务关心 C360

客户倾向于在各种渠道和你的公司进行互动：他们从移动或 Web 端应用、社交媒体信息流到实体店之间无缝切换。涉及所有这些渠道，他们体验品牌的整体形象。那些通过创造统一的数字体验来满足这一期望的公司，其收入增长高达 10%。据统计，比起那些没有统一客户数字体验的公司，拥有这一体验的公司的收入增长速度快两到三倍[注1]。

这种观察到的收入增长背后的秘诀是统一所有客户数据的应用。将你所有的客户数据汇集到一个应用程序中，反映了每个客户对你品牌的体验。换句话说，这是一个 C360 应用程序。

从部署了有趣的 C360 应用程序的一些早期创新者那里，我们见识到了丰富多彩的创意

注 1：Mark Abraham, et al. "Profiting from Personalization." Boston Consulting Group, May 8, 2017. *https:// www.bcg.com/publications/2017/retail-marketing-sales-profiting-personalization.aspx.*

用例。其中一个尤为不同的来自百度和 KFC。通过统一数据平台，百度和 KFC 共同推出了订单推荐系统。它们的联合方案可以识别客户、接触订单历史，以及返回订单推荐。这种别出心裁的跨越两个行业的数据集成，已被证明是 C360 技术的一个独特且有利可图的例子。

C360 应用程序可以作为在企业中实施图思维的起点。把握好这一点，就能为在系统架构中引入图数据打下坚实的基础。我们发现，架构师和系统设计师最常犯的错误之一，就是过快地从概念模型转向图技术的实施细节。这里有更多需要考虑的问题，在本章的其余部分，我们将用过往的经验帮助你进行自己的评估。

3.3 在关系型系统中实施 C360 应用程序

本节的目标是简略地介绍一下如何打造一个关系型系统来存储 C360 数据。本节不能作为建设此类系统架构的完整介绍。我们期望的是引入尽量少的概念来帮助你理解使用关系型系统做 C360 应用程序的复杂度。

为了说明从数据建模到查询的过程，我们会使用与表 2-1 中相同的数据。方便起见，我们在这里也提供了数据，如表 3-1 所示。回顾这些数据产生的过程、含义和详细情况，可以重温 2.2 节。

表 3-1：在本章中用以阐明技术选择的样本数据

customer_id	name	acct_id	loan_id	cc_num
customer_0	Michael	acct_14	loan_32	cc_17
customer_1	Maria	acct_14	none	none
customer_2	Rashika	acct_5	none	cc_32
customer_3	Jamie	acct_0	loan_18	none
customer_4	Aaliyah	acct_0	[loan_18, loan_80]	none

我们会用 SQL 和 Postgres 两种技术来介绍关系型实现。SQL 是 Structured Query Language（结构化查询语言）的缩写，是用来和关系型数据库通信的编程语言。我们选用了 Postgres 关系型数据库管理系统（RDBMS），因为它源于开源社区并且被广泛运用。

3.3.1 数据模型

在概念模型得到认可之后，如图 2-1 所示，你可以开始设计关系型数据库了。通常来说，你会想画一个实体关系图，即 ERD。ERD 是数据模型的逻辑表示，也是关系型数据库典型的设计开端。

在图 3-2 中，每个方形代表了一个实体，最终会变成关系型数据库中的一张表。每个实体的属性，或者说描述性属性，列在每个方形的内部。如数据中所见，每个实体都会有一个唯一标识符。客户会被 customer_id 唯一标识，账户用 account_id，以此类推。客户也有名字，在更大的应用中，还会有其他的属性。

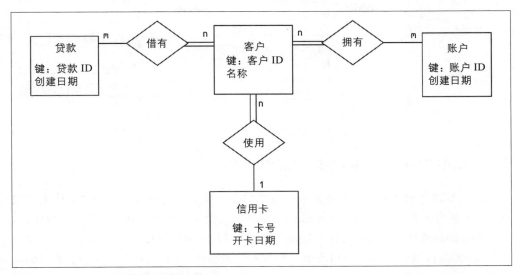

图 3-2：C360 应用程序的关系型实现的 ERD

图 3-2 中实体之间的菱形代表实体之间的关系。关系之间的基数展示在菱形的上下或左右。在该数据中，我们有两种关系：一对多和多对多。

让我们从一对多关系开始，即客户和信用卡。在这个例子中，一位客户可以有多张信用卡，但是一张信用卡只能有一个客户。这种一对多的关系描述了客户和信用卡之间的基数，在图 3-2 中用 1 和 n 表示。

数据中的另外一种关系类型是多对多关系。我们的数据中有两种多对多关系：客户到账户，以及客户到贷款。从数据中可以得知，一位客户可以有多个账户，一个账户可以有多位客户。贷款同理。我们说客户到贷款是多对多关系，并在图 3-2 中用 n 和 m 表示这种关系。

在建表和插入数据之前，我们需要把逻辑数据模型翻译成物理数据模型。具体来说，我们需要把图 3-2 中 ERD 里的实体和关系转换为有主键和外键的表。

在这个实现中，我们需要两种类型的键：主键和外键。主键是一种唯一标识的数据，例如一个客户 ID 或者信用卡号，可以用其来访问表中的信息。外键是一种唯一标识的数据，用来访问不同的表中的信息，例如，将客户 ID 与他们的信用卡信息一起存储。我们在客户的表中同时存储客户 ID 和信用卡信息，这样我们就可以用它在不同的表中来获取所有信息。

让我们看一下图 3-2 中的键和数据是如何映射到图 3-3 中的物理数据模型的。

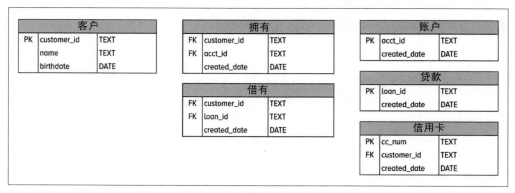

图 3-3：C360 应用程序的关系型实现的物理数据模型

我们至少要浏览图 3-3 中的四张表——每个实体一张表。具体来说，每种实体类型在图 3-3 中都有一张表：客户（customer），账户，贷款和信用卡。对于它们中的每张表，都有额外的属性来描述这个实体。对每个实体来说最重要的属性都是它的主键。每个主键都用 PK 在行的一边标明。相应地，每张表的主键是 customer_id、acct_id、loan_id 和 cc_num。我们会用这些唯一标识符来访问表中一行具体的信息。

在我们讨论图 3-3 中另外两张表之前，我们来看一下信用卡表。这张表同时有一个主键和一个外键。我们使用这张表的外键来跟踪 ERD 中的一对多关系。customer_id 是外键（使用 FK 标明），会提供给我们将信用卡信息关联回一位唯一的客户的能力。在物理数据模型中建立一对多关系，就如同加一个外键将你指引回另一张实体表一样简单。

我们最后再来看下物理数据模型中的拥有和借有表。它们是连接表（join table），让我们能够在物理上存储数据中的多对多关系。拥有表存储客户和他们拥有的账户之间的多对多关系。借有表存储客户和他们的贷款之间的多对多负债关系。由于每个客户只能拥有一个账户，只能借有一次贷款，所以这些连接表的主键是两个外键的组合。

例如，拥有表存储了关于表中每一行的至少两个信息：客户的唯一标识符和账户的唯一标识符。给定该表的一条记录，我们可以访问客户的唯一标识符来连接回客户表，也可以访问账户的唯一标识符来连接回账户表。这个连接表是表示关系系统中多对多连接的一种常见方式。

3.3.2 关系型实现

基于物理数据模型，我们一起来创建表并把表 3-1 中的样本数据插入数据表。

首先，我们想创建客户表。它的最终数据模型如图 3-4 所示。

客户		
PK	customer_id	TEXT
	name	TEXT

图 3-4：关系型实现的客户表

创建客户表的 SQL 语句如下：

```
CREATE TABLE Customers ( customer_id TEXT,
                         name TEXT,
                         PRIMARY KEY (customer_id));
```

数据中有五位客户。我们把这五位客户的数据插入客户表：

```
INSERT INTO Customers (customer_id, name) VALUES
  ('customer_0', 'Michael'),
  ('customer_1', 'Maria'),
  ('customer_2', 'Rashika'),
  ('customer_3', 'Jamie'),
  ('customer_4', 'Aaliyah');
```

关系型数据库中的数据有五个实体，如图 3-5 所示。

客户	
customer_0	Michael
customer_1	Maria
customer_2	Rashika
customer_3	Jamie
customer_4	Aaliyah

图 3-5：关系型数据库中的客户数据

接下来创建另外三张实体表，它们分别是账户、贷款和信用卡。它们的最终数据模型如图 3-6 所示。

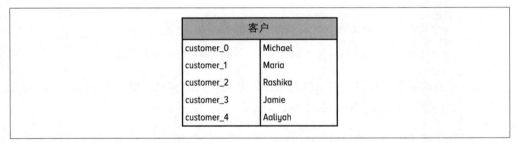

账户		
PK	acct_id	TEXT
	created_date	DATE

贷款		
PK	loan_id	TEXT
	created_date	DATE

信用卡		
PK	cc_num	TEXT
FK	customer_id	TEXT
	created_date	DATE

图 3-6：关系型实现的账户、贷款和信用卡表

我们从创建账户和贷款两张表开始：

```
CREATE TABLE Accounts ( acct_id TEXT,
                        created_date DATE DEFAULT CURRENT_DATE,
                        PRIMARY KEY (acct_id));

CREATE TABLE Loans ( loan_id TEXT,
                     created_date DATE DEFAULT CURRENT_DATE,
                     PRIMARY KEY (loan_id));
```

接下来给账户和贷款表插入数据：

```
INSERT INTO Accounts (acct_id) VALUES
  ('acct_0'),
  ('acct_5'),
  ('acct_14');

INSERT INTO Loans (loan_id) VALUES
  ('loan_18'),
  ('loan_32'),
  ('loan_80');
```

这里最后一张需要在关系型数据库里创建的实体表就是信用卡表。因为信用卡和客户之间有一对多关系，所以还需要插入客户的 ID 作为外键。我们用下面的语句创建表：

```
CREATE TABLE CreditCards
  ( cc_num TEXT,
    customer_id TEXT NOT NULL,
    created_date DATE DEFAULT CURRENT_DATE,
    PRIMARY KEY (cc_num),
    FOREIGN KEY (customer_id) REFERENCES Customers(customer_id));
```

回顾表 3-1 中的数据，可以找到每张信用卡以及拥有它的客户。根据这个信息，我们可以写出下面的语句来把数据插入关系型数据库：

```
INSERT INTO CreditCards (cc_num, customer_id) VALUES
  ('cc_17', 'customer_0'),
  ('cc_32', 'customer_2');
```

到此为止我们的关系型数据库一共有四张表及其数据，如图 3-7 所示。

在我们的关系实现中，要创建的最后两个表是用于从客户到账户和贷款的多对多的连接。首先，让我们创建一个表来连接客户和账户，如图 3-8 所示。

我们在 SQL 中用如下语句创建这张表：

```
CREATE TABLE Owns ( customer_id TEXT NOT NULL,
                    acct_id TEXT NOT NULL,
                    created_date DATE DEFAULT CURRENT_DATE,
                    PRIMARY KEY (customer_id, acct_id),
                    FOREIGN KEY (customer_id) REFERENCES Customers(customer_id),
                    FOREIGN KEY (acct_id) REFERENCES Accounts(acct_id));
```

客户	
customer_0	Michael
customer_1	Maria
customer_2	Rashika
customer_3	Jamie
customer_4	Aaliyah

账户	
acct_0	2020-01-01
acct_5	2020-01-01
acct_14	2020-01-01

信用卡		
cc_17	customer_0	2020-01-01
cc_32	customer_2	2020-01-01

贷款	
loan_18	2020-01-01
loan_32	2020-01-01
loan_80	2020-01-01

图 3-7：关系型数据库里四张实体表的数据

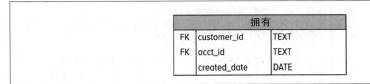

拥有		
FK	customer_id	TEXT
FK	acct_id	TEXT
	created_date	DATE

图 3-8：客户和账户的连接表

回顾表 3-1 中的数据，可以找出如下数据并插入到拥有表中：

```
INSERT INTO Owns (customer_id, acct_id) VALUES
  ('customer_0', 'acct_14'),
  ('customer_1', 'acct_14'),
  ('customer_2', 'acct_5'),
  ('customer_3', 'acct_0'),
  ('customer_4', 'acct_0');
```

现在拥有表中有一些数据了（图 3-9），就可以看到客户和账户之间的数据是如何关联起来的。

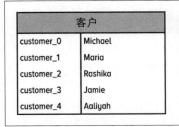

客户			拥有			账户	
customer_0	Michael		customer_0	acct_14		acct_0	2020-01-01
customer_1	Maria		customer_1	acct_14		acct_5	2020-01-01
customer_2	Rashika		customer_2	acct_5		acct_14	2020-01-01
customer_3	Jamie		customer_3	acct_0			
customer_4	Aaliyah		customer_4	acct_0			

图 3-9：客户、账户及连接表数据

创建关系型数据库的最后一步是创建借有表，用以关联客户到他们的贷款，或者反过来。最后的数据模型就是这张连接表的，如图 3-10 所示。

借有		
FK	customer_id	TEXT
FK	loan_id	TEXT
	created_date	DATE

图 3-10：从客户到贷款的连接表

在 SQL 里我们通过下述语句在关系型数据库中创建该表：

```
CREATE TABLE Owes ( customer_id TEXT NOT NULL,
                    loan_id TEXT NOT NULL,
                    created_date DATE DEFAULT CURRENT_DATE,
                    PRIMARY KEY (customer_id, loan_id),
                    FOREIGN KEY (customer_id) REFERENCES Customers(customer_id),
                    FOREIGN KEY (loan_id) REFERENCES Loans(loan_id));
```

我们最终可以提取表 3-1 中最后的关联关系，并把所有有贷款的客户插入借有表：

```
INSERT INTO Owes (customer_id, loan_id) VALUES
   ('customer_0', 'loan_32'),
   ('customer_3', 'loan_18'),
   ('customer_4', 'loan_18'),
   ('customer_4', 'loan_80');
```

我们的关系型数据库的数据全景图如图 3-11 所示。

客户	
customer_0	Michael
customer_1	Maria
customer_2	Rashika
customer_3	Jamie
customer_4	Aaliyah

拥有	
customer_0	acct_14
customer_1	acct_14
customer_2	acct_5
customer_3	acct_0
customer_4	acct_0

账户	
acct_0	2020-01-01
acct_5	2020-01-01
acct_14	2020-01-01

贷款	
loan18	2020-01-01
loan32	2020-01-01
loan80	2020-01-01

借有	
customer_0	loan32
customer_3	loan18
customer_4	loan18
customer_4	loan80

信用卡		
cc_17	customer_0	2020-01-01
cc_32	customer_2	2020-01-01

图 3-11：完整的关系型数据库数据映射

3.3.3 C360 查询示例

现在数据已经在关系型数据库里了，我们要用四个基本问题对我们的 C360 应用程序提问：

1. 这位客户使用了哪些信用卡？

2. 这位客户拥有哪些账户？

3. 这位客户借有哪些贷款？

4. 我们对这位客户有什么了解？

对于关系型系统，有两个原因使得我们需要以特定的顺序问这四个问题。首先，我们想用一种自然的渐进的方式来向数据库索取一个人的详细信息。其次，我们对这些问题进行了结构化设计，使技术实现建立在每个语句之上，以最后的 SQL 语句作为结束。

问题 1：这位客户使用了哪些信用卡

首先，使用关系型数据查找 customer_0 所拥有的信用卡。在信用卡表中可以直接找到这个查询所需的数据。如果仅需要信用卡信息，可以用如下 SQL 查询来检索表：

```
SELECT * from CreditCards WHERE customer_id = 'customer_0';
```

这条查询会返回如下数据：

cc_num	customer_id	created_date
cc_17	customer_0	2020-01-01

但更有可能的是你真的想查看客户的数据以及他们的信用卡信息。这就需要连接客户表和信用卡表。在 SQL 里，可以这样做：

```
SELECT Customers.customer_id,
       Customers.name,
       CreditCards.cc_num,
       CreditCards.created_date
FROM Customers
LEFT JOIN CreditCards ON (Customers.customer_id = CreditCards.customer_id)
WHERE Customers.customer_id = 'customer_0';
```

这个查询会返回如下数据：

Customers.customer_id	Customers.name	CreditCards.cc_num	CreditCards.created_date
customer_0	Michael	cc_17	2020-01-01

由于客户和信用卡之间是一对多的关系，因此在查询客户和他们的信用卡信息时只需要

一个连接语句。当我们需要查看关于客户及其账户的数据时，事情就变得有点棘手了。

问题 2：这位客户拥有哪些账户

接着，让我们查询关系型数据库来回答这个问题：customer_0 拥有哪些账户？对于这个问题，我们将需要使用连接表拥有表来连接客户表和账户表。其 SQL 查询如下：

```
SELECT Customers.customer_id,
       Customers.name,
       Accounts.acct_id,
       Accounts.created_date
FROM Customers
LEFT JOIN Owns ON (Customers.customer_id = Owns.customer_id)
LEFT JOIN Accounts ON (Accounts.acct_id = Owns.acct_id)
WHERE Customers.customer_id = 'customer_0';
```

这个查询从访问客户表中的 customer_0 的数据开始。接下来，我们找到拥有表中所有匹配 customer_id 的外键对。对于这位客户，拥有表中只有一个实体，因为 customer_0 只有一个账户。从这里开始，跟随账户的外键到账户表中检索账户信息。结果数据类似于此：

Customers.customer_id	Customers.name	Accounts.acct_id	Accounts.created_date
customer_0	Michael	acct_14	2020-01-01

问题 3：这位客户借有哪些贷款

下面的问题使用同样的方式，使用借有连接表从客户表追踪到贷款表。这个问题要求客户信息和贷款细节一起返回。对于这个问题，我们使用 customer_4 的数据。SQL 语句如下：

```
SELECT Customers.customer_id,
       Customers.name,
       Loans.loan_id,
       Loans.created_date
FROM Customers
LEFT JOIN Owes ON (Customers.customer_id = Owes.customer_id)
LEFT JOIN Loans ON (Loans.loan_id = Owes.loan_id)
WHERE Customers.customer_id = 'customer_4';
```

结果数据如下：

Customers.customer_id	Customers.name	Loans.loan_id	Loans.loan_id
customer_4	Aaliyah	loan_18	2020-01-01
customer_4	Aaliyah	loan_80	2020-01-01

问题 4：我们对这位客户有什么了解

这些问题中的每一个都是在为 C360 应用程序的主查询建立所需的各个部分：对于一位特定客户，告诉我有关他的一切信息。这个查询将前面三个查询中的每一个都集中到一个语句中。下面的 SQL 语句使用我们关系数据库中的所有六个表来查找一个客户的所有信息。让我们在最后这个例子中再次使用 customer_0：

```
SELECT Customers.customer_id,
       Customers.name,
       Accounts.acct_id,
       Accounts.created_date,
       Loans.loan_id,
       Loans.created_date,
       CreditCards.cc_num,
       CreditCards.created_date
FROM Customers
LEFT JOIN Owns ON (Customers.customer_id = Owns.customer_id)
LEFT JOIN Accounts ON (Accounts.acct_id = Owns.acct_id)
LEFT JOIN Owes ON (Customers.customer_id = Owes.customer_id)
LEFT JOIN Loans ON (Loans.loan_id = Owes.loan_id)
LEFT JOIN CreditCards ON (Customers.customer_id = CreditCards.customer_id)
WHERE Customers.customer_id = 'customer_0';
```

这将会把数据库中关于 customer_0 的数据转换成如下结果：

customer_id	name	acct_id	created_date	loan_id	created_date	cc_num	created_date
customer_0	Michael	acct_14	2020-01-01	loan_32	2020-01-01	cc_17	2020-01-01

我们在本节中演示的四个问题只接触到了 SQL 查询语言最浅显的部分。我们只用到了 SQL 的最基本元素：SELECT-FROM-WHERE，以及基本的连接。尽管我们的问题听起来很简单，所需的查询却变得越来越复杂。要在这个系统中跟踪数据，了解哪些数据与哪个客户有关，就更难了。

3.4 在图系统中实现 C360 应用程序

现在我们已经了解了关系型实现，让我们研究一下如何把样本数据转换为图数据库实现。在进入实现细节的讨论之前，让我们重温如图 3-12 所示的概念模型。

对于这个例子，我们将使用 Gremlin 查询语言——最广泛应用的图查询语言——以及 DataStaxGraph 结构 API。我们选用 Gremlin 因为它在图数据库社区内被广泛采用，并且致力于开源。本书的首要目标是在分布式的分区环境中实现图。鉴于这一目标，我们将使用 DataStaxGraph 结构 API 来建立分布式图。

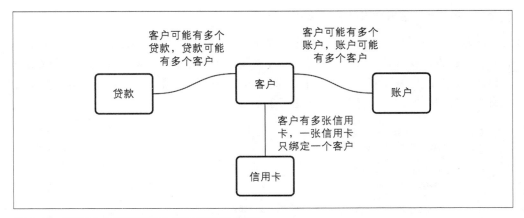

图 3-12：对表 3-1 中的数据间关系的概念描述

3.4.1 数据模型

和关系型模型相比，从概念模型到图数据模型的转换更小。这种更低的成本显现了更接近于自然描述数据方式的数据库实现的力量。

使用 2.5 节的图结构语言，图 3-13 包含了样本数据的属性图模型。首先要注意的好处是，图实现从概念（图 3-12）到逻辑数据建模的过渡更小。

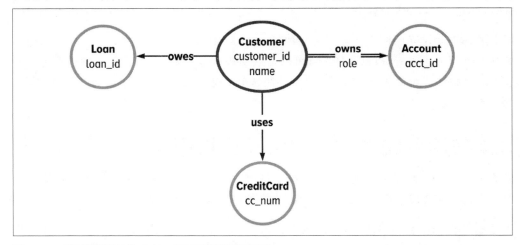

图 3-13：基于图实现的 C360 应用程序数据模型

图 3-13 中有 4 个顶点标签：客户（Customer）、账户（Account）、信用卡（CreditCard）和贷款（Loan）。在图模型中，这些顶点标签用粗体在实体上表示。图 3-13 中有 3 个边标签：拥有（owns）、使用（uses）和借有（owes）。

最后，在图 3-13 中我们还可以看到一些地方使用了属性。一个客户顶点有两个属性：`customer_id` 和 `name`。你可以看到每个顶点的属性列在顶点标签下面。而且我们还在 `owns` 的边标签上涵盖了一个 `role`。

3.4.2 图实现

图数据库实现的第一步是创建图，以便于添加图结构。一旦我们创建好结构，就可以往数据库里插入数据了。

创建图的代码如下：

```
system.graph("simple_c360").create()
```

提供的技术资料中已经处理了图的安装和配置。如果你想深入了解这些步骤，那么可以在 DataStax 文档（*https://oreil.ly/_i_m7*）中找到分步说明。本书将不赘述这些主题。

让我们直接来创建图结构。如果你愿意，那么可以在我们为本章创建的 DataStax Studio 笔记本 Ch3_SimpleC360 中进行学习。DataStax Studio（*https://oreil.ly/Zt_JY*）为你提供了一个使用 DataStax 产品进行开发的笔记本环境，是实现本书例子的最佳途径。笔记本可以在本书的 GitHub 仓库（*https://oreil.ly/graph-book*）中找到。

创建图结构

首先我们来创建 Customer 顶点标签。我们的客户数据有唯一 ID 和一个名字：

```
schema.vertexLabel("Customer").
        ifNotExists().
        partitionBy("customer_id", Text).
        property("name", Text).
        create();
```

随后我们为账户、贷款和信用卡添加顶点标签以完成顶点标签的创建：

```
schema.vertexLabel("Account").
        ifNotExists().
        partitionBy("acct_id", Text).
        create();

schema.vertexLabel("Loan").
        ifNotExists().
        partitionBy("loan_id", Text).
        create();

schema.vertexLabel("CreditCard").
        ifNotExists().
        partitionBy("cc_num", Text).
        create();
```

到这里，数据库里有四张表了——每个顶点标签一张表。最后一步是添加数据模型中客户到其他实体之间的关系。

在这个例子中，我们选择了从客户顶点出来并进入其他顶点类型的边的模型。这些边是有方向的；它来自客户并进入账户、贷款和信用卡。当我们创建边标签时，这个方向很重要。让我们看一个例子，在一个客户和他们的账户之间创建借有（owes）关系。

```
schema.edgeLabel("owes").
        ifNotExists().
        from("Customer").
        to("Loan").
        create();
```

这条边标签的方向使用 from 和 to 两步来设置。这条边从顶点标签 Customer 出发指向顶点标签 Loan。

还有两个边标签需要创建：一条从客户到他们的信用卡，另外一条是从客户到他们的账户。边 owns 也会在上面存一个 role 属性：

```
schema.edgeLabel("uses").
        ifNotExists().
        from("Customer").
        to("CreditCard").
        create();

schema.edgeLabel("owns").
        ifNotExists().
        from("Customer").
        to("Account").
        property("role", Text).
        create();
```

我们阅读标签的时候会说 owns 边从（from）客户出发到（to）账户，并且有一个叫作角色（role）的属性。

插入图数据

有了图结构，我们就可以把样本数据添加到图数据库中。从一条数据开始——Michael 的顶点：

```
michael = g.addV("Customer").
            property("customer_id", "customer_0").
            property("name", "Michael").
            next();
```

在向图中添加顶点时，addV 步骤要求你提供完整的主键。否则，你会看到一个类似图 3-14 所示的错误。

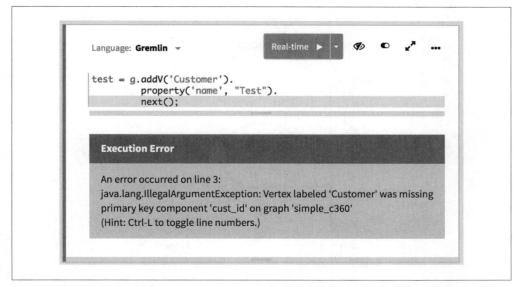

图 3-14：你可能会遇到的错误示例，如果你在插入新的顶点时忘记包含完整的主键

接下来我们来添加 Michael 的账户、贷款和信用卡的顶点：

```
acct_14 = g.addV("Account").
            property("acct_id", "acct_14").
            next();

loan_32 = g.addV("Loan").
            property("loan_id", "loan_32").
            next();

cc_17 = g.addV("CreditCard").
            property("cc_num", "cc_17").
            next();
```

步骤 next() 在 Gremlin 中是一个结束语句。它从遍历的终点返回第一个结果。在前面的例子中，我们返回刚刚添加到图中的顶点对象，并将其存储在内存变量中。

现在，我们的图数据库中有四块互不相连的数据。和以前一样，我们将每个顶点对象存储在名为 acct_14、loan_32 和 cc_17 的变量中，以便后续使用。实际上该数据库有四个顶点，没有边，如图 3-15 所示。

让我们引入一些数据之间的关联。要做到这一点，需要从 customer_0 到其他顶点添加三条边。使用刚刚创建的变量，可以从顶点 Michael 到顶点 Account、Loan 和 CreditCard 分别添加一条边：

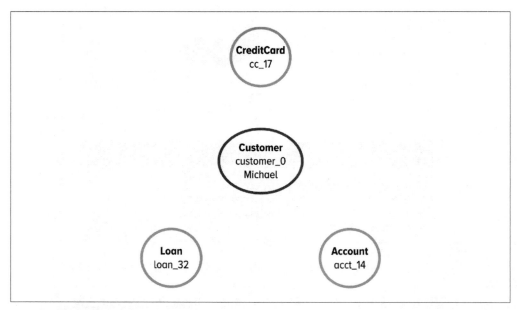

图 3-15：当前图数据库中的数据

```
g.addE("owns").
  from(michael).
  to(acct_14).
  property("role", "primary").
  next();

g.addE("owes").
  from(michael).
  to(loan_32).
  next();

g.addE("uses").
  from(michael).
  to(cc_17).
  next();
```

在往数据库中添加边时，首先要确定它来自哪个顶点。在前面的例子中，就是 Michael，因为所有的边都将从 Michael 开始，然后去到其他的数据。这三条边在图数据库中形成了第一个连接的数据视图，如图 3-16 所示。

从已经看过的例子中，我们知道 Maria 与 Michael 共享一个账户。让我们为 Maria 添加顶点，并将其连接到已经创建的账户顶点（如图 3-17 所示）：

```
maria = g.addV("Customer").
          property("customer_id", "customer_1").
          property("name", "Maria").
```

```
          next();

  g.addE("owns").
    from(maria).
    to(acct_14).
    property("role", "limited").
    next();
```

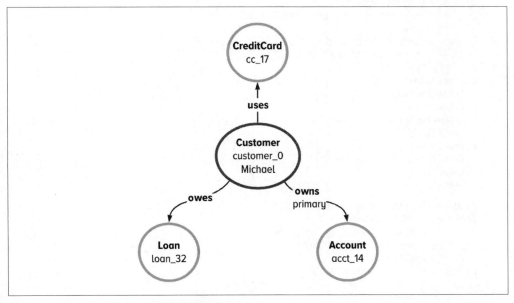

图 3-16：当前图数据库中数据的连接视图

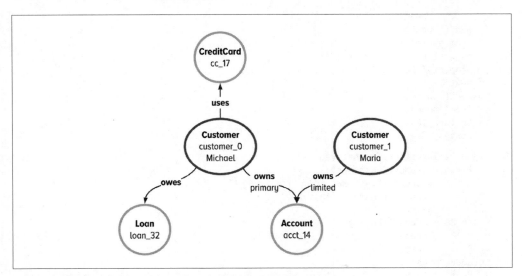

图 3-17：图数据库中 Michael 和 Maria 数据的连接视图

让我们添加其余三个客户的顶点和边来完成这个例子：

```
// Data Insertion for Rashika
rashika = g.addV("Customer").
          property("customer_id", "customer_2").
          property("name", "Rashika").
          next();
acct_5 = g.addV("Account").
          property("acct_id", "acct_5").
          next();
cc_32 = g.addV("CreditCard").
          property("cc_num", "cc_32").
          next();
g.addE("owns").
  from(rashika).
  to(acct_5).
  property("role", "primary").
  next();
g.addE("uses").
  from(rashika).
  to(cc_32).
  next();

// Data Insertion for Jamie
jamie = g.addV("Customer").
          property("customer_id", "customer_3").
          property("name", "Jamie").
          next();
acct_0 = g.addV("Account").
          property("acct_id", "acct_0").
          next();
loan_18 = g.addV("Loan").
          property("loan_id", "loan_18").
          next();
g.addE("owns").
  from(jamie).
  to(acct_0).
  property("role", "primary").
  next();
g.addE("owes").
  from(jamie).
  to(loan_18).
  next();

// Data Insertion for Aaliyah
aaliyah = g.addV("Customer").
          property("customer_id", "customer_4").
          property("name", "Aaliyah").
          next();
loan_80 = g.addV("Loan").
          property("loan_id", "loan_80").
          next();
g.addE("owns").
  from(aaliyah).
```

```
      to(acct_0).
      property("role", "primary").
      next();
g.addE("owes").
   from(aaliyah).
   to(loan_80).
   next();
g.addE("owes").
   from(aaliyah).
   to(loan_18).
   next();
```

最后这些语句完成了将样本数据插入到图数据库的过程。图 3-18 展示了图数据库中数据
的最终视图。

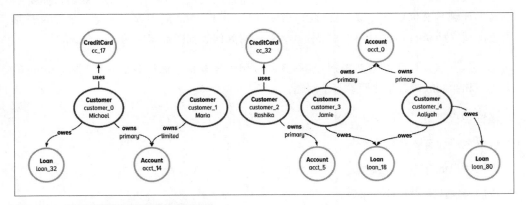

图 3-18：图数据库中数据的最终视图

图遍历

本节的 Gremlin 语句是最初的图数据库查询。图数据库查询也叫作图遍历（graph
traversal）。

图遍历

    图遍历是一个以明确定义的顺序访问图的顶点和边的迭代过程。

当使用 Gremlin 时，你从一个遍历源（Traversal source）开始遍历。

遍历源

    遍历源包含两个概念：将要遍历的图数据，以及遍历策略，比如探索没有索引的数
    据。在本书的例子中，你将使用的遍历源是 dev（用于开发）和 g（用于生产）。

本节中的查询使用了 g 遍历源。我们将在第 5 章和生产章节中再次讨论使用 g 遍历源。

在本章剩余部分，我们将使用 dev 遍历源。在本书中，在进行图遍历时，我们将始终使

用 dev 遍历源，比如在本章、第 4 章和开发章节中。我们使用 dev 遍历源是因为它允许我们在没有数据索引的情况下探索图数据。

从这里开始，让我们继续实现与之前相同的查询，但使用的是图数据。

3.4.3 C360 查询示例

我们喜欢把查询图数据库大致认为是 SQL 查询的反面。常见的关系型查询思维是 SELECT-FROM-WHERE。而在图中，遍历基本上遵循的是类似但反向的模式：WHERE-JOIN-SELECT。

你可以认为 Gremlin 查询从图数据中需要开始的地方（WHERE）开始。然后，你告诉数据库使用来自你的起始位置的关系，将不同的数据片段连接（JOIN）起来。最后，你要告诉数据库哪些数据要被选取（SELECT）并返回。对于 C360 应用程序来说，我们的查询大致遵循这种 WHERE-JOIN-SELECT 模式，是学习如何查询图数据库的一个很好的起点。

考虑到这一点，让我们重新审视一下 C360 应用程序查询，然后我们将使用 Gremlin 查询语言和我们的图数据库回答每个问题：

1. 这位客户使用了哪些信用卡？

2. 这位客户拥有哪些账户？

3. 这位客户借有哪些贷款？

4. 我们对这位客户有什么了解？

问题 1：这位客户使用了哪些信用卡

首先，让我们用图数据库来查询 customer_0 拥有的信用卡。我们不能上来就查询任意信用卡，得从访问 customer_0 的顶点开始，然后走向邻接（连接）customer_0 的信用卡。在 Gremlin 里：

```
dev.V().has("Customer", "customer_id", "customer_0"). // WHERE
    out("uses").                                      // JOIN
    values("cc_num")                                  // SELECT
```

 在每行代码 // 右面的语句是内嵌注释，来描述其左侧代码的内部逻辑。

这个查询将返回如下数据：

```
"cc_17"
```

让我们把这条 Gremlin 查询分解成 WHERE-JOIN-SELECT 模式。查询的第一个部分为 dev.
V().has("Customer", "customer_id", "customer_0")。我们说这一步是找到从哪里开
始你的图遍历；我们从找到一个标签为 Customer 且 customer_id 等于 customer_0 的顶
点开始。遍历的第二步是 out("uses")。这步是连接客户到他们的信用卡数据。最后一
步是选择你想要返回的数据。也就是 values("cc_num")。这部分的 Gremlin 遍历是在指
定选择哪些数据返回给最终用户。

每当你看到遍历这个词时，你都可以将其与行走的概念联系起来。对我们来说，图遍历就
是遍历你的图数据。当我们写图遍历时，我们会在脑海中想象往返于图数据片段的情景。

让我们回到刚写的图查询，来阐述我们是如何把遍历想成是在图数据中行走的。在这个
图查询的第一步，我们找到了一个顶点作为出发点：customer_0。从这位客户开始，我
们需要穿过向外延伸的边标签：uses。在 Gremlin 里，我们用 out() 步骤走过这条边，
这样就能到达信用卡顶点。一旦到达了信用卡顶点，就可以浏览顶点的属性了。具体来
说，我们想要得到 Michael 的信用卡号：cc_17。

> 为了获得最佳性能，我们建议你总是通过完整主键找到一个具体的顶点开始
> 你的图遍历。对于 Apache Cassandra 用户也是一样，你需要给 CQL 查询提
> 供完整主键。

当你开始练习写头几个图遍历的时候，手头有一份图 3-13 的备份会方便很多。通过纸上
的一幅图，你可以看到你需要从哪儿开始、到哪儿结束。这就像是使用地图导航，但是
在这个场景里，你是行走在数据中。有了图数据，你可以用图模型来找到起点和终点，
并将它们之间的行走转化为 Gremlin 语句。只要有足够的练习，你最终将能够在脑海中
完成这一切。

问题 2：这位客户拥有哪些账户

我们应用的下一个 C360 查询想要知道某位具体的客户拥有哪些账户。遵循和之前一样
的模式，我们将要访问 customer_0 的顶点，然后走向账户顶点。从账户顶点，我们可
以得到这个账户的唯一 ID：

```
dev.V().has("Customer", "customer_id", "customer_0").// WHERE
        out("owns").                                 // JOIN
        values("acct_id")                            // SELECT
```

和前面一样，这个查询遵循 WHERE-JOIN-SELECT 模式。这个 Gremlin 查询的第一部分和
WHERE 语句类似：dev.V().has("Customer", "customer_id", "customer_0")。我们说
这步是找到从哪里开始你的图遍历。

遍历的第二步更像一个连接语句：out("owns")。这一步是沿着从 customer 出发的 owns 关系连接其关联的数据。最后一步选择数据返回给最终用户，具体来说就是账户 ID：values("acct_id")。该查询将返回如下数据：

```
"acct_14"
```

让我们再次尝试同样的查询，但这次我们想同时显示客户的名字和他们的账户 ID。要做到这一点，需要记住我们在走过图时访问过的数据。这就引入了两个新的 Gremlin 步骤：as() 和 select()。as() 步骤类似于在你走过图时给数据贴上标签，就像你在迷宫中行走时留下面包屑一样。

做完这步，我们可以用另外一个新步骤来回忆访问数据：select()。我们用 select() 步骤来返回查询的数据：

```
dev.V().has("Customer", "customer_id", "customer_0"). // WHERE
        as("customer").                               // LABEL
      out("owns").                                    // JOIN
        as("account").                                // LABEL
      select("customer", "account").                  // SELECT
        by(values("name")).               // SELECT BY (for the customer)
        by(values("acct_id"))             // SELECT BY (for the account)
```

和前面一样，这个查询遵守同样的 WHERE-JOIN-SELECT 模式，并用了两个查询条件。这个查询加入了 SAVE 和 SELECT 的需求，从查询中来保存和选择特定的数据点。

让我们来看一下这个查询的具体步骤。

再来一次，从在图数据中所需的哪里开始，dev.V().has("Customer", "customer_id", "customer_0")。我们希望为后面记住这个数据，所以我们用 as("customer") 保存这步的数据。然后我们继续按着前面的模式，通过 owns 边连接这个客户和他的账户数据。现在我们到达了账户顶点。我们希望通过 as() 保存这个顶点，和前面一样。最后我们需要选择多块数据。我们用 select("customer", "account") 来做到这点。

剩下的两个使用 by 的步骤是很重要的，所以提出来讲一下。这个步骤帮助我们塑造查询结果。在 select("customer", "account") 步骤之后，我们有两个顶点对象：分别是客户和账户顶点。我们最初的查询想要访问客户的名字和账户 ID。这就是 by 步骤的作用。我们想根据客户的名字来查看客户，根据账户的 ID 来查看账户。by 步骤是按顺序作用于顶点对象的。

这个查询返回如下 JSON：

```
{
  "customer": "Michael",
  "account": "acct_14"
}
```

问题 3：这位客户借有哪些贷款

到目前为止，我们已经看到了三种图遍历和两种从图中选择数据的方式。接下来，让我们探讨一下 C360 应用程序的第三个问题。这个问题想要访问客户相关的贷款。在这个例子中，我们使用 customer_4，因为其在我们的数据集中有多个贷款。在这个查询中，我们只想看一下贷款的 ID。

```
dev.V().has("Customer", "customer_id", "customer_4"). // WHERE
        out("owes").                                  // JOIN
        values("loan_id")                             // SELECT
```

这个查询遵循和前面一样的 WHERE-JOIN-SELECT 模式。该查询将返回如下数据：

```
"loan_18",
"loan_80"
```

问题 4：我们对这位客户有什么了解

对 C360 应用程序的终极问题是访问单个客户的所有相关数据。这个问题将从 customer_0 开始，遍历所有与 customer_0 相连的外边。然后，我们返回位于 customer_0 的一级邻接点的所有顶点数据。这个查询提供给我们关于 customer_0 的所有数据。

```
dev.V().has("Customer", "customer_id", "customer_0"). // WHERE
        out().                                        // JOIN
        elementMap()                                  // SELECT *
```

该查询会返回例 3-1 所示数据。

例 3-1：

```
{
  "id": "dseg:/CreditCard/cc_17",
  "label": "CreditCard",
  "cc_num": "cc_17"
},
{
  "id": "dseg:/Loan/loan_32",
  "label": "Loan",
  "loan_id": "loan_32"
},
{
  "id": "dseg:/Account/acct_14",
  "label": "Account",
  "acct_id": "acct_14"
}
```

例 3-1 展示了存储在 DataStax Graph 中关于每个顶点的所有内容：一个内部 id、顶点的标签（label），然后是所有属性。让我们检查一下描述 Michael 的信用卡的 JSON。首先，有一个 "id"："dseg:/CreditCard/cc_17"。这是 DataStax Graph 中用来描述这段数据的内部标识符。DataStax Graph 的内部 ID 是 URI，即统一资源标识符。接下来，我们看到顶点的标签，"label"："CreditCard"。最后，我们看到我们在图中存储的关于信用卡的唯一属性，"cc_num"："cc_17"。我们以类似的方式解释关于贷款和账户顶点的 JSON。

这些遍历是在你的 C360 应用程序中提取数据所需的基础。我们建议在你刚开始编写图遍历时，在手边保留一份图数据模型的副本。一旦你理解了基本步骤，你就可以使用数据模型图，从起点走到目的地。就像是一门艺术，经过一些练习，你可能会在脑海中把它可视化，你仿佛就是那个在数据中行走的人。

我们构建这个例子是为了说明图的应用可以使数据检索更容易。正如本节所见，查询的步骤明显减少，而且更容易操作。从关系型查询语言到图查询语言，需要调整你对数据的遍历或行走的思维方式。学习曲线是很陡峭的，我们不想隐藏这一点。然而，一旦你能想象自己在图数据中行走，编写图查询就会像学习一套新的工具一样简单。

3.5 关系型与图：如何选择

透过一个 C360 应用程序，让我们思考一下关系型数据库与图数据库的实现的优劣。在评估这两种技术时，我们将在四个领域对它们进行比较。我们将研究每种技术在数据建模、表示关系和查询语言方面的方法。

3.5.1 关系型与图：数据建模

在比较关系型数据库和图数据库在数据建模方面的差异时，需要考虑量化及主观的维度。围绕数据模型设计的定量论证将指向关系型系统，因为关系型系统的资源量和生产环境使用量更大，是明显的赢家。关系型系统在技术、技巧和优化各个方面都有完备的文档，供开发团队中的所有成员和各种职能使用。

从更主观的角度来看，使用图技术的数据建模技术明显更直观。具体来说，当使用图技术时，人类对计算机的数据转换被保留下来，你对数据的思考方式与在计算机中的数字化表示方式几乎相同。这种从人类直觉到机器表示的更简单转换，能够激发你从数据的关系中提取更深的见解。也可以说使图技术比关系型数据库中的相同实现所需的系统设计更容易使用。

3.5.2 关系型与图：表示关系

在数据库中建模和存储关系的需求一直在增长，并将持续增长。这给关系型系统同时带来了好消息和坏消息。好消息是，如前所述，用关系型技术建模的提示、技巧和技术都有良好的文档。在现有的关系型数据库添加关系可以像添加一个连接表或外键约束一样简单。有了新的连接表或外键，关系可以被查询和访问。从本质上讲，将数据录入这些系统有文档可查，对开发者来说也相对容易。

而坏消息是，想以看得懂的方式从关系型系统中取回关系数据就有些难度了。由于从想法到实现再到机器的巨大差异，理解存储在关系型系统中的关系是非常困难的。与图技术相比，从讨论到建模再到解释模型的过程，在关系型技术中显得更加脱节。这种脱节在于将人类对数据的理解映射到关系型模型和表格中所需的思维转换。这种转换需要大量的思维解释，以追寻和理解存储在关系型数据库中的数据关系。

这种差距激发了图技术的产生。如果需要对数据中的关系进行建模和理解，图技术提供了数据从人类理解到机器表示的双向无缝切换。选择这条路的决定因素是，你的数据中是否存在关系，并且这些关系对更深入的分析和推理是否有用。如果你需要对数据中的关系进行建模和推理，那么图技术就是你要走的路。

3.5.3 关系型与图：查询语言

在比较两个系统的查询语言时，我们想考察三个方面：语言复杂性、查询性能和表达能力。

首先，让我们来谈谈我们所说的语言复杂性是什么意思。将关系设计纳入系统后，在评估架构中的数据库时，查询语言引入了额外的复杂性。在这个层面上，查询语言会凸显所有实现过程中的复杂性或简洁性。随着查询的开发和扩展以将所需的数据拉到一起，会遇到额外的复杂性。

团队通常通过查询开发时间、可维护性和知识转移的便利性来衡量查询语言的复杂性。当对比 SQL 和 Gremlin 时，这些比较归结为采用广泛度和个人偏好。在语言成熟度方面，SQL 显然是赢家。然而，在深度嵌套查询或需要大量连接的查询中，天平则向 Gremlin 倾斜。

接下来对查询语言的评估是度量查询性能。查询性能度量的是数据库优化工作的多方面复杂依赖关系，包括索引、分区、负载平衡以及更多本书无法涵盖的优化措施。

当范围限定在一个小型部署中的 C360 应用程序时，很可能一个有适当索引的关系型系统的查询性能会优于图数据库。这是因为简化的 C360 应用程序查询是非常浅的图查询；查询会停留在客户的第一个邻接点范围内。随着图查询的深入，就像我们将在第 4 章看到的那样，图技术和关系技术之间的性能天平就会严重倾向于图解决方案。

最后一个对比是考虑查询语言的表达能力。根据我们的经验，图查询语言的表达能力强化了在应用中使用图数据的能力。这两个系统之间的查询复杂性的差异说明,像 Gremlin 这样的表达能力更强的语言很大程度上提升了查询系统中的关系的能力。基于图数据库的图查询语言可以大大减少访问和从数据中提取关系所需的代码。但想要图技术成熟到与关系型标准相同的水平,我们还需要一些时间。

3.5.4 关系型与图:要点

我们做一个简单的总结,为每个选项提炼出一些点,如表 3-2 所示。

表 3-2:为 C360 应用程序选择关系型或图数据库时的考虑因素摘要

	关系型	图数据库
数据建模	有良好文档	相通的数字化呈现和人类解释
表现数据中的关系	已知限制和复杂度	更直观的表现
查询	有良好文档	陡峭的学习曲线
	当同时查询很多关系时有难度	更具表达能力的查询语言

对于这两种技术的可以比较的任何领域,每一种选择的优势和劣势都可以归结于成熟度。与图技术相比,关系型技术的采用、文档和社区的发展要好得多。这种成熟度可能转化为传统应用的低风险和快速执行。迄今为止,图技术在成熟度和新应用的交付时间方面,还无法与关系型技术竞争。

而另一方面,关系型技术在提供对数据内部关系的有价值的洞察力方面已达到极限。这是一个重要的问题,因为关系自然而然地出现在数据中,并有助于提供更佳的业务洞察力。在这方面,对于需要依赖关系来做出商业决策的应用,图技术是更好的选择。它是在你的数据中提供和推理关系的最佳选择,这在深度和规模上是关系型数据库无法实现的。

3.6 总结

用图技术实现 C360 应用程序的力量和愿景,与企业对访问整个组织的相关数据的需求直接相关。

让我们来解读一下这句话的含义。

我们曾为许多企业提供咨询,这些企业在过去十年中做出了特定的技术选择,却不想形成了数据孤岛。这些数据孤岛与企业核心的业务实体的数据隔离,比如客户。然后从这里开始,最近的一些方案将重要的数据整合到大型单体系统中,如数据湖。这里的痛点不在于公司数据的整合,而在于其可访问性。

谁愿意花时间和资源在数据湖中大海捞针似的寻觅有价值的数据，而不用一个旨在检索有价值数据的系统？

对于这些企业来说，图思维的出现引导了他们数据架构的下一次迭代。他们的目标是使用让他们的数据可用并代表客户体验的技术来构建数据架构。这种可用性和代表性的结合一直是并将继续是图技术背后的驱动力。

图技术正在以一种以前无法实现的方式实现企业数据架构的下一次迭代。在本章中，我们深入研究了图数据管理的一个版本。也就是说，我们探讨了 C360 系统应用程序和实现细节，这是一个针对客户的图技术用例。然而，这种使用图技术构建以数据为中心的应用的模板同样适用于不面向客户的应用程序。

我们已经看到一些公司围绕与其交互的业务实体建立了类似的系统——有点像商务360。组织和提供有关其业务内重要互动的所有信息的应用程序，在跨部门沟通方面节省了大量开销。例如，设想你必须与公司里所有不同部门合作，以找出公司与另一个供应商之间的最新动向。这个请求的信息散布在财务、市场、销售、客户关系，以及所有可能的其他部门。这个 B2B 问题的解决方案需要的模板与我们在本章中讲解的案例相同。

鉴于对这种应用程序风格的设想，下一个要评估的标准是实施时间和成本。这些选择可能涉及对供应商和现有工具的比较，例如为你的 C360 应用程序选用关系型技术或图技术。

3.6.1 为什么不用关系型技术

我们经常被问到这样的问题："我可以用 RDBMS 构建 C360 应用程序，那么为什么不使用我已经了解的东西呢？"

对这个问题的简单回答是：关系型数据库对表格数据来说是很好的，图数据库对复杂数据来说是更好的。除此之外，这两者是非常相似的。从根本上说，你的选择归结于数据复杂性以及你想从中获得什么价值。

在较长的版本中，关键是你的企业更重视哪种时间：把时间花在工程定制解决方案上，还是把时间花在等待查询上。当企业需要回答更深层次或不曾料想的查询时，差异是相当明显的。关系型系统需要改变架构，增加表格，并建立你自己的查询语言。图系统则需要参数化你的结构并插入更多数据。

从本质上讲，图技术更容易处理复杂的数据，而关系型技术更容易处理简单（即表格）的数据。了解项目需要扩展到的深度和复杂性，将有助于让选择变得更清晰。

3.6.2 为 C360 应用程序做技术决策

关系型技术和图技术之间的决策最终要取决于 C360 应用程序的功能范围。一般来说，我们的经验表明，如果应用程序只是为了统一不同的数据源，那么适当调整关系型系统就可以获得最佳效果。这种对应用程序唯一功能的认识和承诺将节省开发资源，并更快地达到生产系统的最终交付。

另一方面，如果数据管理解决方案或 C360 应用程序是你的数据架构的起点，那么从长远来看，图数据库的陡峭学习曲线将带来更多的价值。图技术能够对数据中存在的关系进行更直观的推断。需要洞察关系的业务目标也需要图技术的支持。

让我们在这里明确一下我们的观点。本章中的例子是非常浅显的。对于 RDBMS 来说，任何更现实、更复杂的东西都开始变得捉襟见肘。

而现实的数据中含有精心设计的关系。如果你的业务需要访问这些关系，那么你需要图技术。

 如果你只是要建立一个简单的 C360 系统，而不是别的，就使用关系型技术。如果你想了解和探索数据中的关联性，就使用图技术。每种选择都有优点和缺点，但对于我们在本章中设定的情景，图技术是赢家。

无论你的企业面临哪种数据问题，请注意，那些需要建立和扩展基础的团队正在转向图技术。将图技术成功地整合到架构中，需要以 C360 应用程序为基础和起点。有了 C360 应用程序作为基础，企业就可以进行更深层次的图遍历，以便从数据中获得更有价值的洞察力。在第 4 章中，我们将把简单的 C360 应用程序扩展到一个更完整的场景中，这将凸显图技术和 RDBMS 在易用性和发布时间方面的差异。

在开发环境中探索邻接点

本章我们将进入图应用程序开发的下一个阶段，通过在第 3 章的 C360 应用程序之上增加一些新的层级或者邻接点来解释图思维中的相关概念。

我们在示例基础之上添加数据，能够更清晰、真实地感受到数据建模、查询以及在以客户为中心的金融数据上应用图思维的复杂之处。

从第 3 章的基础示例到本章较为复杂的示例，其过程类似于学习潜水。我们在第 3 章所做的就好比在浅水池里学习潜水，在这种环境中学习的重点并不清晰，但是我们必须要从一个熟悉的环境开始学习。本章中的示例就类似深水池中的潜水。在之后的第 5 章中，我们会逐渐增加深度和难度。

4.1 本章预览：构建一个更现实的 C360

在 4.2 节中，我们将通过探索和解释图思维来说明图数据建模的最佳实践。通过给 C360 的示例添加更多的邻接点，我们可以回答以下问题：

1. Michael 账户的最近 20 笔交易是什么？

2. 12 月，Michael 在哪些商店购买过商品以及购买频率如何？

3. 找出并更新 Jamie 和 Aaliyah 最大笔的交易：从他们的账户支付抵押贷款。（第 3 个问题是个性化查询的一个示例）

我们将采用查询驱动设计的方式来说明创建带有属性的图数据模型的最佳实践。内容包括如何将数据映射为顶点或者边、对时间建模以及常见的错误。

在 4.3 节和 4.4 节中，我们会构建更深入的 Gremlin 查询。这些查询会遍历 3～5 层的邻接点数据。我们也会介绍如何使用属性来完成图数据的切片、排序和范围查找，包括时间窗口查询。此外，我们会着重说明我们为示例所准备好的所有数据、技术概念和数据建模。

在 4.5 节，我们将回顾一下基本的查询，同时介绍一些高级查询技术。这些查询技术有助于我们将格式化的查询结果转换为对用户更友好的结构。

4.2 图数据建模 101

最早使用 Apache Cassandra 支持的图数据库时，我的团队围坐在由风投支持的初创公司客厅的沙发旁，一起在白板上构建一个用于将医疗保健数据存储在图数据库中的模型。

一开始，我们很快可以达成一致，认为医生、病人和医院都是最主要的实体，所以这些实体被建模为顶点。但是接下来的每一项都经历了漫长的讨论。每个人对每一项（顶点、边、属性以及名称）都有不同的意见。我们在几乎所有问题上都会产生分歧。医生和病人之间的边应该怎么命名？所有的实体都在某个地点生活或者工作，如何对地址信息建模？国家应该是一个顶点还是一个属性，或者根本不在模型内体现？

这是非常困难的讨论，我们花费了比预期长很多的时间来达成设计上的共识，即使这样，也没有人真正对结果满意。

在那次设计讨论会之后，每次我为世界各地的图形团队提供建议时，总能感受到类似的紧张气氛并看到相似的设计共识。这种紧张的气氛非常真实、永远存在并且总是可以看到的。

本节旨在帮助你的团队在构建图数据模型的时候能够进行更有建设性的讨论。为了实现这一目标，我们会通过以下三个方面的建议来创建一个好的图数据模型：

1. 这应该是一个顶点还是一条边。

2. 迷路了吗？让我带你看看方向。

3. 图命名中的常见错误。

我们选择这些话题主要有两个原因。第一，这些主题涵盖了建模过程中会遇到的大部分引起争论的话题。第二，这些主题能够支持我们开发这些章节的运行示例。后续在遇到具体问题时，会给出更深入和高级的建模建议。

4.2.1 这应该是一个顶点还是一条边

这是属性图建模中最具争议的主题。从过往那些最激烈的争论中，我们总结出了一些创建图数据模型的技巧。

让我们从头开始学习这些技巧。在我们的场景中，起始点就是你想要开始进行图遍历的位置。

经验法则 #1
如果想从某块数据开始进行图遍历，请将该数据设为顶点。

为了解锁第一个经验法则，让我们回顾一下第 3 章中构建的查询：

这位客户拥有哪些账户？

这个问题需要三部分的数据：客户、账户和客户拥有账户的连接关系。考虑一下如何用这些数据找出"Michael 拥有的所有账户信息"。有两种方式可以将这个陈述句转换为数据库的查询语句："Michael 拥有的所有账户"或者"账户所有者为 Michael 的所有账户"。

先来看第一个选项。从 Michael 开始，找到他的所有账户。这意味着你将从人相关的数据开始，这里特指关于 Michael 的数据。在你的头脑中，当你找到一个查询的起点时，就将这个数据作为图模型中的顶点标签。按这个观点，我们就拥有了图模型的第一个顶点标签：客户。

接下来考虑第二种方式来查找信息：首先找到所有的账户信息，然后只保留那些属于 Michael 的。在这种场景下，起始点是账户。所以我们拥有的第二种图模型的顶点标签是：账户。

下面可以了解下一个关于如何在数据中找到边的技巧。

经验法则 #2
如果你需要一个数据来关联不同的概念，请将该数据设为边。

对于我们正在处理的查询问题，Michael 是一个顶点标签，而他的账户是另一个顶点标签。这里缺少了所有权的概念，所以，你猜对了——这个概念将成为边。在我们的示例数据中，所有权的概念连接了客户和一个账户信息。

为了在自己的模型中找到边，请仔细检查你的数据。在你有权访问的数据中找到连接了不同概念的信息，那就是你模型中的边。

在使用图数据的时候，这些边就是图模型中最重要的部分之一。边的信息是你需要图技术的首要原因。

同时考虑到以上两点，就可以得出以下带有标签属性的图模型技巧。

经验法则 #3

顶点 – 边 – 顶点的关系读起来应该类似你的查询语句或者短语。

这里我们的建议是，将你希望的数据查询语句写成短语或者句子，比如"客户拥有的账户"。这些查询语句仍然可以通过识别如何将你的数据映射为图数据库中的对象这种简单方式来识别，如图 4-1 所示。

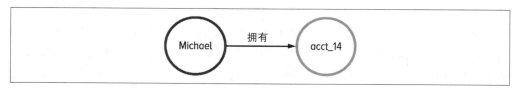

图 4-1：两个顶点为 Michael 和 acct_14，一条边代表拥有（owns）。这是一个将名词 – 动词 – 名词短语翻译为图模型的示例：Michael 拥有账户 14.

一般来说，图查询语句的书面形式会将动词转换为边，名词转为顶点。

这并不是图社区中第一次出现语义短语和图数据的映射。那些来自语义社区的人们可能会大叫："我们看过这个！"是的，你是对的，我们确实看过[注1]。

综合考虑经验法则 #2 和经验法则 #3，我们得出一种构建图模型中对象的特定方式。

经验法则 #4

名词和概念应当构建为顶点标签。动词应当是边标签。

根据不同人的思考方式，经验法则 #3 和经验法则 #4 可能会产生模棱两可的场景。所以我们想更深入地钻研一下语义，以帮助你了解人们思考和看待数据的不同方式。

特别是，当你思考" Michael 拥有一个账户"时，"拥有"应该是一个边标签。这是一种正向思考 Michael 和账户之间关系的场景。这种正向思考将"拥有"看作一个连接两种数据的动词。这时我们得出"拥有"应该是一个边标签。

然而还有其他一些可能情况会让你对同一个场景产生不同的看法。比如，当你思考"我

注 1： Ora Lassila and Ralph R. Swick，" Resource Description Framework (RDF) Model and Syntax Specification，" 1999. *https://oreil.ly/zWcnO.*

们应该用一个概念表达 Michael 和他的账户之间的所有权"时，"所有权"就成了一个顶点标签。在这种情形下，你会认为"所有权"是一个名词，即一个实体。区别在于，这种情形下，所有权是一种需要能够被识别出来的概念。你也可能用其他的方式来关联所有权。在那些场景下，你可能需要问的问题是："谁建立了所有权？"或者"如果主要代理人死亡，所有权应该转移给谁？"

不得不承认在这里我们陷入了困境。但我们知道你最终也会发现自己陷入这些困境。希望我们提供的指导能够指引你找到出路。

前四个经验法则介绍了在图数据中识别顶点和边的基本原理。接下来，我们看看如何推断边标签的方向。

4.2.2 迷路了吗？让我们带你找到方向

本章节的问题和查询需要在我们的模型中集成更多的数据。特别是，我们需要加入交易，这样就可以回答类似下面这类问题：

Michael 账户的最近 20 笔交易是什么？

为了回答这个问题，我们需要在数据模型中增加交易。这些交易需要为我们提供方法来建模和推断这些交易如何在账户、贷款和信用卡账户之间提取和存入资金。

当你第一次编写图查询语句并在数据模型上进行迭代时，非常容易出现死循环。图中如何确定边标签的方向是难点之一，所以我们给出以下建议。

经验法则 #5
在开发的时候，让边的方向反映你对领域数据的观点。

经验法则 #5 可以结合应用前面四个经验法则来推断一个边标签的方向。在这一点上，顶点 – 边 – 顶点的模式可以很容易被解读为主 – 谓 – 宾的句子。

因此，边标签的方向也就是从主语指向宾语。

我们前面也多次讨论过交易之间边标签的问题。下面通过介绍具体的思考过程来详细说明我们是如何决定在图中对某个事物（比如交易）建模的。

在图中建模交易数据的推演过程

思考一下你第一次如何在图模型中添加交易。你可能会思考账户如何和其他账户进行交易，或者类似图 4-2 所示的那样。

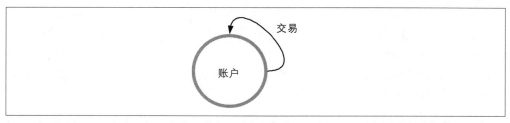

图 4-2：大部分人会考虑的数据模型——将交易作为动词，使用类似"此账户与其他账户交易"之类的短语

图 4-2 所示的模型并不适合我们的例子。该模型中交易作为一个动词，而我们的问题中将交易看作一个名词。我们想知道的是诸如一个账户最近的所有交易以及哪些交易是贷款支付这类信息。在这种情况下，我们认为交易是一个名词。

因此在我们的例子中，交易应该是顶点标签。

现在我们需要决定边的方向。绝大部分人会按照资金流向建模边的方向，如图 4-3 所示。

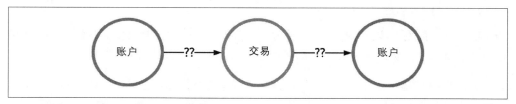

图 4-3：依据资金流向建模边的方向

像图 4-3 这样的模型所面临的挑战在于为边想出直观的名字，以便轻松回答在本章之初我们提出的问题。图 4-3 中，边的方向是按照资金流向确定的，很难应对我们在问题中所使用的"交易"概念。我们能说："此账户通过这笔交易提取了资金"？希望这不会发生。

所以，图 4-3 的模型也不适用于我们的例子。

让我们回忆一下本章初始的问题以及我们如何在查询中使用交易这个概念。在我们的例子上下文中，我们提取出了以下符合主－谓－宾的语句：

1. 交易提取自账户。

2. 交易存入账户。

这两个短语可能会有用。我们看一下这种方式如何处理数据。在我们的数据中，我们可以建模一个交易，该交易如何与账户交互如图 4-4 所示。

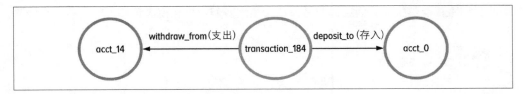

图 4-4：依据查询语句建模边的方向

在本章的例子中，图 4-4 的模型能够很好地回答我们的问题。这为我们的两种标签都提供了方向：边从 Transaction 出发，指向 Account。结构如图 4-5 所示。

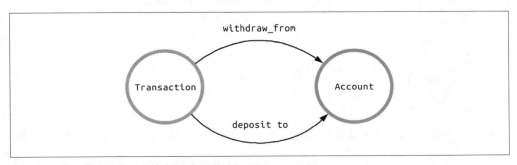

图 4-5：根据你对领域数据的观点来决定图模型中边的方向

通过将查询分解为符合主－谓－宾结构的短语，你自然可以找到图模型中需要建模为顶点标签或者边标签的数据。然后边标签的方向由主语到宾语的方向决定。

让我们缩小交易建模方向的细微差别，回到图结构的最后一个核心概念：属性。

我们什么时候使用属性

我们先来回忆一下使用交易顶点的第一个查询：

　　Michael 账户的最近 20 笔交易是什么？

上面这个本就不长的查询可以转换为下面三个短语：

1. Michael 拥有账户。

2. 交易提取自 Michael 账户。

3. 选择最近的 20 笔交易。

到目前为止，我们可以在已构建出来的图中遍历客户、账户和交易。现在我们面临的问题是查询一个账户的最近 20 笔交易。这意味着需要对交易数据进行部分选择，以仅包含最近的那些交易。

因此我们希望能够按照时间筛选交易。这会用到我们数据建模决策相关的最后一个经验法则。

经验法则 #6
当你需要对一类数据进行部分查询时，请使用属性。

按时间维度对交易数据排序，需要我们在图模型中存储了相关信息：输入属性。这是一个非常好的在交易顶点上使用属性的案例，这样就可以在我们的模型中进行部分选择。图 4-6 展示了我们如何将时间添加到正在进行的示例中。

图 4-6：在交易顶点上将时间建模为顶点的属性，这样我们可以通过部分选择仅查询最近的交易

综上，经验法则 #1～#6 非常好地展示了在图数据模型中，应该如何选择数据作为顶点、边或者属性。在开始本章的实现细节之前，我们还要介绍一下数据建模的最佳实践。

4.2.3 图命名中的常见错误

接下来的内容标注出了常见的错误，每个错误都提供了对应的错误示例、一般建议和最佳实践。

就代码库中应该命名和维护的东西达成一致是非常困难的。团队在讨论如何解决图数据模型中的命名规范时，会在以下三方面浪费宝贵时间。

命名规范的缺陷 #1
用 has 作为边标签。

最常见的一种错误如图 4-7 左侧所示，将所有的边标记为 has。之所以称之为错误，是因为单词 has 不管在边的目标还是方向上，都无法提供有含义的上下文。

如果在你的图模型中出现了 has 作为边标签，我们有两个建议。如图 4-7 中间示例所示，稍好一些的边标签的格式为 has_{vertex_label}。这种命名能够在图的查询中体现出特异性，同时更利于对代码库的维护。

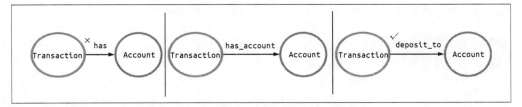

图 4-7：从左到右依次为边命名的错误示例、一般建议和最佳实践

而图 4-7 最右侧则是推荐的解决方法。这种方式推荐使用动词来表达与数据强相关的含义和方向。在我们的例子中，使用 deposit_to 和 withdraw_from 两个边标签来连接交易和账户。

在选择了有切实含义的边标签之后，另一个常见错误就是创建不能够唯一识别数据的属性名。这就是属性图建模中的一个常见错误。

命名规范的缺陷 #2
使用 id 作为属性。

哪些数据段能够唯一地识别数据实体是一个很深奥的话题。但是使用 id 作为属性名一定不是明智的决策，因为它无法描述指代对象。此外，属性名 id 与 Apache Cassandra 中的内部命名规范冲突，DataStax Graph 也不支持。

如图 4-8 中间示例所示，比 id 稍好一些的命名是使用 {vertex_label}_id 的结构来唯一识别数据的属性。因为我们使用的是虚构案例，所以在本书中多次使用了这种方式，当你使用随机生成的标识符（比如 UUID）时，符合这种结构的标识符就非常合适。但是当我们处理开源数据时，你会看到我们倾向于使用更具描述性的标识符。这些标识符能够代表领域内的唯一实体，比如社会保障号码、公钥，以及领域特定的通用唯一标识符。

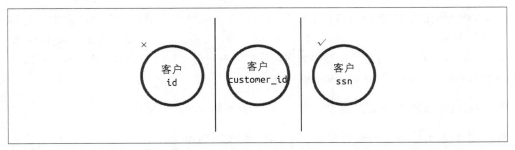

图 4-8：从左到右依次为命名属性来唯一识别数据的错误示例、一般建议和最佳实践

接下来我们会看到整个应用程序代码库中最后一个也是最有争议的错误。

命名规范的缺陷 #3
大小写不一致。

当提到大小写的时候，最好的办法就是遵守你所使用的代码语言的大小写规范。一些语言倾向于驼峰（CamelCase）风格，而另一些则选择了蛇形（snake_case）。在本书的示例中，我们遵守以下大小写的规则：

1. 顶点标签使用首字母大写的 CamelCase。

2. 边标签、属性名和示例数据使用全小写的 snake_case。

最后一个缺陷出现在一本图相关的书中显得有些违和。之所以提到命名一致性，是因为这点非常容易被忽略，然后在将图技术投入生产的最后阶段，这个问题常常会给团队造成巨额损失。这些技巧对团队来说看起来越微不足道，记住它们就越有利。

4.2.4 完整的开发环境图模型

前面关于图数据建模的讨论展示了我们如何通过拆解第一个查询问题来推进第 3 章的示例。在本小节中，我们准备在数据模型中添加其余的一些元素，来回答本章示例中的所有问题。

本章的示例通过添加结构和数据来使我们构建的应用可以回答以下三个问题：

1. Michael 账户的最近 20 笔交易是什么？

2. 12 月，Michael 在哪些商店购买过商品以及购买频率如何？

3. 找出并更新 Jamie 和 Aaliyah 的最大笔交易：从他们的账户支付抵押贷款。

我们已经逐步完成了第一个问题的建模。下面我们仔细看看现在的模型。

图 4-9 中的图结构将我们为回答第一个问题而建立的原则应用到图数据模型中。新的顶点标签是 Transaction，有两个与 Account 顶点相关的边标签：withdraw_from 和 deposit_to。我们还讨论了在图中如何以及在哪里对时间信息建模，从图 4-9 中可以看到 Transaction 顶点上的 timestamp 属性。

接下来，让我们来思考如何基于本章示例中的剩余问题对查询建模：

1. 12 月，Michael 在哪些商店购买过商品以及购买频率如何？

2. 找出并更新 Jamie 和 Aaliyah 的最大笔交易：从他们的账户支付抵押贷款。

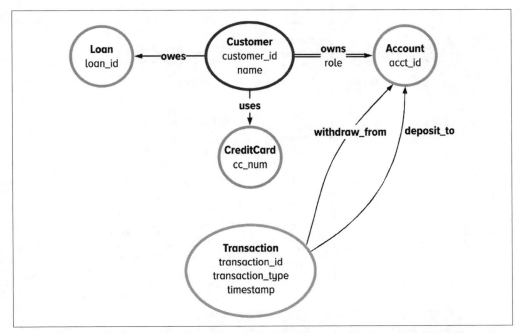

图 4-9：第 3 章中的图结构的加强版，应用数据建模原则，来回答我们扩展示例的第一个问题

为了完成这几个问题的数据模型，我们尝试应用一下本书 4.2 节中介绍的思维过程。根据建议，我们提出三条关于交易的语句：

1. 交易由信用卡支付。

2. 交易支付给供应商。

3. 交易支付贷款。

从上面的语句中可以发现需要的其他图结构元素。首先，我们需要一个能代表客户在哪里买东西的顶点标签：Vendor。其次，需要一种新的边标签 pay，从 Transaction 顶点指向 Loan 或者 Vendor 顶点标签。最后，还需要一个边标签 charge，用来表达交易是由信用卡支付的。

综合考虑这几点，我们得到了如图 4-10 所示的图结构。

4.2.5 在开始开发之前

我们降低了完整的图数据建模的复杂度，只包含完成当前示例所需的部分。在这些核心原则之外，还有很多关于数据建模的边情况没有覆盖到。这是我们意料之中的事情。我们希望教授一种思维过程，并选择了一些原则作为图数据建模的入门指南。

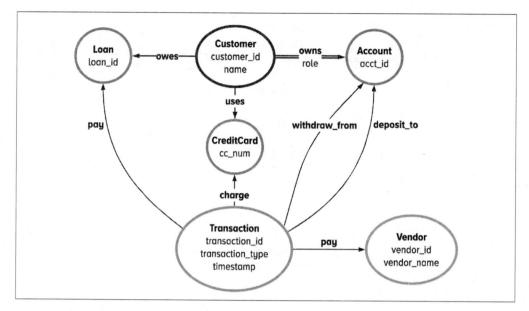

图 4-10：回答了本章示例中所有目标问题的开发环境图结构

如果我们只能保证你理解关于图数据建模的一个概念，那么将是：将数据建模为图既是工程技术也是一门艺术。数据建模过程的艺术包含创建和演进你对数据的观点。这种演进会将你的思维转换为关系优先型数据建模的范式。

当你在本书中或者自己的工作中发现新的建模案例的时候，可以就建模内容问以下几个问题来帮助提升自己的推理能力：

1. 这个概念对应用程序的终端用户意味着什么？

2. 你在应用程序中打算如何读取这个数据？

定义数据模型是在应用程序中使用图思维的第一步。之后应该关注你可以集成的数据、想要完成的查询，以及对终端用户的价值。结合考虑时，这三个概念阐明了在应用程序中应该如何理解、建模和使用图数据。

4.2.6 数据、查询和终端用户的重要性

为了帮助你更好地学习和应用我们对构建图模型的观点，首先来了解一下数据、查询和终端用户的重要性。

我们第一个建议就是关注你所拥有的数据。千万别好高骛远想要对你所在行业的全部图问题建模，请避开这个坑！你的图模型会随着你持续关注应用程序产生的数据逐渐完善。

第二个建议是遵守查询驱动设计的实践。只在预定义好的图查询问题上构建你的数据模型。在这个问题上一个常见的逻辑错误就是想要在图中任意可达的数据上进行遍历。在开发中，探索和发现数据的能力是有意义的。但是在生产环境下，一个可以随意遍历数据访问的应用程序会带来无数的隐患。

出于安全、性能和维护方面的考虑，我们强烈建议开发团队不要在生产环境上创建任何不受限制的遍历。我们看到的警示信号是图应用程序缺少特异性。我们知道当你第一次探索图数据时很难理解这样的观点。我们需要在这里设置好期望，确定这是一个在开发时执行的操作还是想要在分布式生产应用程序中推送的内容。

最后也是最重要的一点是，你需要想明白数据对终端用户来说到底意味着什么。你为图模型中所有对象选择的命名规范都可能由你的团队成员或者应用程序的用户做出另一种解释。请牢记：命名规范和图中的对象应该由你的工程师团队来解释和维护。在选择它们的时候请三思。

最终，你的图数据会通过应用程序展示给终端用户，请为他们设计能展示最具价值信息的数据架构、模型和查询。

综上，这三个概念阐明了我们应该在应用程序中如何理解、建模和使用图数据。重申一遍，这三个概念是：仅使用你所拥有的数据；遵守查询驱动设计；为你的终端用户设计。遵循这些设计原则将帮助你摆脱那些艰难的数据建模讨论，并使你的应用程序成为行业内最好的图数据应用。

4.3 在开发环境中探索邻接点的实现细节

图 4-10 中的图结构只需要两个新顶点标签：Transaction 和 Vendor。我们在这之前已经练习过几次如何将图结构转换为代码。图 4-10 展示了图结构，例 4-1 展示了相应的代码。

例 4-1：

```
schema.vertexLabel("Transaction").
      ifNotExists().
      partitionBy("transaction_id", Int).
      property("transaction_type", Text).
      property("timestamp", Text).
      create();
```

```
schema.vertexLabel("Vendor").
    ifNotExists().
    partitionBy("vendor_id", Int).
    property("vendor_name", Text).
    create();
```

 以防你感到困惑，我们使用 Text 作为 timestamp 的数据类型，以便在后续示例中更好地教授概念。我们将使用存储为文本的 ISO 8601 标准格式。

在该图中，除了这些顶点标签，在 Transaction 顶点和其他顶点标签之间也增加了关系。首先从 Transaction 和 Account 顶点标签之间的新的关系开始。例 4-2 中是新增的边标签的结构代码。

例 4-2：

```
schema.edgeLabel("withdraw_from").
    ifNotExists().
    from("Transaction").
    to("Account").
    create();

schema.edgeLabel("deposit_to").
    ifNotExists().
    from("Transaction").
    to("Account").
    create();
```

这两条边映射了钱是如何从你的银行账户流入流出的。在例 4-3 中，我们新增了示例中其余的边标签。

例 4-3：

```
schema.edgeLabel("pay").
    ifNotExists().
    from("Transaction").
    to("Loan").
    create();

schema.edgeLabel("charge").
    ifNotExists().
    from("Transaction").
    to("CreditCard").
    create();

schema.edgeLabel("pay").
    ifNotExists().
```

```
from("Transaction").
to("Vendor").
create();
```

最后三个边标签完善了示例中需要描述的交易与不同资产间的所有关系。

为扩展示例生成更多的数据

随着示例演进，数据也同样需要扩展。为了匹配图 4-10 中的数据模型，我们写了一个小的数据生成器来扩展第 3 章示例中的数据，如果你对本节的数据生成过程感兴趣，有以下两个选项：

第一个选项是使用 bash 脚本加载与后续示例完全一样的数据。我们计划在第 5 章介绍这个工具和使用过程，如果你感兴趣的话可以提前参考 GitHub 仓库（*https://oreil.ly/graph-book*）中的脚本。为了能使你本地运行的结果与我们展示的结果一致，我们建议使用本书提供的脚本。

第二个选项是深入了解并执行数据生成代码。我们在一个名为 Ch4_DataGeneration 的单独 Studio Notebook（*https://oreil.ly/Nesez*）中提供了代码。如果你想要学习如何通过 Gremlin 和我们所使用的方法生成假数据，那么我们推荐这个选项。

关于数据生成过程的重要警告

如果你在自己的 Studio Notebook 中重新运行数据插入过程，那么你本地构建的图可能与本文示例中输出的结果不一致。如果你希望获得完全一致的数据，我们建议使用 DataStax Bulk Loader 导入一模一样的图结构。你可以在随附的技术材料中找到这些（*https://oreil.ly/graph-book*）。

到目前为止，我们已经完成了很多任务。我们探索了第一组数据建模技巧，创建了一个开发模型，浏览了结构代码，并且插入了新的数据。

最后一个关键任务是使用 Gremlin 查询语言来遍历我们的模型，并回答数据相关问题。

4.4 Gremlin 基础导航

本章的主要目标是展示一个真实世界的图结构，它遍历图数据中的多个邻接点。

作为参考，本书全文都使用"遍历"来表示我们在编写图查询语句。

到目前为止，我们介绍的所有内容都是为了回答如下三个问题：

1. Michael 账户的最近 20 笔交易是什么？

2. 12 月，Michael 在哪些商店购买过商品以及购买频率如何？

3. 找出并更新 Jamie 和 Aaliyah 的最大笔交易：从他们的账户支付抵押贷款。

让我们来看一下查询和对应的结果。然后在 4.5 节，我们会更深入地研究如何塑造有效的结果。

我们的建议是，在练习接下来的内容中的查询时，你可以参考图 4-10 的方法。之所以这么建议，是因为你的图结构可以作为你的地图，你需要知道自己在哪里，这样才能沿着正确的方向走到目的地。

问题 1：Michael 账户的最近 20 笔交易是什么？

让我们从例 4-4 的一些伪代码开始思考如何遍历我们的数据来回答这个问题。

例 4-4：

```
Question: What are the most recent 20 transactions involving Michael's account?
Process:
    Start at Michael's customer vertex
    Walk to his account
    Walk to all transactions
    Sort them by time, descending
    Return the top 20 transaction ids
```

我们使用例 4-4 中概述的过程来创建例 4-5 中的 Gremlin 查询。

例 4-5：

```
1 dev.V().has("Customer", "customer_id", "customer_0"). // the customer
2       out("owns").                        // walk to his account
3       in("withdraw_from", "deposit_to"). // walk to all transactions
4       order().                            // sort the vertices
5         by("timestamp", desc).   // by their timestamp, descending
6       limit(20).                          // filter to only the 20 most recent
7       values("transaction_id")            // return the transaction_ids
```

结果示例：

"184", "244", "268", ...

让我们来逐行研究一下这个查询。

第 1 行，dev.V().has("Customer", "customer_id", "customer_0") 通过唯一标识符找到一个顶点。然后第 2 行，out("owns") 遍历从这个客户顶点指向 Account 顶点的所有 owns 边。在这个例子中，Michael 只有一个账户。

此时，我们想要访问所有的交易。第 3 行，in("withdraw_from", "deposit_to") 就做了这个操作：我们遍历该账户顶点的所有入边标签来访问交易数据。第 4 行，我们找到了所有代表交易的顶点。

 我们需要提到一个在 4.2.2 节 "在图中建模交易数据的推演过程" 部分遗留的细节。例 4-5 中第 3 行的简化实现也是在数据模型中如何设计边的部分动机。第一个查询很难编写，也很难推断边何时会向不同的方向移动。

第 4 行的 order() 步骤说明我们需要对顶点进行一些排序，这里顶点代表交易。在第 5 行使用 by("timestamp", desc) 指定了排序顺序。这意味着我们将根据 timestamp 属性访问、合并和排序所有 Transaction 顶点。接下来使用 limit(20) 从排序后的顶点列表中选择最近的 20 个顶点。最后，第 7 行，通过 values("transaction_id") 返回所有 transaction_id 作为结果。

这个查询将返回一个数值列表，包含该客户所有账户中最近 20 笔交易中每笔交易的 transaction_id。

想象一下，这个展示对终端用户有多大吸引力。他们可以一次性看到与他们最相关的详细信息，而不是在自己脑海中拼接多个屏幕展示的信息。这种类型的查询对于了解如何根据客户最关心的内容个性化自己的应用程序至关重要。

问题 2：在 2020 年 12 月，Michael 在哪些商店购买过商品以及购买频率如何？

对于这个问题，我们从例 4-6 中查询的过程概要来思考如何遍历数据回答这个问题。

例 4-6：

```
Question: In December 2020, at which vendors did Michael shop, and with what frequency?
Process:
    Start at Michael's customer vertex
    Walk to his credit card
    Walk to all transactions
    Only consider transactions in December 2020
    Walk to the vendors for those transactions
    Group and count them by their name
```

我们从例 4-6 和例 4-7 的过程概要开始，在例 4-8 中完成查询。为了做好查询准备，更方便地按日期查找范围，在数据中使用 ISO 8601 对 `timestamp` 进行标准化。在 ISO 8601 中，时间戳的格式定义为 "`YYYY-MM-DD'T'hh:mm:ss'Z'`"，其中 `2020-12-01T00:00:00Z` 代表 2020 年 12 月的起始点。

例 4-7：

```
1 dev.V().has("Customer", "customer_id", "customer_0"). // the customer
2     out("uses").                     // Walk to his credit card
3     in("charge").                    // Walk to all transactions
4     has("timestamp",                 // Only consider transactions
5         between("2020-12-01T00:00:00Z", // in December 2020
6                 "2021-01-01T00:00:00Z")).
7     out("pay").                      // Walk to the vendors
8     groupCount().                    // group and count them
9       by("vendor_name")              // by their name
```

返回结果：

```
{
  "Nike": "2",
  "Amazon": "1",
  "Target": "3"
}
```

 随机性会影响问题 2 的结果。如果你是用数据生成而不是直接加载数据，你的图结构以及返回结果可能与问题 2 输出所示略有不同。

例 4-7 的过程与之前的访问模式类似，从一个客户的顶点出发然后遍历到一个邻接点。从 customer_0 开始遍历信用卡然后是交易。第 4~6 行在遍历中使用了一种过滤数据的方式。在这里，通过指定一个具体的时间范围来筛选顶点。has("timestamp", between("2020-12-01T00:00:00Z", "2021-01-01T00:00:00Z")) 对所有发生在 2020 年 12 月的交易数据进行排序并返回结果。

第 7 行，根据图结构，通过 out("pay") 遍历所有供应商信息。通过第 8~9 行的 group Count().by("vendor_name")，返回所有供应商名称以及每家供应商发生的交易数。

除了 between 以外，表 4-1 列出了可以用于确定值范围的常用判定函数。更完整的判定方法列表请参考 Kelvin Lawrence 的书[注2]。

注 2：Kelvin Lawrence, *Practical Gremlin: An Apache TinkerPop Tutorial*, January 6, 2020, *https://kelvinlawrence.net/ book/Gremlin-Graph-Guide.html*.

表 4-1：用于确定值范围的常用判定函数

判定函数	用途	
eq	等于	
neq	不等于	
gt	大于	
gte	大于或等于	
lt	小于	
lte	小于或等于	
between	两个数值之间，不包括上界	

你可能会好奇，如果我们对例 4-7 中的输出进行排序会如何？

如果想让返回的结果按降序排列，那么你可以添加 order().by()，如例 4-8 中第 10～11 行所示。

例 4-8：

```
1 dev.V().has("Customer", "customer_id", "customer_0").
2        out("uses").
3        in("charge").
4        has("timestamp",
5            between("2020-12-01T00:00:00Z",
6                    "2021-01-01T00:00:00Z")).
7        out("pay").
8        groupCount().
9          by("vendor_name").
10       order(local).          // Order the map object
11         by(values, desc)     // according to the groupCount map's values
```

返回结果：

```
{
  "Target": "3",
  "Nike": "2",
  "Amazon": "1"
}
```

在第 10 行的遍历中通过 order(local) 使用了作用域。

作用域

    作用域用于确定该特定操作是在当前步骤的局部对象执行还是对直到该步骤的全局对象流执行。

图 4-11 对遍历中作用域的概念做了形象的解释。

图 4-11：Gremlin 遍历中，全局作用域和局部作用域的区别

简单来说，在第 9 行的末尾，我们需要对处理中的对象进行排序，这个对象是一个 map。第 10 行使用了 `local` 告诉遍历过程，需要在 map 对象内排序。另一个思考方式是，预期要在整个 map 内对所有项进行排序，所以通过使用局部作用域来说明操作对象是谁。

最好的理解遍历作用域的方式是在 Studio Notebook 中尝试不同方式的查询，看看对结果有什么影响。DataStax Graph 文档页面上提供了更多关于理解数据流和对象类型的可视化图表（*https://oreil.ly/vFjwh*）。

如果你质疑过 Gremlin 遍历过程中的对象类型是什么样，可以在遍历开发过程中添加 `.next().getClass()`。这会在遍历过程中的该点上检查该对象并返回对象类型。

问题 3：找出并更新 Jamie 和 Aaliyah 的最大笔交易：从他们的账户支付抵押贷款。

在最后一个查询中，当我们要遍历更多的数据邻接点时，使用图数据库的优势就开始显现了。我们要在图中访问和变更数据的五个邻接点。所以将这个查询拆解为三个步骤：访问、变更，然后验证。

对账户要做的第一个简化是缩小查询的范围。我们知道 Jamie 和 Aaliyah 共享一个账户：`acct_0`。因此，为了进一步简化查询，从一个人开始遍历，我们选择 Aaliyah。

我们面临第一个需要构建的短查询：

问题 3a：找到 Aaliyah 支付贷款的交易。

在更新重要的交易数据之前，我们得找到它们。我们需要寻找的交易是那些从 Aaliyah 的连接账户向 Jamie 和 Aaliyah 的抵押贷款支付的交易。

我们在例 4-9 中用伪代码概述一下我们遍历数据回答该问题的过程。

例 4-9：

```
Question: Find Aaliyah's transactions that are loan payments
Process:
    Start at Aaliyah's customer vertex
    Walk to her account
    Walk to transactions that are withdrawals from the account
    Go to the loan vertices
    Group and count the loan vertices
```

使用例 4-9 中概述的过程来创建例 4-10 中的 Gremlin 查询。

例 4-10：

```
1 dev.V().has("Customer", "customer_id", "customer_4"). // accessing Aaliyah's vertex
2       out("owns").                      // walking to the account
3       in("withdraw_from").              // only consider withdraws
4       out("pay").                       // walking out to loans or vendors
5       hasLabel("Loan").                 // limiting to only loan vertices
6       groupCount().                     // groupCount the loan vertices
7         by("loan_id")                   // by their loan_id
```

返回结果如下：

```
{
  "loan80": "24",
  "loan18": "24"
}
```

让我们逐步来看一下例 4-10。第 1 行，访问代表客户并遍历他们的账户。第 2 行，遍历 Aaliyah 的账户。回忆一下图结构，第 3 行通过 withdraw_from 的入边访问提款账户。

第 4 行，通过 pay 边标签访问到 Loan 或者 Vendor 顶点。第 5 行的 hasLabel("Loan") 是一个过滤器，排除了所有非贷款类型的顶点。这意味着现在只考虑从账户中支付的资产以及贷款。第 6 行通过第 7 行所示的唯一标识符对所有贷款顶点分组计数。

结果说明，这个账户在系统中为每笔贷款支付了 24 次。

接下来，需要更进一步来更新遍历的数据，找到哪些交易用于支付抵押贷款。

问题 3b：找出并更新 Jamie 和 Aaliyah 的最大笔交易：从支票账户到他们抵押贷款 (loan_18) 的交易。

完成这个查询需要的遍历是可变遍历。可变遍历意味着，遍历过程中同时更新了图数据。例 4-11 说明如何使用上面的遍历方式更新从账户到 loan_18 的交易的属性，因为 loan_18 是 Jamie 和 Aaliyah 的抵押贷款账户。

例 4-11：

```
1 dev.V().has("Customer", "customer_id", "customer_4"). // accessing Aaliyah's vertex
2       out("owns").                              // walking to the account
3       in("withdraw_from").                      // only consider withdraws
4       filter(
5           out("pay").                           // walking to loans or vendors
6           has("Loan", "loan_id", "loan_18")).   // only keep loan_18
7       property("transaction_type",  // mutating step: set the "transaction_type"
8               "mortgage_payment"). // to "mortgage_payment"
9       values("transaction_id", "transaction_type")  // return transaction & type
```

返回结果：

```
"144", "mortgage_payment",
"153", "mortgage_payment",
"132", "mortgage_payment",
...
```

例 4-11 的起点与查询的第一部分一致。这个遍历中新的部分是第 4～6 行的 filter (out("pay").has("Loan", "loan_id", "loan_18"))。这里我们仅允许那些与 loan_18 顶点相连的交易数据能够继续被下游处理。因为 load_18 代表 Jamie 和 Aaliyah 的抵押贷款。第 7 行更新了交易顶点，将 "transaction_type" 修改为 "mortgage_payment"。第 9 行遍历结束的地方将 transaction_id 和新的属性 transaction_type 作为结果返回。

问题 3c：验证一下并不是每个交易都被更新了。

这有助于我们确认并没有用 mortgage_payment 属性更新 Aaliyah 的所有交易。如例 4-12 所示，我们可以快速检查一下。

例 4-12：

```
// check that we didn't update every transaction
1 dev.V().has("Customer", "customer_id", "customer_4"). // at the customer vertex
2       out("owns").                    // at the account vertex
3       in("withdraw_from").            // at all withdrawals
4       groupCount().                   // group and count the vertices
5         by("transaction_type")        // according to their transaction_type
```

Studio Notebook 的结果如下所示。数据处理过程中，我们将默认值设置为 unknown，也一并显示在了结果中。

```
    {
      "mortgage_payment": "24",
      "unknown": "47"
    }
```

这个查询快速验证了我们对数据修改的准确性。第 1~3 行处理了 Aaliyah 银行账户的所有交易。在第 4 行，我们用 groupCount() 根据存储在 transaction_type 属性中的值对所有顶点分组。可以看到我们仅正确地更新了与 loan_18 抵押贷款支付有关的 24 笔交易。这证明了变更查询正确地更新了图结构。

本节从三个问题开始，用 Gremlin 查询语句回答了三个示例作为结束。

我们逐步分析了基础的查询语句来解释如何开始遍历。在开始探索 Gremlin 查询语言的超强的灵活性和表现力之前，要先掌握基本的图遍历技能。我们始终建议在开发模式下迭代 Gremlin 步骤，来熟悉完成查询的基本步骤。这意味着你需要执行 Gremlin 查询的第 1 行并查看结果，然后执行前两行并再次检查结果，直到最后。

当你可以完成基本遍历之后，就可以尝试更高级的 Gremlin。从开发角度来说，找到创建指定结构的查询结果并传递回终端是很常用的。

在 4.5 节我们会介绍用 Gremlin 构建 JSON 的常用策略。

4.5 高级 Gremlin：构造查询结果

本节的目标是构建一个更高级版本的 Gremlin 查询来回答一个新的问题：

是否有其他人与 Michael 共享账户、贷款或者信用卡？

我们计划引入一个新问题，通过数据少量邻接点展示高级 Gremlin 概念。一旦你理解了这些概念如何应用在这个问题上，就可以使用本章随附的 notebook（*https://oreil.ly/G1Lrz*）来实现 4.4 节介绍的其他查询概念。

通过如下几个步骤来构造新查询的结果：

1. 使用 project()、fold() 和 unfold() 来构造查询结果。

2. 在结果中使用 where(neq()) 模式删除数据。

3. 使用 coalesce() 来规划稳定的返回结果。

 对任何想要深入了解 Gremlin 查询的人，我们强烈推荐阅读 Kelvin Lawrence 的 *Practical Gremlin：An Apache TinkerPop Tutorial*[注3] 一书中的细节和解释。

注 3：Kelvin Lawrence, *Practical Gremlin: An Apache TinkerPop Tutorial*, January 6, 2020, *https://kelvinlawrence.net/ book/Gremlin-Graph-Guide.html.*

4.5.1 使用 project()、fold() 和 unfold() 来构造查询结果

当我们准备写一个新查询的时候，经常习惯于逐步构建查询需要的部分。最有用的 Gremlin 步骤之一是 project()，它帮助从查询数据构建一个 map。首先定义构建查询结果的 map 中需要的三个键：CreditCardUsers、AccountOwners 和 Loan Owners。

```
1 dev.V().has("Customer", "customer_id", "customer_0").
2     project("CreditCardUsers", "AccountOwners", "LoanOwners").
3       by(constant("name or no owner for credit cards")).
4       by(constant("name or no owner for accounts")).
5       by(constant("name or no owner for loans"))
```

这个查询结果是后续查询的基础。从本例中特定的人 Michael 开始。接下来创建一个数据结构，包含三个键：CreditCardUsers、AccountOwners 和 LoanOwners。第 2 行通过 project() 来创建这个 map。project() 的参数就是三个键。在 project() 中的每一个键，都需要调用 by() 方法。每一个 by() 调制器创建了与键有关的所有值。

1. 第 3 行的 by() 创建了 CreditCardUsers 键对应的数值。

2. 第 4 行的 by() 创建 AccountOwners 键对应的数值。

3. 第 5 行的 by() 创建 LoanOwners 键对应的数值。

看一下现在的返回结果：

```
{
    "CreditCardUsers": "name or no owner for credit cards",
    "AccountOwners": "name or no owner for accounts",
    "LoanOwners": "name or no owner for loans"
}
```

这是一个很好的工作基准。接下来，准备遍历图结构来计算 map 中需要的数值。从第一个键值需要的数据开始：找到和 Michael 共享信用卡的客户。

回顾一下图结构，我们需要遍历 uses 边来找到信用卡信息，然后反向找到使用信用卡的人。接下来可以访问这些人的名字。在 Gremlin 中，我们在第 3~5 行添加此遍历：

```
1 dev.V().has("Customer", "customer_id", "customer_0").
2     project("CreditCardUsers", "AccountOwners", "LoanOwners").
3       by(out("uses").
4           in("uses").
5           values("name")).
6       by(constant("name or no owner for accounts")).
7       by(constant("name or no owner for loans"))
```

第 3 行添加的步骤用于从 Michael 出发通过 uses 边找到信用卡信息，第 4 行通过 uses 边反向找到所有使用信用卡的人。结果如下：

```
{
  "CreditCardUsers": "Michael",
  "AccountOwners": "name or no owner for accounts",
  "LoanOwners": "name or no owner for loans"
}
```

从结果可以确定：Michael 并没有和任何人共享信用卡。在结果集合中我们期望只看到他自己的名字。

现在对 map 中第二个键 AccountOwners 做同样的操作。这里我们通过账户顶点的 owns 边反向找到使用账户信息的人顶点。

```
1 dev.V().has("Customer", "customer_id", "customer_0").
2        project("CreditCardUsers", "AccountOwners", "LoanOwners").
3        by(out("uses").
4          in("uses").
5          values("name")).
6        by(out("owns").
7          in("owns").
8          values("name")).
9        by(constant("name or no owner for loans"))
```

返回结果如下所示：

```
{
  "CreditCardUsers": "Michael",
  "AccountOwners": "Michael",
  "LoanOwners": "name or no owner for loans"
}
```

观察这个数据，我们并没有看到预期的结果。我们期望看到 Maria 作为 AccountOwners 的结果值，但是实际并没有。因为 Gremlin 很懒，默认只返回第一个而不是所有结果，所以需要添加一个约束来强制返回所有结果。

这里所使用的约束是 fold()。fold() 会等到找到所有数据，并将结果汇总到列表中。这是一个优势，可以为应用程序构建特定的数据类型规则。调整后的查询如下：

```
1 dev.V().has("Customer", "customer_id", "customer_0").
2        project("CreditCardUsers", "AccountOwners", "LoanOwners").
3        by(out("uses").
4          in("uses").
5          values("name").
6          fold()).
7        by(out("owns").
8          in("owns").
9          values("name").
10         fold()).
11        by(constant("name or no owner for loans"))
```

调整后，我们预期的返回结果如下所示：

```
{
  "CreditCardUsers": [
    "Michael"
  ],
  "AccountOwners": [
    "Michael",
    "Maria"
  ],
  "LoanOwners": "name or no owner for loans"
}
```

通过在最后一步的 by() 中添加语句来完成 map 的构造。这些语句需要从 Michael 出发找到贷款顶点然后反向查找。查询语句和结果集合如下：

```
1 dev.V().has("Customer", "customer_id", "customer_0").
2         project("CreditCardUsers", "AccountOwners", "LoanOwners").
3         by(out("uses").
4             in("uses").
5             values("name").
6             fold()).
7         by(out("owns").
8             in("owns").
9             values("name").
10            fold()).
11        by(out("owes").
12            in("owes").
13            values("name").
14            fold())
{
  "CreditCardUsers": [
    "Michael"
  ],
  "AccountOwners": [
    "Michael",
    "Maria"
  ],
  "LoanOwners": [
    "Michael"
  ]
}
```

这次我们得到了预期的结果，可以看到 Michael 与 Maria 共享账户，但是并不与任何人共享信用卡或者共同抵押贷款。

对一些应用程序来说，并不需要返回“Michael 与他自己共享信用卡”这样的信息。下面来看看如何从结果中去掉 Michael 自己的信息。

4.5.2 在结果中使用 where(neq()) 模式删除数据

对你来说可能需要从结果中删除 Michael 的信息，我们可以先用 as() 保存 Michael 的顶点，然后从结果集合中删掉。可以使用 where(neq ("some_stored_value")) 从处理流中删除某个顶点。

在查询的下一版本中，每个部分都应用了这个方法，如例 4-13 所示。

例 4-13：

```
1 dev.V().has("Customer", "customer_id", "customer_0").as("michael").
2        project("CreditCardUsers", "AccountOwners", "LoanOwners").
3        by(out("uses").
4          in("uses").
5            where(neq("michael")).
6          values("name").
7          fold()).
8        by(out("owns").
9          in("owns").
10           where(neq("michael")).
11         values("name").
12         fold()).
13       by(out("owes").
14         in("owes").
15           where(neq("michael")).
16         values("name").
17         fold())
```

例 4-13 返回的全部结果如下所示：

```
{
  "CreditCardUsers": [],
  "AccountOwners": [
    "Maria"
  ],
  "LoanOwners": []
}
```

上述查询中主要添加了第 1、5、10 和 15 行。在第 1 行，我们通过 as("michael") 存储了 Michael 的顶点。以第 5 行为例看一下使用 where(neq("michael")) 发生了什么，第 10 行和第 15 行同理。

为了理解第 5 行发生了什么，需要回忆一下我们在图中所处的位置。在第 4 行的末尾，我们处在 Customer 顶点上。更具体地说，我们在处理与 Michael 共享账户的客户。这是 where(neq("michael")) 开始的地方。我们需要对处理流中的每个顶点添加一个 true/false 的过滤器。过滤器用于测试这个顶点是否为 Michael：where(neq("michael"))。如果该顶点名称是 Michael，则第 5 行负责从遍历中删除该顶点。如果该顶点不是 Michael，则传递给过滤器的这个顶点继续等待后续处理。

4.5.3 使用 coalesce() 步骤来规划稳定的返回结果

依赖于团队数据结构规则，不一定会检查返回结果中的每个值是否为空列表。我们可以设计一下这部分。

可以通过 try/catch 逻辑来保证查询语句不会返回空列表。通过 map 中第一个键 `CreditCardUsers` 来实现这一点，然后在完整查询语句中添加对剩余两个 by() 步骤的处理。

让我们回到为 `CreditCardUsers` 构建 JSON 类型返回值的问题上。从这里开始：

```
1 dev.V().has("Customer", "customer_id", "customer_0").as("michael").
2        project("CreditCardUsers", "AccountOwners", "LoanOwners").
3        by(out("uses").
4          in("uses").
5            where(neq("michael")).
6          values("name").
7          fold()).
8        by(constant("name or no owner for accounts")).
9        by(constant("name or no owner for loans"))
{
  "CreditCardUsers": [],
  "AccountOwners": "name or no owner for accounts",
  "LoanOwners": "name or no owner for loans"
}
```

可以通过 Gremlin 的 `coalesce()` 步骤来实现 try/catch 的逻辑。我们希望构建返回结果，使得每个键对应的数值列表总是非空的，如 `"CreditCardVsers":["NoOtherUsers"]`。来看一下如何在查询中插入 coalesce。

```
1 dev.V().has("Customer", "customer_id", "customer_0").as("michael").
2        project("CreditCardUsers", "AccountOwners", "LoanOwners").
3        by(out("uses").
4          in("uses").
5            where(neq("michael")).
6          values("name").
7          fold().
8          coalesce(constant("tryBlockLogic"),     // try block
9                   constant("catchBlockLogic"))).// catch block
10       by(constant("name or no owner for accounts")).
11       by(constant("name or no owner for loans"))
```

返回结果如下所示：

```
{
  "CreditCardUsers": "tryBlockLogic",
  "AccountOwners": "name or no owner for accounts",
  "LoanOwners": "name or no owner for loans"
}
```

我们在第 8 行使用 coalesce() 步骤时需要两个参数。第一个参数见第 8 行，可以看作 try 模块的逻辑。第二个参数见第 9 行，可以看作 catch 模块的逻辑。

如果 try 模块的逻辑通过，则返回的数据直接沿着处理流程向下传递。在这里，为了说明意图，我们使用 constant() 步骤来保证 try 模块顺利通过。这个步骤在结果中返回字符串 "tryBlockLogic"。使用 constant() 步骤的原因有很多，其中之一是在构建更复杂的查询时可以作为占位符。这也是我们为什么在这里使用它。

如果第 8 行 coalesce() 步骤的第一个参数执行失败，就会执行第 9 行的第二个参数。让我们看一下如何运用这个方式展示预期的数据结果：

```
1 dev.V().has("Customer", "customer_id", "customer_0").as("michael").
2       project("CreditCardUsers", "AccountOwners", "LoanOwners").
3       by(out("uses").
4         in("uses").
5           where(neq("michael")).
6         values("name").
7         fold().
8         coalesce(unfold(),                    // try block
9                   constant("NoOtherUsers"))). // catch block
10      by(constant("name or no owner for accounts")).
11      by(constant("name or no owner for loans"))
{
  "CreditCardUsers": "NoOtherUsers",
  "AccountOwners": "name or no owner for accounts",
  "LoanOwners": "name or no owner for loans"
}
```

第 8 行传入 try 模块的逻辑是 unfold()，试图从上一步获取结果并成功展开。在处理流程中，这个点的结果是一个空列表。在 Gremlin 中不允许展开一个空对象。所以这里会通过 try 模块抛出异常。因此会执行第 9 行 coalesce() 步骤的第二个参数：constant("NoOtherUsers")。这也是为什么在返回结果中我们会看到 "CreditCardUsers": "NoOtherUsers"。

遗憾的是，我们承诺的列表结果已经不在了，所以在 coalesce() 步骤之后添加一个 fold() 重新转换为列表结构。

```
1 dev.V().has("Customer", "customer_id", "customer_0").as("michael").
2       project("CreditCardUsers", "AccountOwners", "LoanOwners").
3       by(out("uses").
4         in("uses").
5           where(neq("michael")).
6         values("name").
7         fold().
8         coalesce(unfold(),
9                   constant("NoOtherUsers")).fold()).
```

```
10          by(constant("name or no owner for accounts")).
11          by(constant("name or no owner for loans"))
{
  "CreditCardUsers": [
    "NoOtherUsers"
  ],
  "AccountOwners": "name or no owner for accounts",
  "LoanOwners": "name or no owner for loans"
}
```

从第 5～9 行添加的步骤创建了一个可预测的数据结构，以便在整个应用程序中进行交换。该数据结构是其他应用程序可以使用的标准结构的 JSON。

接下来，我们给每一个 by() 步骤都添加 try/catch 逻辑。在完整查询中，要在每一个 by() 步骤的末尾添加以下完整逻辑模式。

```
coalesce(unfold(),                  // try to unfold the names
        constant("NoOtherUsers")). // inject this string if there are no names
fold()                             // structure the results into a list
```

Gremlin 模式确保我们返回结果非空。完整的查询和返回结果如下：

```
1 dev.V().has("Customer", "customer_id", "customer_0").as("michael").
2       project("CreditCardUsers", "AccountOwners", "LoanOwners").
3       by(out("uses").
4         in("uses").
5           where(neq("michael")).
6         values("name").
7         fold().
8         coalesce(unfold(),
9               constant("NoOtherUsers")).fold()).
10       by(out("owns").
11         in("owns").
12           where(neq("michael")).
13         values("name").
14         fold().
15         coalesce(unfold(),
16               constant("NoOtherUsers")).fold()).
17      by(out("owes").
18        in("owes").
19          where(neq("michael")).
20        values("name").
21        fold().
22        coalesce(unfold(),
23              constant("NoOtherUsers")).fold())
{
  "CreditCardUsers": [
    "NoOtherUsers"
  ],
  "AccountOwners": [
```

```
      "Maria"
    ],
    "LoanOwners": [
      "NoOtherUsers"
    ]
  }
```

我们发现迭代构建和逐步完成 Gremlin 步骤是了解查询语言的最佳方式。本书主要想让你了解我们的思考过程以及在使用 Gremlin 的时候如何思考。这远远超过编写图查询的方法。我们希望你能够对使用其他步骤来处理同一数据保持好奇心。弄清楚这一点就会像打开 Studio Notebook 并自行探索新步骤一样简单。

4.6 从开发到生产

回到本章开始关于潜水的比喻，到这里我们在游泳池中的训练就到尾声了。如你所见，本章中示例的演进就像在泳池中学习浮力控制或深水故障排除一样。在某些时候，你已经从受控环境的练习中学到了一切。

从前几章打下的基础来看，你已经可以从开发环境进阶到构建一个准生产环境的图数据库了。

无须焦虑，这并不意味着你需要了解关于图数据的所有知识。仍然有无数的东西需要我们自己探索。

但这确实意味着，你应该准备好更深入地了解在分布式系统中如何使用图数据。使用这个例子是为了让你准备好将 Apache Cassandra 的图数据结构作为物理数据层的最后一步。第 5 章会介绍如何为分布式应用程序优化图结构。

在说明我们如何通过图数据进行思考的同时，我们在本章的示例中故意设置了一些陷阱。在第 5 章中我们会介绍具体有哪些陷阱以及如何解决。同时第 5 章也是最后一章使用 C360 的例子，描述了为创建一个适用于生产环境的图结构的最后一个迭代过程。

在生产环境中探索邻接点

当你使用 DataStax Graph 时，就意味着可以使用 Cassandra 中的图数据了。如果你跟着前两章的示例并且执行了代码细节的实现，那么你已经使用过了。

从传统数据库到使用 Apache Cassandra 的范式转变，是根据读取数据的方式编写数据。

为了说明我们如何应用这一点，第 3 章和第 4 章的示例中使用了 Cassandra 中处理图数据的基本概念，但是并没有加以解释。这些基础概念，比如边的方向和分区键设计，是构建一个符合生产环境质量要求，可扩展的分布式图数据模型的基础。

我们将深入探讨分布式数据的主题，为生产环境中成功使用分布式图技术做好准备。

回忆一下我们在第 4 章结束时提到的那些故意设置的陷阱。如图 5-1 所示是构建的数据结构，目标是可以应用例 5-1 中的查询。

我们需要将两个概念连接在一起以了解全貌。首先，所有的查询都使用了开发遍历源 dev.V()。DataStax Graph 开发环境遍历源可以让你在不用考虑索引策略的情形下查找数据。其次，查询从一个账户顶点开始找到交易。例 5-1 中的查询使用生产遍历源 g.V()。当尝试在 DataStax Studio 中运行例 5-1 的查询时，你会看到如表 5-1 所示的执行错误信息。

例 5-1:

```
g.V().has("Customer", "customer_id", "customer_0"). // the customer
    out("owns").                                     // walk to their account(s)
    in("withdraw_from", "deposit_to")                // access all transactions
```

表 5-1: 对一个没有索引的边执行逆向查找时的错误示例

Execution error
com.datastax.bdp.graphv2.engine.UnsupportedTraversalException:
One or more indexes are required to execute the traversal

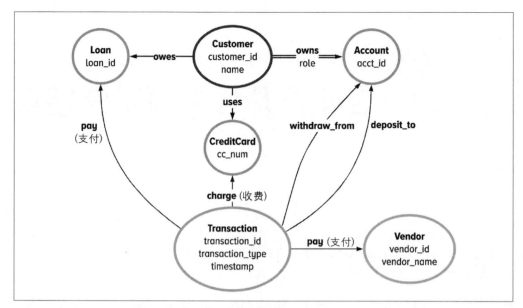

图 5-1：第 4 章中基于图实现的 C360 应用程序的开发环境数据模型

这个错误与磁盘上图数据结构的表现形式有关。本章接下来会着重介绍为什么出现这个错误以及如何解决。

5.1 本章预览：学习 Apache Cassandra 的分布式图数据

本章的主要目的是在进入生产环境之前，介绍有效建模数据的设计和操作建议。因此，本章在第 4 章的示例上继续构建，详细说明如何在 Apache Cassandra 中运行图数据结构。

在本章结束，你会得到 10 条可以用于任何场景的数据建模建议。同时，在本书后续的例子中也会应用同样的方法。

我们选择了下一组技术话题来说明构建满足生产质量要求的分布式图应用程序所需的最小概念集合。本章包含三个主要部分，与随附的笔记本和技术资料一致（*https://oreil.ly/graph-book*）。

5.2 节将回顾第 4 章中我们用到但是没有详细解释的概念。在这里，我们会介绍分布式图结构的基础知识来为第 4 章涉及的查询建模。具体来说，你会学习到分区键、聚类列和物化视图。

5.3 节将分布式图结构的概念应用于第二组数据建模建议。本节将介绍反规范化、重访边方向等 Cassandra 的主题，并讨论加载策略。这些经验法则代表了我们推荐用于生产质量、分布式图结构的数据建模决策。

5.4 节会介绍关于 C360 示例的最后迭代。本节将解释应用物化视图和索引策略的代码，并且在 Gremlin 查询的最后一次迭代中使用这些优化。

整体来看，第 3～5 章中的思考和开发过程代表了你的第一个分布式图数据的应用程序设计、探索和完成数据模型以及查询的完整开发生命周期。

下面将首先介绍 Apache Cassandra 处理图数据的物理数据层。

5.2 使用 Apache Cassandra 处理图数据

本节介绍在 Apache Cassandra 中使用图数据结构的基本概念：主键（primary key）、分区键（partition key）、聚类列（clustering columns）和物化视图（materialized view）。

我们将从一个用户视角讨论 Cassandra 数据建模的话题。

首先，我们将讨论你需要了解的有关顶点的知识，然后是边。对于顶点，你需要了解什么是主键和分区键。对于边，你需要了解聚类列和物化视图。

让我们从一个连接一切的概念开始：主键。

5.2.1 了解数据建模最重要的概念：主键

在分布式系统中构建一个好的数据模型最大的挑战，就是找到能唯一标识数据的主键。

你已经见识过主键的最简单的形式之一：分区键。

分区键

　　在 Apache Cassandra 中分区键是主键的第一个元素。分区键是主键的一部分，用于在分布式环境中定义数据位置。

从用户视角来看，主键是用来从系统访问数据的完整对象，而分区键只是主键的第一部分。

主键

　　主键定义了系统中数据的唯一标识符。在 DataStax Graph 中，主键可以由一个或者多个属性组成。

你已经使用过主键和分区键了。在 DataStax Graph 中，通过 schema API 可以指定主键。在第 4 章中已经看到过简单版本的主键——只包含一个分区键。

```
schema.vertexLabel("Customer").
        ifNotExists().
        partitionBy("customer_id", Text). // basic primary key: one partition key
        property("name", Text).
        create();
```

partitionBy() 方法表明在标签的分区键中所使用的数值。在这个例子中，我们只看到一个数值，customer_id。这说明 customer_id 就是 Customer 顶点的整个主键和分区键。

从开发人员视角来看，这个决策给应用程序带来三个后果：第一，customer_id 的值唯一标识了某个数据；第二，程序需要 customer_id 来读取客户的数据；稍后我们再说第三个后果。

这两个后果决定了你，或者用户如何设计数据的主键和分区键。看一下这个示例，之前我们在 Gremlin 中通过主键来查找某个数据：

```
g.V().has("Customer", "customer_id", "customer_0").
        elementMap()
```

返回结果如下：

```
{
    "id": "dseg:/Customer/customer_0",
    "label": "Customer",
    "name": "Michael",
    "customer_id": "customer_0"
}
```

在 DataStax Graph 中通过完整主键读取顶点或者边是最快的数据读取方式。这也是为数据选取一个好的分区键和主键是如此重要的主要原因之一。

前面略过的第三个后果就是 Apache Cassandra 的分区键。在分布式环境中，顶点的分区键决定了你的图数据位置。分区键同时也提供了配置图数据的不同方式。让我们来深入了解一些细节。

5.2.2 分布式环境中的分区键和数据位置

如果你喜欢深入问题本质，那么我们强烈建议你阅读本节。

本节的目的是同步理解 Cassandra 和图社区的主题。我们将通过尝试不同的分区键选择定位图数据，来探索图分割的一些假设替代性方案。从示例的分区策略开始，你可以更好地理解分区键设计和图分割问题的影响。

而且我们需要在一小段时间内对我们真正的意图持保留态度。

分割（partition）意味着把两个完全不同的东西划分为两组。Cassandra 社区通过回答"集群中的数据在哪里"来理解分割的含义，而图社区的问题则是"如何将图数据组织为更小的分组来最小化不变量"。

本书采用 Cassandra 社区对分割的定义来处理图数据。当提到分割的时候，我们指的是数据位置，或者分布式系统中写入磁盘的数据到底在哪一个服务器上。

为了说明我们会如何使用分割，首先回顾一下当前例子的一些数据，如图 5-2 所示。

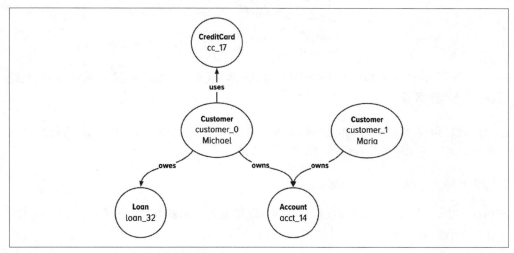

图 5-2：C360 例子中三个客户的示例数据

为了可视化数据在集群中分配给服务器（也称为实例或节点）的过程，想象一下在 Apache Cassandra 中拥有一个四个服务器组成的集群，运行 DataStax Graph。在图 5-3 中，用一个包含四个服务器的圆圈代表分布式集群。（图 5-3 中的每一个眼睛代表 Cassandra 中的 DataStax Graph。）接下来，我们通过在集群的服务器旁边展示图数据，来演示将图数据写入磁盘，如图 5-3 所示。

图 5-3 中的最大圆圈代表了一个四个服务器的集群，每个服务器都用 Cassandra 的眼睛图标代表。图 5-2 中的示例数据展示在实际存储该数据的服务器标识边上。在 Apache Cassandra 中，通过分区键将集群中的数据与具体的服务器映射起来。

在图 5-3 中我们可以看到 customer_0 的数据关联到了四个不同的机器。客户顶点写入服务器 1，贷款顶点数据存储在服务器 2，账户顶点数据存储在服务器 3，而信用卡顶点数据存储在服务器 0。

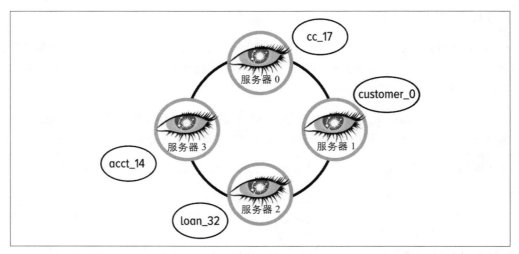

图 5-3：说明分布式集群中每个顶点保存在哪个服务器（节点）上。带有四个眼睛图标的圆圈代表一个分布式集群

你可以这样理解分区键与分布式环境下数据位置的关联：分区键相同的数据存储在同一个机器上，分区键不同的数据存储在不同的机器上。

通过访问模式对图数据进行分区

在图数据中，有不同的策略来设计分区键，以尽量降低图遍历带来的延迟。不同的分区策略会影响数据的托管，因此造成查询的不同延迟。

为了最小化处理数据带来的集群中不同服务器间访问的延迟，一种可能的策略是将与查询相关的所有数据放在同一个分区。为了说明这种方式，图 5-4 展示了一种 C360 应用程序预期访问模式下的优化分区策略。由于 C360 通常查询单个客户及其相关数据，所以该策略中按照单个客户及其相关数据来定义分区。在示例数据中，我们可以为每一个客户创建分区。

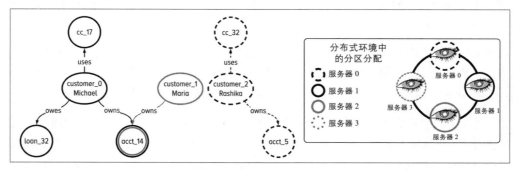

图 5-4：分布式系统中根据访问模式对图数据进行分区

如果你了解图论相关的内容，则图 5-4 中的分区策略类似于连通分支的划分。如果你使用过 Apache Cassandra，则图 5-4 的分区策略遵循根据访问模式分区的相同做法。

为了实现图 5-4 所示的分区策略，需要为每一个顶点标签添加客户的唯一标识符作为分区键。在结构代码中，实现如下：

```
schema.vertexLabel("Account").
        ifNotExists().
        partitionBy("customer_id", Text).
        clusterBy("acct_id", Text).  // to be defined in a coming section
        property("name", Text).
        create();
```

这种分区策略很有用，因为它可以最大限度地减少查询的延迟。所有以客户为中心的查询都会访问环境中的同一个节点。这是一种物理数据层的优化，对你的查询非常有利。

但是对于正在探索的示例数据，我们并不建议使用这种分区策略，主要有两个原因。回想一下，启动数据查询需要完整的主键。图 5-4 示例设计的第一个缺点，就是你必须知道客户的唯一标识符，才能在一个账户上开始图遍历。

将这个思路应用在共享账户 acct_14 的例子上，为我们带来了使用这种分区策略的第二个缺点。这种结构设计会创建 acct_14 的两个顶点，与不同的人连接。这意味着我们无法从 acct_14 顶点开始找到拥有该账户的所有客户。这会影响对图的查询。

对当前我们正在探索的 C360 查询来说，图 5-4 所示的分区策略毫无意义。但是在下一个即将讨论树形的示例中，根据数据模型优化分区来最小化查询延迟是有意义的。

根据唯一键进行分区

让我们看一下第二种分区策略，并与第一种根据应用程序访问模式并置数据的分区策略进行对比。

回忆一下示例的完整结构，每个顶点标签都有一个唯一的分区键。你可以将这个看作通过可能的最小粒度来划分图数据：数据的最唯一值。

图 5-5 中的图数据会根据分区键的值在集群中分发顶点数据。本质上，每个顶点都将映射到不同的分区，因为每个分区键的值都是唯一的。

根据唯一键对顶点进行分区的缺点之一是，每当需要遍历数据时，你就会在分布式环境中的机器之间跳转。在应用程序中使用图数据的目标就是应用数据间的连接和关系。如果根据唯一标识符定义分布式环境的图数据结构，这意味着每一次需要访问有连接关系的数据时，你都需要在不同服务器间跳转。

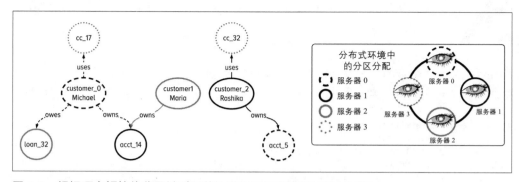

图 5-5：根据顶点标签的分区键对图数据进行不同分区的可视化示例

关于分区策略的最终想法

在分布式环境中的对数据分区的不同策略各有优缺点。根据访问模式分割图数据，限制了对连接数据的遍历。但另一方面，这种策略通过将大量数据组件放在同一个节点上，最大限度地减少了遍历延迟。

最常用的图数据分区方法是使用数据的唯一标识符。这使得查询更灵活，但由于图的分布式特性，也会给查询带来延迟。这也是在 C360 例子中所使用的方法。

了解任何一种分区策略的唯一方法，就是计算在该策略下你的数据和查询是什么样子。这需要同时平衡考虑目前所构建的应用程序的分布式数据和未来可能出现的情况。

 选择一个好的分区策略比处理图数据复杂多了。围绕分布式环境对图数据进行分区相当于将图数据分解为不同的部分。优化哪些数据属于特定部分被归类为计算机科学中最难的问题类型之一：NP 完全问题。虽然这并不是一个好消息，但这有助于解释为什么在分布式环境中使用图技术并不像将实体关系图转换为图数据模型那么简单。

在分区的主题中，有两个重要内容需要重复强调：唯一性和区域性。在 DataStax Graph 中，数据的主键就是它的唯一标识符。通常通过完整主键进行图查询可以获得最好的查询性能。

第二个需要强调的是，数据的分区键决定了数据在集群中的位置，这决定了集群中的哪些机器将存储数据以及其他数据的服务器托管。

了解了分区键的唯一性和区域性，来看一下 Apache Cassandra 中边是怎么表达的。

5.2.3 学习边，第一部分：邻接表中的边

随着在图建模的领域逐渐深入，越来越多的术语、概念和思维模式会逐渐浮现出来。现在我们已经了解了那些最基础的内容，现在来看一下图数据，特指边，在磁盘或者内存中是如何表达的。

主要有三种数据结构来表达图数据中的边：

边列表
> 边列表指的是一个对的列表，列表中每个对都包含两个邻接顶点。对中的第一个元素是源（from）顶点，第二个元素是目的（to）顶点。

邻接表
> 邻接表是一个存储键和数值的对象。每个键代表顶点，数值代表与该键所代表的顶点相连的顶点的列表。

邻接矩阵
> 邻接矩阵用一个表代表整个图结构。行和列代表图中每个顶点，矩阵中的一项表示行和列代表的顶点之间是否存在边。

为了理解这些数据结构，来看如何将图数据的一个小示例映射到每个结构中。

图 5-6 包含非常多的细节。图最上方展示了一个五个顶点与四条边相连的示例。当将图数据映射为提到的每个数据结构时，边的方向至关重要。

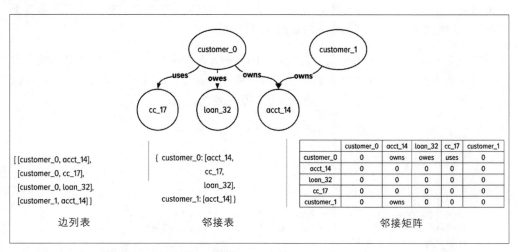

图 5-6：在磁盘上存储边的三种不同数据结构的示例

来逐个看一下每一种数据结构。

在图 5-6 的左下方，我们写出了如何将示例数据存储在边列表中。边列表包含四个条目：示例数据中的每个边对应一个条目。图下方的中间部分，我们说明如何将示例数据存储为邻接表。邻接表有两个键，每个带出边的顶点作为一个键。每个键对应的数值，是指向该顶点的入边对应的顶点列表。邻接矩阵的表达在图的右下角。矩阵有五行五列，矩阵中的每一项代表是否存在一条边从行代表的顶点指向列代表的顶点。

每一种数据结构都有各自不同的时间和空间的选择。忽略针对每一种数据结构可以做的优化，我们从基础层面思考一下每种数据结构的复杂度。边列表是表示图数据最紧凑的版本，但是必须扫描整个数据结构来处理有关特定顶点的所有边。邻接矩阵是遍历图数据最快的办法，但是矩阵会占用过多的空间。邻接表结合了其他两种模型的优点，通过提供一种索引方式来访问顶点并将列表扫描限制为仅单个顶点的出边。

在 DataStax Graph 中，我们使用 Apache Cassandra 作为分布式邻接表，来存储和遍历图数据。让我们来深入研究一下如何优化磁盘上边的存储，以便在图遍历时从边的排序顺序中获得最大收益。

5.2.4 学习边，第二部分：聚类列

其实，在第 4 章中，我们向图中添加边标签时已经使用了聚类列的概念。

聚类列

聚类列决定了磁盘上表中数据的排列顺序。

聚类列是 Cassandra 中表的主键的最后一个组成部分。聚类列告诉数据库如何在磁盘上按顺序存储行数据，以达到更有效的数据获取方式。

让我们更深入地介绍一下聚类列，这有助于同时解释两个概念。第一，聚类列的技术含义可以详细说明本章开头的查询返回错误的确切原因。第二，聚类列说明了如何在磁盘上存储的邻接表中对边进行排序，达到最快的访问速度。

例 5-2 通过创建一个边标签来说明聚类列的使用。

例 5-2：

```
schema.edgeLabel("owns").
    ifNotExists().
    from("Customer").    // the edge label's partition key
    to("Account").       // the edge label's clustering column
    property("role", Text).
    create()
```

在例 5-2 中，我们为边标签选出了分区键和聚类列：

1. from(Customer) 步骤意味着 Customer 顶点的主键是 owns 边标签 (customer_id) 的分区键。

2. Account 的主键则是 owns 边 (acct_id) 的聚类列。

综合来看，我们可以得出图结构在 Cassandra 中的表结构，如图 5-7 所示。

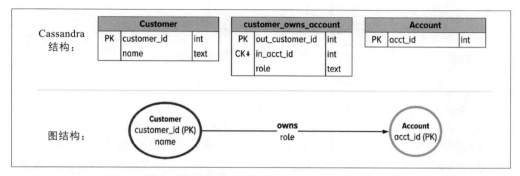

图 5-7：Cassandra 中两顶点之间边的默认表结构

图 5-7 展示了 Cassandra 中的表结构，它们使用图结构语言映射到图结构。Customer 顶点创建了一个带分区键 customer_id 的表。owns 边连接了 Customer 和 Account，customer_id 则是 owns 边的分区键。owns 边同时包含一个聚类键 in_acct_id，该键同时也是 Account 顶点的分区键。customer_owns_account 表中还有第三列：role。role 是一个简单的属性，并不是主键的一部分。因此，role 的值来自 Customer 和 Account 之间边最新的一次写入值。

为了更具体地说明这一点，图 5-8 展示了一个遵循图 5-7 中结构的数据的示例。

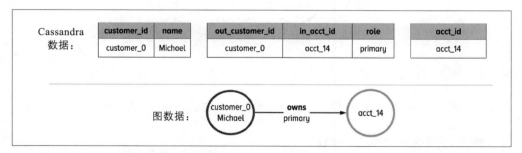

图 5-8：图 5-7 中的图结构在磁盘上组织并且在 DataStax Graph 中表达的方式

在继续讨论另一个主题之前，最后一点是总结一下关于 DataStax Graph 中的聚类键和边。在第 2 章中，我们概述了在两个顶点间存在多条边的情况。在 GSL 中我们用双线边表达这一点。在 Cassandra 中，我们需要将这个属性作为聚类键。图 5-9 展示了

Cassandra 对图结构的表达中如何将邻接点建模为合集。

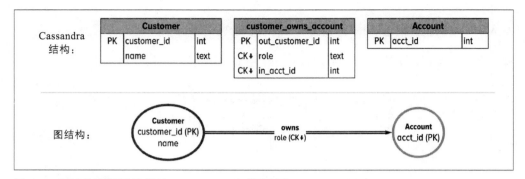

图 5-9：对边的聚类键建模时 Cassandra 中的表结构

图 5-10 说明了当对实例顶点之间有许多边的图的多重性进行建模时，使用 GSL 映射到图结构的 Cassandra 中的表结构。区别在于表中的 owns 边。在聚类键 acct_id 之前，新增了 role 作为这类边的聚类键，图 5-9 中的结构允许顶点之间有多个边，如图 5-10 所示。

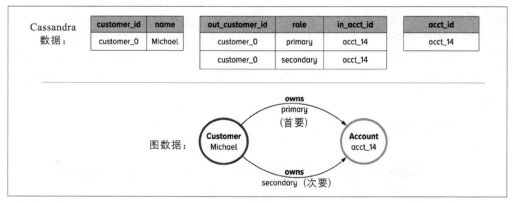

图 5-10：图 5-9 中的图结构在硬盘上组织并且在 DataStax Graph 中表达的方式

现在我们理解了磁盘上边的存储结构，再来看一下分布式环境中存储的位置。

复合概念：分布式集群中边的位置

回忆一下，分区键指示集群中数据应该写入哪里。这意味着，顶点的出边和顶点本身应该存储在同一个主机上。在图 5-5 中我们已经看到了这一点，因为 Customer 顶点的颜色和边一致，都是灰色的。为了更清楚地说明这一点，图 5-11 展示了集群中边的区域性。

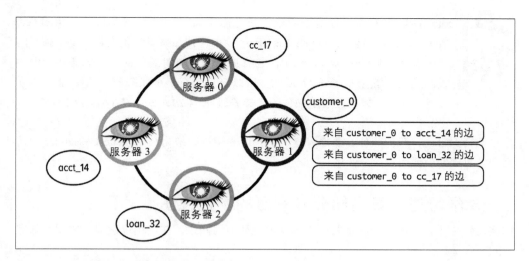

图 5-11：我们例子中边数据区域性的说明

图 5-11 说明了 customer_0 的边在分布式环境下是如何存储的。每条边都与 customer_0 的顶点位于同一台主机上，因为每条边都拥有相同的分区键：customer_id。

接下来需要了解的是边在其分区内如何排序。相邻顶点标签的主键作为边标签的聚类列。图 5-12 展示了磁盘上的边的存储顺序是由它们传入边的顶点的主键决定的。

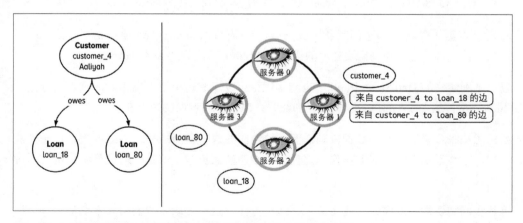

图 5-12：左侧为图数据；右侧为对应的分布式集群中的存储位置

图 5-12 中最重要的概念如图右侧所示。可以看到，customer_4 的顶点，Aaliyah，在集群中被写入了主机 1。同时主机 1 上，也存储了从 Aaliyah 顶点的出边。Aaliyah 有两笔贷款，通过 owes 边说明。从磁盘上看，这些边的存储顺序由入边顶点的分区键 loan_id 决定。可以看到 loan_18 是第一个入口，loan_80 是第二个入口。

通过问题查看一下你是否将这些概念融会贯通了：在图 5-12 中，Michael、Maria、Rashika 和 Jamie 的 Customer 顶点应该在哪里？答案是：每个顶点的分区键是它们的 customer_id，它将被散列并映射到任何一个服务器。因为我们总共有五个 Customer 顶点，所以至少会有一个服务器有两个 Customer 顶点。这个逻辑在数学上被称为"鸽笼原理"（*https://oreil.ly/xeET6*）。

你可能会问自己：我们为什么要卷入这一切？这一切都归结为在 Apache Cassandra 中访问一条数据的最低要求：分区键。

5.2.5 学习边，第三部分：遍历的物化视图

你将能够感受到主键设计区别的核心领域就是如何访问边。在使用边之前，你需要知道它的分区键。

正因为如此，我们还不能以相反的方向遍历边。因为在我们的例子中，系统中并没有以传入顶点标签的分区键开头的边。

还记得例 5-1 中的查询吗？

```
g.V().has("Customer", "customer_id", "customer_0"). // the customer
    out("owns").                      // walk to their account(s)
    in("withdraw_from", "deposit_to") // walk to all transactions
```

回忆一下第 4 章我们构建的结构，deposit_to 边从 Transaction 顶点指向 Account 顶点。但是，目前这个查询需要逆向的边：从 Accout 顶点到 Transaction。

应用刚刚学到的 DataStax Graph 中边的知识，可以了解这个错误发生的原因是磁盘上并不存在这个边。写入的边是从交易指向账户，但是没有反向的边存在。

如果想从账户遍历到交易数据，则需要存储逆向的边。在 DataStax Graph 中，由于性能影响，这并不是默认完成的操作，同理对关系型数据模型中的每一列进行索引也是一种反模式。

但是我们需要的是双向边，或者边包含两个方向。这个需求将我们引入本章最后一个技术主题。

双向边的物化视图

工程师们钟情 Apache Cassandra 的主要原因之一，是他们愿意用数据冗余来换取更快的数据访问速度。这就是物化视图与 DataStax Graph 发挥作用的地方。从用户视角来看，可以这样了解物化视图：

物化视图

物化视图在一个独立的表中用不同的主键结构创建并维护了一个数据的副本，而不是要求应用程序多次写入重复数据来创建你所需要的访问模式。

在这个概念下，DataStax Graph 使用物化视图来完成边的反向遍历。

为了说明这一点，例 5-3 演示了如何在现有边 deposit_to 上创建一个物化视图。

例 5-3：

```
schema.edgeLabel("deposit_to").
      from("Transaction").
      to("Account").
      materializedView("Transaction_Account_inv").
      ifNotExists().
      inverse().
      create()
```

例 5-3 在 Apache Cassandra 中创建了一个叫 "Transaction_Account_inv" 的表。该表的分区键是 acct_id，聚类列是 transaction_id。

例 5-3 中的完整主键为 (acct_id, transaction_id)。这种写法意味着完整的主键包含两部分数据：acct_id 和 transaction_id。第一个值 acct_id 是分区键，第二个值 transaction_id 是聚类列。

从用户视角来看，这使得我们可以通过 deposit_to 边从账户数据访问交易数据。为了更有说服力，检查一下磁盘上的数据，来查看存储在这两个数据结构之间的边。

可以通过查询 Apache Cassandra 的底层数据结构，来查看磁盘上 deposit_to 边的数据。有两个表需要查询。第一，查看一下原始表 Transaction_deposit_to_Account，可以在 DataStax Studio 中通过以下方式查询（结果如表 5-2 所示）：

```
select * from "Transaction_deposit_to_Account";
```

表 5-2：Transaction_deposit_to_Account 表中的数据布局

Transaction_transaction_id	Account_acct_id
220	acct_14
221	acct_14
222	acct_0
223	acct_5
224	acct_0

如下查询语句用于列出磁盘上物化视图中所有 deposit_to 的边标签，返回结果如表 5-3 所示：

```
select * from "Transaction_Account_inv";
```

表 5-3：Transaction_Account_inv 表中的数据布局

Account_acct_id	Transaction_transaction_id
acct_0	222
acct_0	224
acct_5	223
acct_14	220
acct_14	221

仔细看看表 5-2 和表 5-3 之间的区别。最容易看出来的点是交易涉及 acct_5。表 5-2中，这个边的分区键是 out_transaction_id，值为 223。聚类列是 in_acct_id，值是acct_5。

在表 5-3，也就是表 5-2 的物化视图中查看同一条边的结果。可以看到该边的不同键互换了。边的分区键是 in_acct_id，值是 acct_5，而聚类列则是 out_transaction_id，值是 223。这样，我们就拥有了示例中所需的双向边。

你想往下走多远

我们刚刚完成了为本书计划的关于 Apache Cassandra 主题的所有技术细节。我们对技术概念的解释只是从图应用工程师的角度对 Apache Cassandra 的内部概念进行了非常浅显的介绍。关于分布式系统中的分区键、聚类列、物化视图等，还有更多需要深入的内容。

我们鼓励更深入的研究，在这里推荐另外两种资源来帮助你实现目标。

第一，为了更深入地了解 Apache Cassandra 原理，可以考虑另一本 O'Reilly 的书，*Cassandra：The Definitive Guide*，Jeff Carpenter 和 Eben Hewitt 的第三版。

第二，为了更完整地了解分布式系统，可以查阅 Alex Petrov 的 *Database Internals：A Deep Dive into How Distributed Data Systems Work*（O'Reilly）[编辑注 1]。

接下来该做些什么

让我们从分布式图数据的底层原理抽身出来完成 C360 例子的最后一部分。结合讨论过的概念，我们可以得到更多关于数据建模的建议，结构优化以及一些新的实现 Gremlin查询的方法。这就是我们接下来要做的事。

编辑注 1：本书中文版已由机械工业出版社出版，书名为《数据库系统内幕》，书号为 978-7-111-65516-9。

124 | 第 5 章

5.3 节将 Apache Cassandra 中的键和视图的知识应用在 DataStax Graph 中进行数据建模的最佳实践中。

5.3 图数据建模 201

关于 DataStax Graph 中顶点和边布局的新知识开启了更多图数据建模的优化。让我们应用对分区键、聚类列和物化视图的理解，重新审视我们的第二组数据建模建议（第 4 章的 6 个经验法则）。

首先，回顾一下图结构现在是什么状况，如图 5-13 所示。

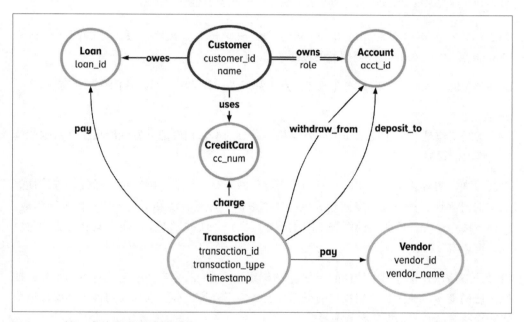

图 5-13：第 4 章的开发环境图结构

这给我们带来了下一个数据建模的建议。

经验法则 #7
边或者顶点的属性是可以重复的。使用反规范化来减少在查询中需要处理的元素个数。

为了说明这个经验法则，考虑一种场景，一个账户有成千上万的交易。当我们想要查询最近 20 笔交易的时候，在按时间筛选交易数据之前需要遍历该账户所有的交易。遍历所有边以访问所有交易数据，然后再对交易数据顶点进行排序是消耗巨大的查询。

我们能不能更聪明些，通过某种方式减少我们需要处理的数据量？

当然可以。具体说，可以在两个地方存储交易时间：交易数据的顶点和边。用这种方式，可以限制对边的遍历仅限于最近的 20 个。图 5-14 说明了边标签上冗余的时间属性。

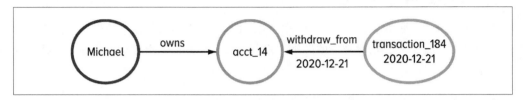

图 5-14：应用反规范化的技巧，在边和顶点上同时包含时间戳作为属性，来优化读性能

为了简化，图 5-14 仅展示了在 `withdraw_from` 边上添加的时间戳，对 `deposit_to` 和 `charge` 类型的边标签也应用同样的技巧。

这种类型的优化要求应用程序在边和顶点上都写入同样的时间戳，这叫作反规范化。

反规范化

> 反规范化是一种通过添加不同分组数据冗余副本，损失部分写性能来提升数据库读性能的策略。

重复属性，或者说反规范化，是一种非常流行的策略，平衡无限查询灵活性和查询性能之间的对立性。一方面，在图数据库中建模数据允许更灵活和更简单的多数据源集成。这种灵活性是开发团队选择图技术的主要原因之一，图技术天生具备更具表达力的建模和查询语言。

但另一方面，开发过程中糟糕的计划让许多团队对他们的生产图模型抱有不切实际的期望。他们更多地关注了数据模型的灵活性而牺牲了查询性能。当你使用很多类似反规范化的技巧之后，查询性能会有明显提升。

在你开始准备给自己的所有边添加属性和物化视图之前，先考虑以下经验法则。

经验法则 #8

让需要被遍历的边标签的方向决定图结构中边标签的索引。

带着这个经验法则，来做几件事。首先，建议你在开发模式下完成 Gremlin 的查询，就像第 4 章中所做的。然后用最后的那些查询来决定需要的物化视图。不需要索引所有的对象。

在 DataStax Graph 中有两种方式做这件事：自己实现或者告诉系统来完成。

首先来看一下自己找出索引的话应该怎么做。

为了识别何时需要索引，必须将 Gremlin 查询映射到图结构上。将查询映射到某种结构是本书中一直在练习的内容，图 5-15 可视化了这个过程。我们将在图结构中从头到尾绘制出第一个查询步骤，然后在该结构上逐步完成查询来确定需要边索引的位置。图 5-15 在图结构上绘制了例 5-4 中 Gremlin 查询的步骤。

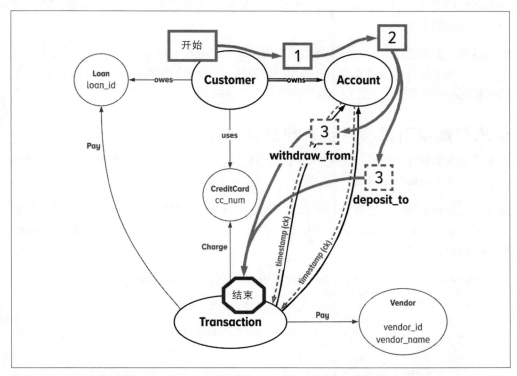

图 5-15：将查询映射到图结构上，以便找到在边标签上需要物化视图的位置

例 5-4：

```
1 dev.V().has("Customer", "customer_id", "customer_0").  // [START]
2       out("owns").                     // [1 & 2]
3       in("withdraw_from", "deposit_to"). // [3]
4       order().                         // [3]
5         by(values("timestamp"), desc). // [3]
6       limit(20).                       // [3]
7       values("transaction_id")         // [END]
```

让我们拆解一下图 5-15 和例 5-4。我们在图结构中映射了遍历过程的每一步查询。从开始到结束的方框，在图结构的元素上映射了一条灰色的路径，将查询的步骤与在整个结构的中遍历的位置相匹配。

可以这样思考在图结构中的遍历。通过唯一标识的某个客户来开始遍历，在查询和图结构中显示为 START。这是查询中的第 1 行。然后使用 owns 边访问客户的账户，用标注了 1 和 2 的方框表示。这是查询的第 2 行。方框 3 映射了对交易数据的处理和排序，对应着查询的第 3~6 行。END 代表遍历结束，对应查询的第 7 行。

图 5-15 中最重要的概念是步骤 3。查询语句遍历了入边标签 withdraw_from 和 deposit_to 来访问 Transaction 顶点标签。但是这在图结构中属于逆向边。所以在图 5-15 中用虚线表示。

当知道我们需要通过边的逆向才能完成遍历的时候，意味着这里需要一个物化视图。这是图 5-15 和例 5-4 中最重要的概念。我们认为最后一个示例是理解 Apache Cassandra 中的图数据的最重要的时刻之一，我们希望你已经掌握了。

使用智能索引推荐系统来找到索引

如果在你的脑海中处理所有这些内容会让你感觉陌生或者不自然，那么还有另一种方法：你可以让 DataStax Graph 为你做。

DataStax Graph 包含一个智能索引推荐系统 indexFor。想借助索引分析器发现某个遍历需要什么样的索引，你只需要在图 5-15 的遍历查询中执行 schema.indexFor(<your_traversal>).analyze()：

```
schema.indexFor(g.V().has("Customer", "customer_id", "customer_0").
                        out("owns").
                        in("withdraw_from", "deposit_to").
                        order().
                          by(values("timestamp"), desc).
                        limit(20).
                        values("transaction_id")).
            analyze()
```

因为我们已经为 deposit_to 创建了物化视图，所以这个命令行只输出了一个建议。输出包含以下信息，为了可读性已经进行了格式美化：

```
Traversal requires that the following indexes are created:
schema.edgeLabel("withdraw_from").
    from("Transaction").
    to("Account").
    materializedView("Transaction__withdraw_from__Account_by_Account_acct_id").
    ifNotExists().
    inverse().
    create()
```

本质上说，图 5-15 和 indexFor(<your_traversal>).analyze() 完成了同样的事情。它们都将遍历映射到图结构上来找到需要物化视图的位置。

与在第 4 章所完成的一样，当开发完所有的查询之后，你可以选择任一一种技术来找到生产环境的数据结构中需要索引的位置。手动的方式可以用于确定边的默认方向。如果只使用 indexFor(...).analyze()，你可能只会得到一些并没有实际用处的，仅仅是将边逆向之后找到的索引。

下一条建议适用于当你首次设置生产环境数据库的时候。

经验法则 #9
先加载数据，然后设置索引。

我们建议在应用索引之前加载数据，这样可以显著加快你的数据加载过程。是否能够采纳这个建议取决于团队的部署策略。

由于生产环境图数据库蓝绿部署的普及，这也是一种常见的加载策略。如果这也是你希望使用的模式，那么我们强烈建议先加载数据然后使用索引。关于最大限度减少宕机来部署资源，比如蓝绿部署模式，建议参考 Jez Humble 和 David Farley 的 *Continuous Delivery: Reliable Software Releases Through Build, Test, and Deployment Automation* (Addison-Wesley)。

最后一条建议。

经验法则 #10
仅保留生产查询所需的边和索引。

在从开发进入到生产，你可能会发现很多遍历数据时并不需要的边标签。这是意料之中的。当准备进入生产环境时，删掉这些并不需要的边标签，可以节省硬盘空间以及花在存储这些内容上的时间。

让我们将前面介绍的新的数据建模建议应用到第 4 章中建立的开发的图结构中。在后续章节我们会使用全新的示例，所以这也是本书中最后一次使用这个示例和相关数据。

5.4 生产环境的实现细节

本章剩余的实现内容代表了 C360 示例最终的生产版本。

首先，我们给 C360 示例添加必需的物化视图；然后学习如何通过 DataStax Bulk Loader 加载数据；最后，我们基于这些优化来回顾和更新 Gremlin 查询语句。

5.4.1 物化视图以及在边上添加时间

我们对开发模式的图结构做一些修改。首先，为了减少每次查询需要处理的数据量，需要找到在哪里给边添加时间属性。

让我们通过图 5-16 来说明示例中的问题 2。图 5-16 展示了 Gremlin 查询的步骤。

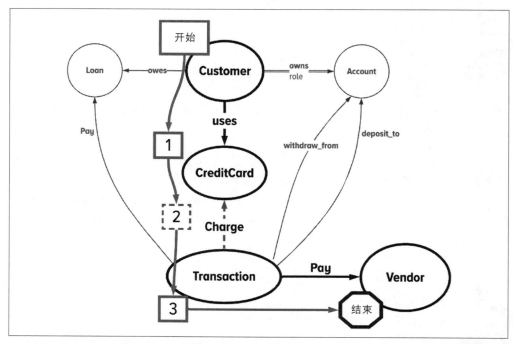

图 5-16：将问题 2 与开发阶段的图结构映射，找到为了减少数据量需要反规范化的位置

例 5-5：

```
dev.V().has("Customer", "customer_id", "customer_0").  // Start
    out("uses").                        // 1
    in("charge").                       // 2
    has("timestamp",                    // 2
        between("2020-12-01T00:00:00Z", // 2
        "2021-01-01T00:00:00Z")).       // 2
    out("Pay").                         // 3
    groupCount().                       // End
    by("vendor_name").                  // End
    order(local).                       // End
    by(values, decr)                    // End
```

对比图 5-16 和例 5-5，说明了生产环境下的两种图结构。首先，可以使用反规范化来优化这个查询。目前，时间属性仅存储在 Transaction 顶点上。如果对 timestamp 属性反规范化并存储在 charge 边上，就可以减少数据遍历中需要处理的边的数量。这在图 5-16 和例 5-5 中通过带有注释 "2" 标签的行完成。

同时在图 5-16 中可以看出，查询发生在了 charge 边的逆向上。这意味着在这类边标签上需要另一个物化视图。代码如下：

```
schema.edgeLabel("charge").
        from("Transaction").
        to("CreditCard").
        materializedView("Transaction_charge_CreditCard_inv").
        ifNotExists().
        inverse().
        create()
```

通过同样的映射方式，我们找到了三处需要使用反规范化来优化查询的地方。这种优化通过在磁盘上对边进行排序，减少了遍历中需要处理的数据量。更具体点，通过在 withdraw_from、deposit_to 和 charge 三类边标签上添加 timestamp 属性，可以减少查询过程中需要处理的数据量。

5.4.2 C360 最终生产版本

我们通过探索图结构、查询语句以及数据集成，不断交互迭代构建了 C360 示例。综上，技术概念和前期的讨论已经完成了 C360 最终生产版本，如图 5-17 所示。

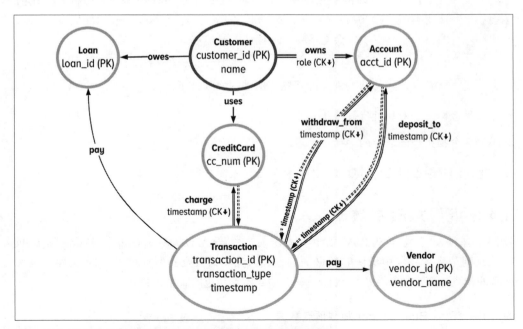

图 5-17：第 4 章中基于图的 C360 应用程序实现的数据模型

这里所做的调整就是反规范化，在遍历涉及的边标签上添加 `timestamp` 属性。

边标签的最终版本的代码如例 5-6 所示。

例 5-6：

```
schema.edgeLabel("withdraw_from").
      ifNotExists().
      from("Transaction").
      to("Account").
      clusterBy("timestamp", Text). // sort the edges by time
      create();

schema.edgeLabel("deposit_to").
      ifNotExists().
      from("Transaction").
      to("Account").
      clusterBy("timestamp", Text). // sort the edges by time
      create();

schema.edgeLabel("charge").
      ifNotExists().
      from("Transaction").
      to("CreditCard").
      clusterBy("timestamp", Text). // sort the edges by time
      create();
```

 为了使本书中的例子更容易学习，我们使用了 Text 类型代表时间，查询时使用类似 "2020-12-01T00:00:00Z" 的字符串。`timestamp` 属性类型比 Text 的存储空间更小，会是最终应用程序的最佳选择。

综上所述，从开发模式的结构到生产环境，所需的修改如下：

1. 在五种边标签上对属性反规范化。

2. 添加 3 个物化视图以逆向遍历 3 个边。

接下来详细介绍如何使用批量加载工具将数据导入图数据库。

5.4.3 批量加载图数据

我们创建了一个脚本从 CSV 文件中将所有数据导入 DataStax Graph。DataStax Bulk Loader 则是生产环境中最快的数据加载方式。我们为数据模型提供了 CSV 文件，包含所有的顶点标签和边标签。让我们看一下加载顶点和边的正常流程。

通过 DataStax Bulk Loader 加载顶点数据

让我们看看表 5-4 中包含的所有顶点数据文件和每个文件的简要说明。

表 5-4：本章例子中使用到的所有顶点数据的 CSV 文件列表

顶点文件	描述
Accounts.csv	账户 ID，每行一个
CreditCards.csv	信用卡 ID，每行一个
Customers.csv	客户细节，每行一个
Loans.csv	贷款 ID，每行一个
Transactions.csv	交易细节，每行一个
Vendors.csv	供应商细节，每行一个

以 Transaction.csv 为例了解一下如何通过 DataStax Bulk Loader 加载顶点数据。Transaction.csv 文件前五行如表 5-5 所示。每一行包含交易信息的三部分，对应我们的图结构。在表 5-5 中也可以看到所有的交易信息类型都是 unknown，因为遍历的目的之一就是根据图结构来更新这个属性值。

表 5-5：Transaction.csv 文件的前五行数据

transaction_id	timestamp	transaction_type
219	2020-11-10T01:00:00Z	unknown
23	2020-12-02T01:00:00Z	unknown
114	2019-06-16T01:00:00Z	unknown
53	2020-06-05T01:00:00Z	unknown

表 5-5 中最重要的行就是标题行。在配套的加载脚本中，标题行作为文件和数据库之间映射的基础配置。DataStax Graph 中的标题行字段和属性必须匹配。

如例 5-7 所示，可以通过批量加载的命令行一次性加载整个 CSV 文件。

例 5-7：

```
1  dsbulk load -url /path/to/Transactions.csv
2             -g neighborhoods_prod
3             -v Transaction
4             -header true
```

例 5-7 是最基本的在本地加载顶点数据的方式。第一行的第一部分，dsbulk load，从命令行调用加载工具，然后是四个参数，顺序不限，-url、-g、-v 和 -header。

1. -url：指示 CSV 文件加载路径

2. -g：图名称

3. -v：顶点标签

4. -header：指定应根据文件标题映射数据

DataStax dsbulk 文档（*https://oreil.ly/EdvO5*）中包含所有其他加载选项的细节，包括加载到分布式集群，配置文件等。

接下来我们看看边数据和加载过程。

通过 DataStax Bulk Loader 加载边数据

表 5-6 包含了所有边的数据文件和每个文件的简要说明。

表 5-6：本章示例中使用到的所有边数据的 CSV 文件列表

边文件	描述
charge.csv	charge 边从 Transaction 到 CreditCard
deposit_to.csv	deposit_to 边从 Transaction 到 Account
owes.csv	owes 边从 Customer 到 Loan
owns.csv	owns 边从 Customer 到 Account
pay_loan.csv	pay 边从 Transaction 到 Loan
pay_vendor.csv	pay 边从 Transaction 到 Vendor
uses.csv	uses 边从 Customer 到 CreditCard
withdraw_from.csv	withdraw_from 边从 Transaction 到 Account

让我们以 deposit_to.csv 为例了解一下如何通过 DataStax Bulk Loader 加载边数据。deposit_to.csv 文件前五行如表 5-7 所示。每一行包含 deposit 信息的三部分，对应图结构：transaction_id、acct_id 和 timestamp。

表 5-7：deposit_to.csv 文件的前五行数据

Transaction_transaction_id	Account_acct_id	timestamp
185	acct_5	2020-01-19T01:00:00Z
251	acct_5	2020-07-25T01:00:00Z
247	acct_5	2020-03-06T01:00:00Z
214	acct_14	2020-06-11T01:00:00Z

表 5-7 中最重要的行就是标题行。DataStax Graph 中的标题行字段和表结构必须匹配。DataStax Graph 为作为主键一部分的边属性自动生成列名。自动生成的名字将顶点标签连接在属性名称之前，比如 Transaction_ 放在 transaction_id 之前，Account_ 在 acct_id 之前。

如例 5-8 所示，可以通过批量加载的命令行一次性加载整个边 CSV 文件。

例 5-8：

```
1  dsbulk load -url /path/to/Transactions.csv
2              -g neighborhoods_prod
3              -e deposit_to
4              -from Transaction
5              -to Account
6              -header true
```

例 5-8 是最基础的在本地加载边数据的方式。第一行的第一部分，dsbulk load，从命令行调用加载工具，跟前一个例子一样。然后是六个参数，顺序不限，-url、-g、-e、-to、-from 和 -header。-url 参数指明 CSV 文件所在位置，-g 表示图的名称，-e 代表边标签，-from 表示出边顶点标签，-to 表示入边顶点标签，-header 指明是否根据文件标题行映射数据。

配套的脚本包含了如何加载本章的所有顶点标签和边标签的数据，以及本书所有的例子。可以参考本书 GitHub 目录（*https://oreil.ly/GtEI5*）获取每章的数据和加载脚本。

在本书的后续部分你还会看到非常多的 DataStax Graph 批量加载数据的例子。在这里，先继续下一个阶段：通过 Gremlin 查询图数据。

5.4.4 基于边的时间属性更新 Gremlin 查询

我们已经更新了边标签和索引，接下来重新审视一下每个查询和返回结果。这些查询与第 4 章中的查询一致，但是这里已经发生了两个变化。第一，可以使用生产环境遍历源 g。我们已经从开发模式演进到了为生产环境的应用程序编写查询。第二，需要使用新的生产图结构来更新每个查询。除了物化视图之外，还可以使用边的时间属性。

从第一个问题开始。

问题 1：Michael 账户的最近 20 笔交易是什么？

我们为图结构和数据所做的所有工作都是为了简化例 5-9 中的查询，来回答第一个问题。

例 5-9：

```
g.V().has("Customer", "customer_id", "customer_0").
    out("owns").
    inE("withdraw_from", "deposit_to"). // uses materialized view on deposit_to
    order().                            // sort the edges
      by("timestamp",desc).            // by time
    limit(20).                          // walk through the 20 most recent edges
    outV().                             // walk to the transaction vertices
    values("transaction_id")            // get the transaction_ids
```

返回结果与之前一致，但是查询过程通过对边进行排序，需要处理的数据量减少：

"184", "244", "268", ...

第 4 章示例与上述问题的区别主要是添加了一个简单字母：E。查询中用 inE() 替换了 in()。这一个字母的变化使用了物化视图和排序后的边。

为了深入细节，先回忆一下开发模式下如何遍历数据。在第 4 章，in() 忽略边的方向，直接访问了对应的顶点，然后对顶点对象排序。这是最简单的遍历数据的方式。

然而在生产环境，需要确保查询仅处理必需的数据。例 5-9 中，通过 inE() 优化查询，通过时间属性对所有边进行排序，然后仅遍历时间最近的 20 条边。

边排序需要图结构中的三个概念。第一，我们使用在 deposit_to 和 withdraw_from 边标签上构建的物化视图；第二，由于磁盘上 deposit_to 边标签按时间有序排列，所以我们使用了该边的聚类键；第三，由于磁盘上 withdraw_from 边标签也是按时间排列的，所以我们也使用了该边的聚类键。

这是一个小修改（从 in() 到 inE()）带来的重要的优化。接下来看一下如何利用新结构来优化第二个查询。

问题 2：12 月，Michael 在哪些商店购买过商品以及购买频率如何

我们使用同样的模式优化这个查询。期望可以利用 charge 边的对 time 属性的反规范化，最大限度减少需要处理的数据。Gremlin 查询如例 5-10 所示。

例 5-10：

```
g.V().has("Customer", "customer_id", "customer_0").
    out("uses").
    inE("charge").                              // access edges
        has("timestamp",                        // sort edges
            between("2020-12-01T00:00:00Z",     // beginning of December 2020
            "2021-01-01T00:00:00Z")).           // end of December 2020
    outV().                                     // traverse to transactions
    out("pay").hasLabel("Vendor").              // traverse to vendors
    groupCount().
      by("vendor_name").
    order(local).
      by(values, desc)
```

返回查询结果与之前一致：

```
{
  "Target": "3",
  "Nike": "2",
  "Amazon": "1"
}
```

例 5-10 中所做的变更和优化与例 5-9 相同。这次，我们使用 inE() 仅访问入边。通过聚类键 timestamp 在边上使用范围函数。一旦我们找到了某个范围内的所有边，就移动到交易顶点并继续遍历，如第 4 章一样。

到了第 4 章中的最后一个查询。

问题 3：找出并更新 Jamie 和 Aaliyah 的最大笔交易：从他们的账户支付抵押贷款。

在进入这个查询的最终版本之前，先来思考一个查询会涉及的数据。在这个查询中，从 Aaliyah 开始，找到账户下所有的提款交易。这部分不涉及数量或者时间的限制。需要找到全部数据，这意味着我们不会对边使用时间范围。

此外，这个查询的每一步使用的都是现有结构中的出边标签。因此，我们也不需要任何物化视图，仅使用现有边就可以满足查询。因此，只需要切换为使用生产环境遍历源，这个查询的优化就完成了，如例 5-11 所示。

例 5-11：

```
g.V().has("Customer", "customer_id", "customer_4").    // accessing Aaliyah's vertex
    out("owns").                                       // walking to the account
    in("withdraw_from").                               // Only consider withdraws
    filter(
            out("pay").                    // walking out to loans or vendors
            has("Loan", "loan_id", "loan_18")).        // only keep loan_18
    property("transaction_type",    // mutating step: set the "transaction_type"
                "mortgage_payment").  // to "mortgage_payment"
    values("transaction_id", "transaction_type")       // return the id and type
```

返回结果与第 4 章完全一致：

```
    "144", "mortgage_payment",
    "153", "mortgage_payment",
    "132", "mortgage_payment",
    ...
```

通过例 5-11，我们已经完成了从开发到生产结构和查询的转换。我们鼓励你参考 4.5 节，应用同样的思考过程来为应用程序创建更灵活和有效的查询。

5.5 更复杂的分布式图问题

从第 4 章过渡到本章介绍的主题和生产环境的优化，是学习如何在 Apache Cassandra 中处理图数据的最后一个阶段。在这个过程中，你会先遇到限制和约束，然后是解决方案。随着不断深入我们会看到更多这样的内容，但是迭代速度更快。

从开发到生产的 10 条经验法则

第 4 章介绍了将数据映射到分布式图数据库的数据建模经验法则。本章则用优化生产图数据库的特定方法来扩充这些经验法则。回顾一下这 10 条经验法则，它们伴随我们从开发模式走向生产（图 5-18）。

这 10 条经验法则是新数据集和用例开始的基础。在后续的章节中我们还会不断地重复使用。当我们探索分布式图形应用程序的不同结构时，还会发现更多经验法则添加到此列表中作为补充。

序号	经验法则
1	如果想从某些数据开始进行图遍历，请将该数据设为顶点。
2	如果你需要一个数据来关联不同的概念，请将该数据设为边。
3	顶点－边－顶点的关系读来应该类似你的查询语句或者短语。
4	名词和概念应当构建为顶点标签。动词应当是边标签。
5	在开发的时候，让边的方向反映你对领域数据的观点。
6	当你需要对一类数据进行部分查询时，请使用属性。
7	边或者顶点的属性是可以重复的。 使用反规范化来减少查询中需要处理的元素个数。
8	让需要被遍历的边标签的方向决定图结构中边标签的索引。
9	先加载数据，然后设置索引。
10	仅保留生产查询所需的边和索引。

图 5-18：最重要的 10 条图数据建模经验法则

从这里开始，我们认为你已经准备好解决更深层次和更复杂的图问题，例如，路径、递归遍历、协同过滤等。

目前，最优秀的图用户是那些愿意通过反复试验来学习的人。我们收集了他们迄今为止所学的知识，并在接下来的章节中以新用例为背景介绍这些细节。

正如我们所见，通过新技术和新思维的方式获得驱动力是一种经历。我们已经介绍了迄今为止其他人已经达到的里程碑。有了这些，你已准备好与我们一起在生产应用程序中应用图思维来解决更复杂的问题。

第 6 章中，我们将了解人们把图思维扩展到数据中的最常用的方式之一，结合这种方式，我们要解决在传感器的自组织通信网络中关于边缘计算和分层图数据的一个复杂问题。

在开发环境中使用树

用于探索邻接点的 C360 应用程序是目前最流行的分布式图技术的使用场景。通过这个例子，我们也会了解分布式系统、图论和函数式查询语言中的很多概念。

那还有什么呢？

在接下来的两章中，在理解数据邻接点的基础上，我们将图思维应用于分层数据。

分层数据
   分层数据表示自然组织成依赖关系的嵌套层次结构的概念。

在撰写本章时，结构化的分层数据是分布式图应用程序中所使用的第二大主流数据形式。

6.1 本章预览：导航树、分层数据和循环

6.2 节介绍多个来自真实世界的分层数据示例。伴随着新的数据形式而来的一大波技术术语，会在 6.3 节中借助示例加以说明。6.4 节则介绍示例中所解决的问题、使用的数据和结构。对于我们的数据，可以使用两种查询模式来处理分层数据。6.5 节将介绍第一种查询模式，自底向上。6.6 节将介绍另一种自顶向下的查询模式。

6.6 节中的查询模式将揭示在生产应用程序中处理深度嵌套数据的最困难的方面之一。我们在本章结束时将介绍故障是如何发生的，为第 7 章解释为什么以及如何在生产环境中修复它们奠定基础。

6.2 分层和嵌套数据

通常，我们已经习惯使用图来描述日常生活中遇到的概念里的嵌套结构。比如，经常可以看到的产品结构、版本控制系统或者人员的数据。下面我们将深入研究三个示例，了

解如何用图来表达嵌套数据。

6.2.1 物料清单中的分层数据

第一个探索真实世界中分层数据的场景，就是物料清单（Bill of Materials，BOM）应用
程序。BOM 应用程序通过关联在端到端流水线中创建产品所需的原材料、组件、零件
和数量的嵌套依赖关系来描述产品的结构。图 6-1 展示了建造波音 737 飞机所需的物料
关系。

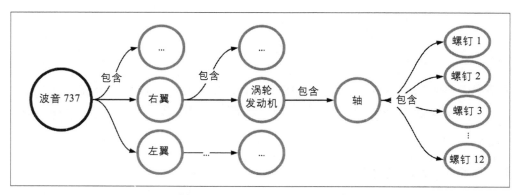

图 6-1：物料清单场景下的分层数据示例

当考虑制造飞机所需的 BOM 时，就可以看到数据的自然层次结构或"嵌套性"。思考这
个问题：制造一架波音 737 需要多少螺钉？这个问题的答案可以通过遍历构成飞机的组
件的层次结构来回答：一架飞机有两个机翼，每个机翼有一个涡轮发动机，每个发动机
的轴需要 12 个螺钉，等等。

当我们谈论 BOM 中的层次结构时，谈论的是对飞机的每个部分进行相同的解构，以计
算出构建整个对象所需的螺钉总数。这种类型的分层数据结构存在于制造工厂、装配线
和无数工业制造领域。

6.2.2 版本控制系统中的分层数据

分层数据结构同样可以在软件工程领域看到。最常见的以及我们用于补充本书内容的一
种就是 Git。

Git 的版本控制系统形成了一种层次结构，你可以认为这个版本控制系统包含三个独立
的树结构：工作目录、索引和头部。版本控制系统中的每棵树都有各自不同的目的：写、
暂存或者提交变更。为了解释这一点，图 6-2 形象地说明了如何在每个更改状态之间观
察到项目依赖图。

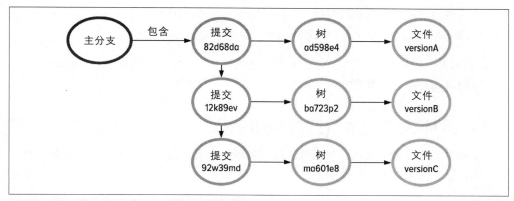

图 6-2：软件开发里版本控制中的分层数据示例

你也可以把 Git 看作一条链式结构。从这个角度，可以认为版本控制系统使用分叉创建了一个依赖链。不管用哪一种方式，Git 版本控制系统中的数据都形成了嵌套层次结构。

接下来看一下第三个例子，另一个可以看到分层数据的场景。

6.2.3 自组织网络中的分层数据

自然形成的分层数据的最后一个例子可以在人们如何自组织中找到。有两个主要的场景：家谱和公司的层次结构。要真正将层次结构及其关系带入图数据结构中，可以从自己的家庭关系入手。尽可能远地思考一下，也许可以追溯到曾曾祖母。在家族信息中，从很久以前的祖先到你自己，形成了跨越多个层级的父母和孩子的层次结构。家族中的亲子关系，是自然数据中层次结构的最佳示例之一。

我们在员工队伍中创建相同类型的组织，图 6-3 展示了一个公司层次结构的示例。

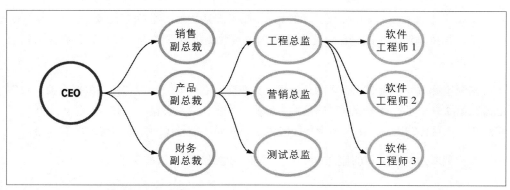

图 6-3：公司结构中的分层数据示例

公司的层次结构与家谱树类似。领导与员工的关系与家庭中的亲子关系相同。我们分组工作，并按照与自己相似的结构组织团队。CEO 有一个副总裁团队，每个副总裁都有一个总监团队，而总监管理个人贡献者组成的团队。

很高兴我们已经意识到如何用嵌套的数据关系表达常见概念，接下来让我们探讨为什么这种数据目前是图技术的第二大主流技术。

6.2.4 为什么对分层数据使用图技术

图技术能够更加自然地表示具有嵌套关系的数据，而更自然的数据表示产生更易于维护的代码，使得开发团队更有效率。

举个例子说明，在准备撰写本书的过程中，我们与全世界的图技术用户开展了众多讨论，其中一个资深使用者告诉我们，他的团队将 HBase 150 行的查询转换为 20 行的Gremlin。这就是工程师团队采用图技术来建模、存储并且查询分层的结构化数据的确切原因。

代码库的简化以及由此带来的开发效率的提高，一直是我们与用户对话的主题。这鼓励更多的团队使用分布式图技术来建模、推理和解决自然分层数据中的复杂问题。

那么，公司组织结构、版本控制系统以及产品结构数据有什么共同之处呢？

当我们查看每个概念的数据时，都会看到嵌套或者分层的数据。在图技术领域，这种层次结构被称为树。

为了打好基础，我们来看看新一轮的技术术语，这样就可以开始学习数据森林中的树了。

6.3 在纷繁的术语中找到出路

本节汇集了来自数据库和图论社区的术语。像层次结构这种数据存储模型的相关概念，一直是数据库领域的热门词汇。定义了数据中可观测结构的术语，比如树和森林，则起源于图论。

术语来源于哪里并不重要，重要的是能够区分概念与存储有关还是与样本数据有关。我们已经在第 2 章中了解到图数据和图结构中的概念是多么容易混淆了。在分层数据中我们还将经历一次这样的困惑。来自多个社区的术语不断混淆解释了为什么图技术很难掌握。

为了帮你驾驭这两个世界的概念，来看一些能够说明关键术语的例子。

6.3.1 树、根和叶子

虽然没有定义，但是我们已经使用过几次"树"这个概念了。下面是树的定义：

树

> 树是没有环的连通图。

在 6.3.2 节我们才会定义什么叫环（cycle）。在这里，回忆一下公司的层次结构示例，来看看现实版本的树形数据是什么样子的。图 6-4 说明了从 CEO 向下到软件工程师形成的树结构。

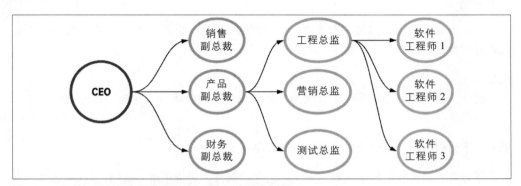

图 6-4：作为图论中树的示例——公司层次结构的可视化

通过图 6-4 中的边可以看出，每个顶点只有一条入边。如果你对自己公司的组织结构树建模，并且与竞争对手公司的结构进行对比，你可以看到两棵树的结构。两棵树一起可以称之为森林。是的，数学家在想出这些官方的图论术语时有一点幽默。看一下双关语！

分层数据中的两种特殊类型的顶点：父节点和子节点。

父节点

> 父节点就是在层次结构中的更高一级（相对于子节点）的节点。

子节点

> 子节点就是在层次结构中低于父节点一级的节点。

你可以在图 6-4 中找到对应的例子。图 6-4 中，产品副总裁是营销总监的父节点，营销总监是产品副总裁的子节点。

以下定义解释了根和叶子节点如何对应分层数据中父子依赖关系的传统理解。

根节点

> 根节点是最顶层的父节点。根节点是层次结构中依赖链的开始。

叶子节点

> 叶子节点是层次结构中依赖链中的最后一个子节点，叶子节点度数为 1。

对照图 6-4，CEO 节点是根节点，每个软件工程师都是叶子节点。

6.3.2 遍历深度、路径和环

在应用程序中通常通过以下三种方式引用分层数据：通过邻接点、通过深度或者通过路径。

第一，应用程序通过父节点或者子节点使用分层数据。从一个节点出发，要么向上一层找到父节点，要么向下一层找到所有子节点。这与之前几章对图数据所做的邻接点遍历非常类似。

第二，应用程序通过远离根节点或者叶子节点的距离来找到分层数据。我们使用深度来代表分层数据中的距离。

深度

　　在分层数据中，深度是图中任意节点到其根节点的距离。一棵树的最大深度是从它的根节点开始计算的。

来看一下我们的公司组织结构分层数据中的深度。

当你联想到公司内的汇报层级时，可能就会考虑到每个职位距离 CEO 有多远。图 6-5 为我们提供了这种自然联系的官方术语。参考图 6-5 的层级关系，产品副总裁与 CEO 的距离为 1，工程总监与 CEO 的距离为 2，软件工程师与 CEO 的距离则是 3。

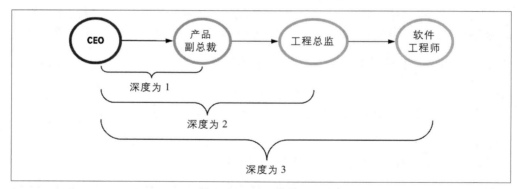

图 6-5：以公司组织分层数据为例理解树形数据中的深度概念

在应用程序中使用分层数据的第三种方式，则需要了解两段数据之间的完整依赖链。访问完整的数据依赖链需要遍历从根到叶子节点的数据，反之亦然。这引入了三个有用的术语。

遍历

　　图的遍历是指一系列访问经过的顶点和边。顶点和边可以重复。

路径

　　图中的路径是指一系列访问经过的顶点和边，而路径中的顶点和边不可以重复。

环

环是起点和终点相同的路径。

图 6-6 展示了公司树中，从根节点到叶子节点的路径。

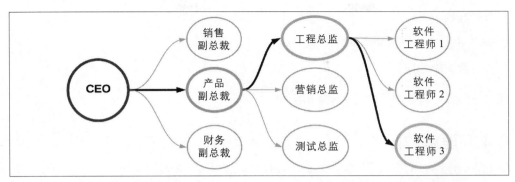

图 6-6：遍历公司层次结构，展示从其根节点（CEO）到叶子节点（某个软件工程师）的路径

图 6-6 中的路径，从 CEO 经历了两个不同层级到达某个软件工程师，之所以被称为路径，是因为所有沿线的数据都只使用了一次。换句话说，示例的路径中不包含任何重复的边或者节点：CEO-> 产品副总裁 -> 工程总监 -> 软件工程师 3。

分层数据能够自然转化为我们思考和推理的方式，这正是团队使用图技术的原因。我们使用图技术表示、存储和查询分层数据的方式能够很好地匹配我们自然的思考方式。

现在我们了解了相关术语，接下来预热一下后两章会用到的例子。

6.4 通过传感器数据学习层次结构

只要你使用电，那么你大概率每时每刻都在为分布式数据层次结构做贡献。

按每小时来说，你只需要按一下家或者公司的电灯开关，就可以成为分布式、分层图数据结构的一部分。你的电力供应商大概每隔 15 分钟就跟踪一次家庭或工作场所使用的能源总量。这些数据被收集并发送给电力公司，随后进行汇总。

电力公司甚至可以通过电力链中的自组织传感器网络将这些数据从一个电力接收者分发到另一个电力接收者。通过自组织网络传输这些数据，是我们遇到过的最完美、动态的分层图问题之一。

本章中的示例模拟了在传感器和电力塔的自组织网络中发现的动态和分层通信网络，比如从家传递到电力公司的电压水平。

为了让这个示例更生动，我们要求你将自己看作一家虚构的电力公司 Edge Energy 的数据工程师。你的目标是理解和对 Edge Energy 通信网络中的层次结构建模，并完成查询任务。

我们建议团队分三个步骤解决这类新问题：

1. 理解数据。

2. 使用 GSL 表示方法构建概念模型。

3. 创建数据库结构。

接下来的内容就是按照这三个步骤组织的。

6.4.1 理解数据

Edge Energy 公司在任何家庭或企业收集的数据都用于不同场景下的报告，比如实时审计。公司需要准备应对的最复杂的问题就是：如果某一个通信塔倒塌了怎么办？

为了帮助你想象这个场景，请参考图 6-7 中 Edge Energy 局部网络的放大快照。

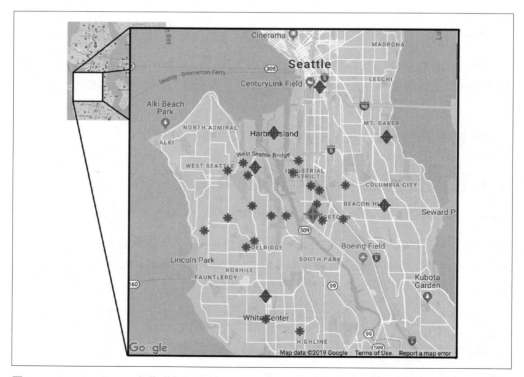

图 6-7：Edge Energy 在华盛顿州西雅图的一个社区乔治敦周围使用的传感器和通信塔的可视化展示（为了图像清晰，未显示网络边缘）

图 6-7 展示了 Edge Energy 的传感器（星号）和通信塔（菱形），我们用灰色标记了其中一个通信塔。最终，在接下来两节的例子中必须回答这个问题：如果灰色标记的通信塔倒塌，Edge Energy 的传感器数据会发生什么？即 Edge Energy 希望评估某一个塔的故障对整个网络中传感器数据的可访问性的影响，以便公司可以为不同的故障场景做好准备。

这个问题中，必须先理解一个通信塔的定位。理解了其中一个后，我们才能理解任意一个通信塔在整个网络中的影响。在第 7 章末尾我们所能获得的答案一定会让你大吃一惊。

让我们先来看看如何在 Edge Energy 的传感器和塔的网络中构建动态和具有层次结构的图。

在 Edge Energy 的网络中，传感器主要有两个作用：第一，传感器读取分配给它的住所或企业的数据；第二，在一个时间间隔内，每个传感器将其数据传送到网络中的另一个可用点——附近的传感器或塔。传感器的目标是让每个数据最终通过该网络到达通信塔并返回 Edge Energy 的监控系统。

在图 6-8 中，我们放大了西雅图市另一个区域的网络。

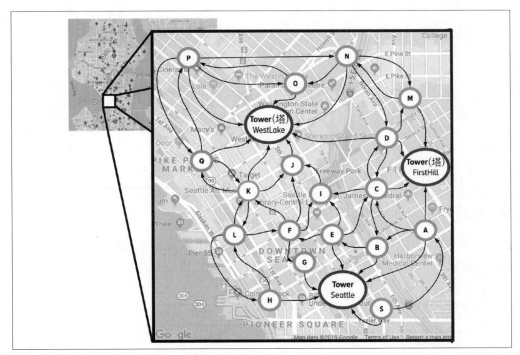

图 6-8：西雅图市中心区域内局部放大的通信网络

在图 6-8 中我们看不到数据的层次属性，但接下来你会看到这一点。

像我们之前提到的，应用程序对分层数据进行查询时有两个模式：自底向上和自顶向下。

数据中的层次结构：自底向上

在开始写代码查询之前，先花点时间浏览和理解我们的数据。

我们尝试在 Edge Energy 的传感器网络中理解数据的第一种方式是了解传感器的数据是如何到达通信塔的。让我们看一下图 6-9 中来自 Sensor S 的数据如何在整个网络中共享，以将其读数传递给通信塔。

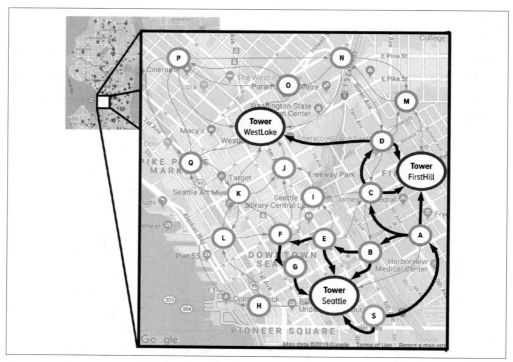

图 6-9：从传感器向通信塔传递数据的示例

图 6-9 强调了一种遍历：一天内从 Sensor S 到附近的塔。如果你追踪每一条遍历路径，则会发现从 Sensor S 到任何塔的多条独特路径。示例路径包括：

```
S → Seattle
S → A → FirstHill
S → A → C → FirstHill
S → A → C → D → FirstHill
S → A → C → D → WestLake
```

用另一种方式来看这个例子。图 6-10 展示了对应图 6-9 中的层次结构。

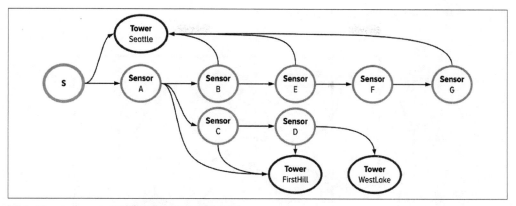

图 6-10：Sensor S 到多个塔顶点的层次结构

图 6-10 中的数据说明了数据的无界和分层性质。从 Sensor S 出发的路径有的距离为 1，而有些距离为 5。图 6-11 展示了如何在这个层次结构中快速找到路径的距离。

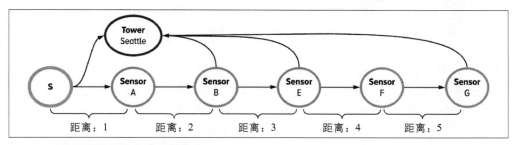

图 6-11：理解示例数据中路径的距离

从图 6-11 可以看出，Sensor S 到 Seattle 塔的距离可以是 1、3、4 或 6。距离为 1 的路径是 Sensor S → Seattle。距离为 3 的路径是 Sensor S->A->B->Seattle。距离为 4 的路径是 Sensor S->A->B->E->Seattle。距离为 6 的路径是 Sensor S->A->B->E->F->G->Seattle。

通过某些层次结构，每个传感器读取的数据最终都会到达一个通信塔。

在现实世界中，这些传感器可以自由地与附近的任何传感器或塔进行通信。这意味着图中的层次结构是动态并且不断变化的。这些动态网络在 Cassandra 中创建了时间序列数据与图结构的最美妙混合。

我们了解了如何自底向上地理解数据，现在换个方向，自顶向下地来探索一下从通信塔到传感器的动态网络。

数据中的层次结构：自顶向下

第二种数据查询方式就是自顶向下：从通信塔到传感器。图 6-12 放大了我们的示例数据，显示从 WestLake 塔分两步即可到达的数据。

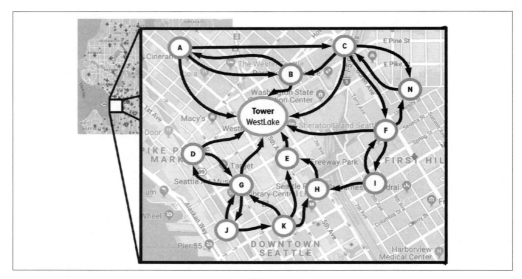

图 6-12：连接到 WestLake 塔路径距离为 2 的相邻传感器

图 6-12 展示了从 WestLake 塔路径距离为 2 处可到达的传感器。通过边可以看到，传感器 A、B、C、F、E、G 和 D 与 WestLake 塔距离为 1。在分层数据中，可以称传感器 A、B、C、F、E、G 和 D 距离根节点 WestLake 深度为 1。传感器 J、K、H、I 和 N 与 WestLake 塔距离为 2。在分层数据中，可以称传感器 J、K、H、I 和 N 距离根节点 WestLake 深度为 2。

我们从图 6-13 中更容易看出分层结构和每个传感器的深度。

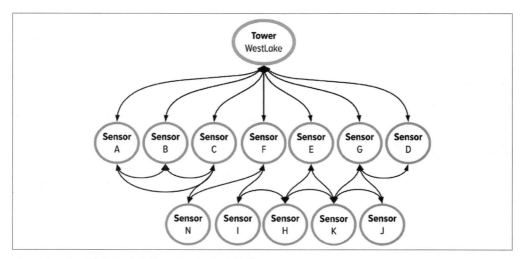

图 6-13：在示例数据中理解距离根节点的深度

图 6-12 和 6-13 展示了相同的数据。我们正在研究如何将对分层数据自顶向下地进行遍历。

需要意识到的最重要的概念之一是，这里的示例代表现实世界的层次结构，所以不存在完美的树形结构。这里的层次结构比较混乱，包含了循环。

为了更清楚这一点，我们讨论一下如何在这个数据集及其现实世界的版本中创建边。

学习传感器层次结构中的边

接下来的查询包含了传感器通信层次结构的上下各个方向。以下规则适用于传感器和塔之间存在的边：

1. 边从任意传感器出发，并到达相邻的传感器或塔。

2. 不存在自循环，传感器不能为自己添加边。

自循环和环不同。自循环指一条边从同一个顶点出发指向自身。环是一系列的边，开始顶点和结束顶点相同。网络中可以有环，但是不能有自循环。

我们在数据集中应用边的分层结构来展示 Edge Energy 如何在其应用程序中使用边：

1. 边连接在一起构成了遍历路径。

2. 遍历路径代表从传感器到塔的通信。

3. 遍历从传感器开始，以通信塔结束，反之亦然。

到这里，我们完成了三个步骤中的第一个。接下来从理解数据进入到查询驱动的数据建模。

6.4.2 使用 GSL 表示方法构建概念模型

通过示例及其提供的数据，我们的目的是深入了解 Edge Energy 传感器形成的动态网络。希望将用于共享传感器数据的路径报告给通信塔，以便我们了解故障场景。为了达成这个目标，我们将专注于以下查询：

1. 传感器的数据通过什么路径将信息传递给通信塔？

2. 哪些传感器与某个指定塔进行通信？

3. 塔的关闭、丢失或发生一般故障的影响是什么？

结合对数据、上述查询以及前几章的数据建模建议的理解，我们为示例奠定了一个非常基础的数据库结构，如图 6-14 所示。

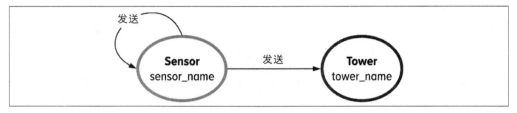

图 6-14：本章示例的开发环境数据结构的初始态

图 6-14 遵循了我们建议的数据建模的最佳实践，通过查询驱动的建模完成了一个图数据库的基本结构。正如在本书中做过的那样，我们创建了两个顶点类型，代表了该数据中的主要实体：传感器和塔。为了展示传感器如何与 Edge Energy 通信，创建一个边标签 send，代表从传感器顶点标签发送到塔顶点标签。为了说明传感器如何与其他传感器通信，我们创建了一个指向自身的边标签 send，起点和终点都是代表传感器类型的顶点标签。

回想第 2 章的内容，自引用边标签不同于自循环。自引用类型的边代表元素结构，表明起点和终点是同类型的顶点标签。这与数据领域中的自循环概念不同。自循环是指数据中的点，起点和终点为同一个顶点，比如一条边从 Sensor 1 指向自身。我们的数据中不包含自循环，所以传感器也不会发送信息给自身。

6.4.3 实现数据结构

随附的数据集代表了整个西雅图地区的塔和传感器的真实情况。对 Edge Energy 来说，这只是全部网络中的一小部分。

数据集中的每个塔代表一个真实的手机信号塔。每个塔都有唯一标识符、名称和地理位置。在我们讨论 WestLake 塔的时候已经看到过这些信息。传感器也具备相同的信息，比如西雅图地区的传感器都具有唯一标识符和西雅图地域内的有效地理位置。在例子中，我们一直使用字母来区分传感器，比如 Sensor A，但是真实数据集中的标识符是整数类型。

该例子中的一个新功能是能够引用指定顶点的地理位置，通过在实现数据结构的代码中创建点来实现：

```
schema.vertexLabel("Sensor").
    ifNotExists().
    partitionBy("sensor_name", Text).
    property("latitude", Double).
    property("longitude", Double).
    property("coordinates", Point).
    create();
```

```
schema.vertexLabel("Tower").
        ifNotExists().
        partitionBy("tower_name", Text).
        property("latitude", Double).
        property("longitude", Double).
        property("coordinates", Point).
        create();
```

在这个例子中只需要创建两个边标签，用来对传感器与另一个传感器或者塔传递数据的关系建模。实现代码如下：

```
schema.edgeLabel("send").
        ifNotExists().
        from("Sensor").
        to("Sensor").
        create()

schema.edgeLabel("send").
        ifNotExists().
        from("Sensor").
        to("Tower").
        create()
```

使用 DataStax Bulk Loader 加载顶点数据

表 6-1 包含了所有的顶点数据文件以及每个文件的简介。

表 6-1：本章示例中的所有顶点数据的 CSV 文件列表

顶点文件	描述
Sensor.csv	传感器，每行一个
Tower.csv	塔，每行一个

以 Tower.csv 文件为例，了解如何通过 DataStax Bulk Loader 加载顶点数据。表 6-2 展示了 Tower.csv 文件的前五行数据。

表 6-2：Tower.csv 文件的前五行数据

tower_name	coordinates	latitude	longitude
Renton	POINT (–122.203199 47.47896)	47.47895812988281	–122.20320129394
MapleLeaf	POINT (–122.322603 47.69395)	47.69395065307617	–122.32260131835
MountainlakeTerrace	POINT (–122.306926 47.791277)	47.79127883911133	–122.30692291259
Lynnwood	POINT (–122.308106 47.828134)	47.82813262939453	–122.30810546875

在配套的脚本中，标题行兼作为文件和数据库之间的映射配置。标题行必须与 DataStax Graph 中的属性名称一致。

在例 6-1 中，我们通过命令行批量加载工具来加载 CSV 文件。

例 6-1：

```
1   dsbulk load -url /path/to/Tower.csv
2                -g tree_dev
3                -v Tower
4                -header true
```

例 6-1 说明了本地主机加载顶点数据最常用的方式，与第 5 章所用例子一致。下面看一下边数据的加载过程。

使用 DataStax Bulk Loader 加载边数据

表 6-3 包含了所有的边数据文件以及每个文件的简介。

表 6-3：本章示例中的所有边数据的 CSV 文件列表

边文件	描述
Sensor_send_Sensor.csv	本例中传感器间的 send 边
Sensor_send_Tower.csv	本例中传感器与塔间的 send 边

以 Sensor_send_Sensor.csv 文件为例，了解如何通过 DataStax Bulk Loader 加载边数据。表 6-4 展示了 Sensor_send_Sensor.csv 文件的前五行数据。

表 6-4：Sensor_send_Sensor.csv 文件的前五行数据

out_sensor_name	timestep	in_sensor_name
103318117	1	126951211
1064041	2	1307588
1035508	2	1307588
1282094	1	1031441

表 6-4 中最重要的一行就是标题行，标题行必须和 DataStax Graph 中的表结构字段保持一致。DataStax Graph 为边属性自动生成不同的列名，作为表的主键的一部分。从表 6-4 中的标题行可以看出，为了区分自引用的边，DataStax Graph 如何将 out_ 和 in_ 追加到分区键所在列名作为前缀。如果你想自己发现这一点，可以使用 DataStax Studio 或 cqlsh 中的结构工具来检查命名约定。

你在表 6-4 中还会看到一个叫 timestep 的属性，但是我们的数据库中的边并不存在这个属性。在这个情况下，加载过程中这部分额外的数据会被忽略，即使数据中包含

`timestep`，最终的边属性里也不包括这个值。

 在第 7 章中当我们要介绍如何在数据上和遍历中应用时间时，会重新来使用 `timestep` 这个属性。现在添加所有这些复杂性，对于我们在开发这个例子时 需要涵盖的内容来说有点太多了。

在例 6-2 中，我们通过命令行批量加载工具来加载 CSV 文件。

例 6-2：

```
1  dsbulk load -url /path/to/Transactions.csv
2              -g trees_dev
3              -e send
4              -from Sensor
5              -to Sensor
6              -header true
```

例 6-2 说明了本地主机加载边数据最常用的方式，与第 5 章所用例子一致。配套的脚本 展示了如何加载本章以及本书中所有例子中的所有顶点和边数据。如需每章的数据和加 载脚本，请参考 GitHub 仓库中的数据目录（*https://oreil.ly/graph-book*）。

6.4.4 在构建查询之前

到目前为止，我们已经完成了本章示例中的三个任务。我们研究过了示例所需的数据， 为传感器和塔构建了一个模型来追踪整个传感器网络的通信，最后为待完成的查询加载 了全部数据。

在图应用程序中，树结构的查询和使用主要集中在沿着树结构的向上和向下遍历。在树 结构中提到向上遍历时，我们指的是从叶子节点向根节点方向。向下遍历则是反方向， 从根节点到某个叶子节点。

让我们来通过开发模式的传感器树结构的遍历来将清楚这些概念和查询方式。我们将从 说明 Edge Energy 如何通过树的向上遍历来跟踪传感器到达塔的通信路径。

在本章末尾，我们将揭示一种方式比另一种方式更难的原因，为第 7 章奠定基础。

现在，我们可以来写查询语句了。

6.5 开发环境中从叶子节点到根节点的查询

接下来的例子应用数据模型来回答 Edge Energy 的问题。我们首先通过从叶子节点向上 查询数据来回答以下问题：

- 传感器的数据通过什么路径将信息传递给塔？

将问题拆解为两个步骤：

1. 传感器将信息发送到哪里？

2. 该传感器通向任意一个塔的路径是什么？

回答这两个问题中的任意一个都有助于说明如何在分层数据中从叶子节点到根节点进行查询。让我们深入学习一下，如何通过 Gremlin 回答这个问题。

6.5.1 传感器将信息发送到哪里

第一个查询要求找到从给定传感器可访问到的相邻数据。以 Sensor 1002688 为例，从了解它的第一个相邻数据开始；例 6-3 是查询语句，例 6-4 展示了查询结果。

 dev.V(vertex) 与 dev.V().hasLabel(label).has(key, value).has(key, value)... 结果一致。顶点主键中的每个属性都需要一个 has() 子句。

例 6-3：

```
1 sensor = dev.V().has("Sensor", "sensor_name", "1002688"). // look up the sensor
2                  next()                    // return the sensor vertex
3 dev.V(sensor).                             // look up the sensor
4    out("send").                            // walk through all send edges
5    project("Label", "Name").               // for each vertex, create map with two keys
6      by(label).                            // the value for the first key "Label"
7      by(coalesce(values("tower_name",      // for the 2nd key "Name": if a tower
8                     "sensor_name")))        // else, return the sensor_name
```

例 6-4：

```
{
  "Label": "Sensor",
  "Name": "1035508"
},{
  "Label": "Tower",
  "Name": "Georgetown"
}
```

例 6-3 和例 6-4 找到了 Sensor 1002688 的第一个相邻数据。第 1～3 行使用了 DataStax Graph 中另一种访问和使用顶点对象的方式。第 4～8 行查询了第一个相邻数据并指定了结果集。查询结果表明，1002688 传感器将数据发送给 1035508 传感器和 Georgetown 塔。这意味着 Sensor 1002688 在附近，并在整个样本数据范围内只与 Sensor 1035508 和 Georgetown 塔进行通信。

例 6-3 中第 3 行引入了一个新概念：使用 V(vertex) 语法直接查找顶点。这样做是为了展示如何将对象存储在应用程序的内存中，并在遍历中使用，在应用程序开发的某个阶段，你也许会用到它。

如果你已经掌握了如何使用这些步骤以及调整查询结果，可以进入下一个查询。

作为练习，我们逐行研究一下例 6-3 中的代码。第 3 行的结束部分，遍历停留在 Sensor 1002688 的顶点上。然后遍历所有 send 出边，到达第 4 行该传感器第一个相邻的任何顶点。这里的小陷阱在于，传感器既可以给其他传感器也可以给塔发送信息。因此，我们需要使用 Gremlin 的分支逻辑来处理不同的数据类型。

我们希望查询结果是 JSON 结构，包含 Label 和 Name 两个键值。通过 project("Label", "Name") 创建 JSON 对象和键值。第 6 行通过 by() 调制器中的 label() 步骤用每个顶点的标签作为 Label 键对应的值；第 7 行通过不同 by() 调制器中的 coalesce() 步骤使用分支逻辑填充 Name 键对应的值。

coalesce() 步骤的例子可以拆解为以下伪代码：

```
# pseudocode for
# coalesce(values("tower_name"), values("sensor_name"))
    if(values("tower_name") is not None):
        return values("tower_name")
    else:
        return values("sensor_name")
```

Sensor 1002688 是一个有趣的例子，因为它直接与塔和传感器通信。除了第一个邻接点之外，我们还可以找到更多的传感器到塔的路径。我们使用与之前相同的查询，来找到 Sensor 1002688 的二级邻接点：

```
1 sensor = dev.V().has("Sensor", "sensor_name", "1002688"). // look up the sensor
2                 next()    // return the sensor vertex
3 dev.V(sensor).            // look up a sensor
4    out("send").           // walk to all vertices in the first neighborhood
5    out("send").           // walk to all vertices in the second neighborhood
6    project("Label", "Name").  // for each vertex, create a map with 2 keys
7      by(label).               // the value for the first key is the label
8      by(coalesce(values("tower_name",    // if a tower, return tower_name
9                      "sensor_name"))) // else return sensor_name
   {
     "Label": "Sensor",
     "Name": "1061624"
   },{
     "Label": "Sensor",
     "Name": "1307588"
   },{
     "Label": "Tower",
     "Name": "WhiteCenter"
   }
```

这些结果表明，远离 Sensor 1002688 的第二个邻接点发现了另一个塔，WhiteCenter。让我们继续遍历并检查来自 Sensor 1002688 的第三个邻接点——参见例 6-5 和例 6-6。

例 6-5：

```
1 sensor = dev.V().has("Sensor", "sensor_name", "1002688"). // look up the sensor
2                   next()  // return the sensor vertex
3 dev.V(sensor).          // look up a sensor
4    out("send").         // walk to all vertices in the first neighborhood
5    out("send").         // walk to all vertices in the second neighborhood
6    out("send").         // walk to all vertices in the third neighborhood
7    project("Label", "Name").    // for each vertex, create a map with 2 keys
8      by(label).                 // the value for the first key is the label
9      by(coalesce(values("tower_name",    // if a tower, return tower_name
10                         "sensor_name"))) // else return sensor_name
```

例 6-6：

```
{
  "Label": "Sensor",
  "Name": "1064041"
},{
  "Label": "Sensor",
  "Name": "1237824"
},{
  "Label": "Sensor",
  "Name": "1237824"
},{
  "Label": "Sensor",
  "Name": "1002688"     // Cycle
},{
  "Label": "Sensor",
  "Name": "1035508"     // Cycle
}
```

图 6-15 展示了 Sensor 1002688 前三个邻接点的所有数据，并用粗边突出显示数据中的循环。

图 6-15 展示了位于 Sensor 1002688 的一级、二级和三级邻接点的顶点和边。图 6-15 中存在两个环，用粗线条表示：

```
1035508 → 1307588 → 1035508
1002688 → 1035508 → 1307588 → 1002688
```

数据中的循环将是我们在下一个查询中需要解决的问题。

6.5.2 传感器通向任意一个塔的路径

通过多条 Gremlin 语句来硬编码从指定传感器开始的步数并不是编写查询的理想方式。

相反，我们希望从 Sensor 1002688 开始探索所有通信路径，直到其中一个根节点是塔的顶点。

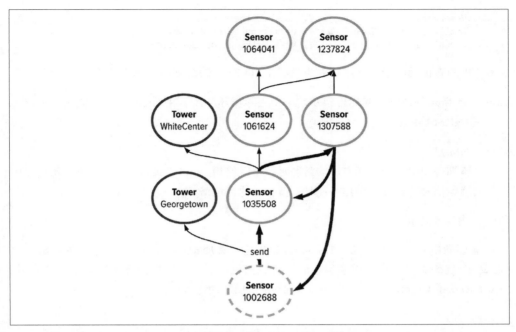

图 6-15：从起点 Sensor 1002688 到前三个邻接点可以到达的数据

在 Gremlin 中可以通过 until().repeat() 模式做到这一点。你可以使用 repeat() 和 until() 在给定一些中断条件的情况下完成循环遍历。通过 until() 步骤可以指定中断条件。如果 until() 在 repeat() 之前出现，则属于 while/do 循环。如果 until() 在 repeat() 之后出现，则属于 do/while() 循环（图 6-16）。

意思	Gremlin 语法	伪代码

do...while	`repeat(traversal).`
	`until(condition)`
		`do{`
		`    this traversal`
		`}while(condition is true)`

while...do	`until(condition).`
	`repeat(traversal)`
		`while(condition is true){`
		`    do this traversal`
		`}`

图 6-16：学习 until() 和 repeat()

例 6-7 说明如何在例 6-5 的思路中使用 Gremlin 的 until().repeat() 模式。

例 6-7：

```
1 sensor = dev.V().has("Sensor", "sensor_name", "1002688").
2                  next()
3 dev.V(sensor).                  // look up the sensor
4     until(hasLabel("Tower")).   // until you reach a tower
5     repeat(out("send"))         // keep walking out the send edge
```

例 6-7 中的查询无法结束，这是因为我们在 1002688 的数据中发现的循环。

如图 6-15 所示的数据，我们希望从结果中去除循环路径。在 Gremlin 中只需要一步就可以完成：simplePath()。

simplePath()

当不期望图中出现循环遍历的路径时，可以使用 simplePath()。它会分析遍历过程中的路径信息，当发现循环路径时，就会过滤掉该路径。

所以，确实很简单。

我们需要做的所有事情就是在 repeat() 模式中添加 simplePath()。这会在遍历器中插入一个过滤器，如果发现遍历过的历史数据包含循环，则直接终止该条路径的遍历。例 6-8 展示了 Gremlin 的代码，例 6-9 是返回的前三条结果。

例 6-8：

```
1 sensor = dev.V().has("Sensor", "sensor_name", "1002688").
2                  next()
3 dev.V(sensor).                  // look up a sensor
4     until(hasLabel("Tower")).   // until you reach a tower
5     repeat(out("send").         // keep walking out the send edge
6            simplePath())        // remove cycles
```

例 6-9：

```
{
  "id": "dseg:/Tower/Georgetown",
  "label": "Tower",
  "type": "vertex",
  "properties": {}
},{
  "id": "dseg:/Tower/WhiteCenter",
  "label": "Tower",
  "type": "vertex",
  "properties": {}
},{
  "id": "dseg:/Tower/RainierValley",
  "label": "Tower",
  "type": "vertex",
  "properties": {}
},...
```

例 6-7 与例 6-8 唯一的区别就是第 6 行的 simplePath。从例 6-9 的返回结果可以看到，前三个发现的塔是 Georgetown、WhiteCenter 和 RainierValley。在应用程序中，我们想知道的不仅仅是塔，而是从 Sensor 1002688 到塔的路径。

这就到了 Gremlin 的最后一个步骤，以及该小节的主题：path()。

使用 path() 步骤并操作其数据结构

来看一下 Gremlin 中的 path() 步骤主要是做什么的。当在图遍历中处理数据时，你是围绕数据移动的。Gremlin 中的 path() 步骤通过提供对已遍历的所有数据的访问能力，使你在任何位置都可以访问遍历过的历史记录。

path()

    path() 步骤可以查看并返回遍历器的所有历史数据。

这大概就像在图中从一个地方移动到另一个地方时在数据周围留下面包屑表示到此一游。

我们在例 6-10 中介绍如何使用 path() 步骤，在例 6-11 中展示了对应的结果。

例 6-10：

```
1 sensor = dev.V().has("Sensor", "sensor_name", "1002688").
2                  next()
3 dev.V(sensor).
4     until(hasLabel("Tower")). // until you reach a tower
5     repeat(out("send").       // keep walking out the send edge
6             simplePath()).     // remove cycles
7     path().  // all objects will be towers; get their full history
8         by(coalesce(values("tower_name",    // if the vertex in the path is a tower
9                            "sensor_name"))) // else the value from a sensor vertex
```

 在路径数据结构中，Label 与顶点或者边的标签不同。

让我们看一下例 6-10 中新的步骤。在之前例子中，第 1～6 行从传感器开始，穿过 send 边到达任一个塔，只考虑无循环的路径。然后，对于所有可到达的塔，第 7 行的 path() 步骤向每个遍历器获取其通过数据的完整路径。第 8 行使用 by() 调制器来说明希望如何看到该数据：如果顶点是塔，那么我们希望看到 tower_name；如果不是，那么我们希望看到 sensor_name。

例 6-11 中展示了例 6-10 的前三个结果。可以看到我们在图 6-15 中绘制的两条路径。

例 6-11：

```
{
  "labels": [[],[]],
  "objects": ["1002688", "Georgetown"]
},{
  "labels": [[],[],[]],
  "objects": ["1002688", "1035508", "WhiteCenter"]
},{
  "labels": [[],[],[],[]],
  "objects": ["1002688", "1035508", "1061624", "1237824", "RainierValley"]
},...
```

例 6-11 中的结果显示了三种不同的从 Sensor 1002688 出发到达塔的路径。前两条路径验证了我们之前讨论过的 1002688 的前两个邻接点，只是看到的数据结构 ["1002688", "1035508", "WhiteCenter"] 有所不同。这种写法对应着遍历中找到的下面这个路径：

$$1002688 \rightarrow 1035508 \rightarrow WhiteCenter$$

配套的 Studio Notebook（*https://oreil.ly/G1Lrz*）中显示了从 Sensor 1002688 到可达的塔顶点的一千多种不同方式。

当使用 path() 的时候，你必须非常清楚以下两个点：如何用 as() 分配标签和如何用 by() 限定返回结果。让我们来详细说明一下这两点。

如何用 as() 分配标签。path() 数据结构有两个关键点：labels 和 objects。通过 as() 步骤为路径对象创建标签。本质上，就是为路径中正在处理的数据分配一个变量名。我们第一个版本的查询中并没有使用 as()，所以例 6-7 的返回结果 labels 键并没有对应的数据。

现在让我们使用 as() 步骤为例 6-12 中的路径数据结构分配变量名，然后在例 6-13 中重新审视结果。

例 6-12：

```
1 sensor = dev.V().has("Sensor", "sensor_name", "1002688").
2                   next()
3 dev.V(sensor).
4      as("start").           // label 1002688 as "start"
5      until(hasLabel("Tower")).
6      repeat(out("send").
7             as("visited").   // label each vertex on the path as "visited"
8          simplePath()).
9      as("tower").            // label the end of the path as "tower"
10     path().
11       by(coalesce(values("tower_name",
12                          "sensor_name")))
```

例 6-13：

```
{
  "labels": [["start"], ["visited", "tower"]],
  "objects": ["1002688", "Georgetown"]
},{
  "labels": [["start"], ["visited"], ["visited", "tower"]],
  "objects": ["1002688", "1035508", "WhiteCenter"]
},{
  "labels": [["start"], ["visited"], ["visited"], ["visited", "tower"]],
  "objects": ["1002688", "1035508", "1061624", "1237824", "RainierValley"]
},...
```

例 6-12 展示了如何使用 as() 步骤为 path() 数据结构的 lables 键赋值。labels 和 objects 的值是一一对应的关系。让我们再看一下例 6-13 中的第二个例子，了解 labels 如何与路径映射。

```
{
  "labels": [["start"], ["visited"], ["visited", "tower"]],
  "objects": ["1002688", "1035508", "WhiteCenter"]
}
```

1. ["start"] 对应 1002688

2. ["visited"] 对应 1035508

3. [""visited", "tower""] 对应 WhiteCenter

我们可以回顾例 6-12 中的查询来确认映射关系。将起点的传感器标记为 as("start")。在 repeat(out("send")) 步骤中访问到的每个顶点都用 as("visited") 进行标记。最后，由于第 5 行的条件过滤器 until（hasLabel（"Tower"）），只有塔顶点被传递到第 9 行。因此，任何塔顶点都将从第 9 行接收第二个标签 as("tower")。

as("<some_label>") 非常强大，因为它我们才能使用 path() 步骤的数据结构来生成指定的查询结果结构。

这是本查询使用 path() 需要解释的最后一个概念。

如何使用 by() 来限定 path() 的结果。可以使用例 6-12 中的 by() 对路径中的每个对象执行一个操作或另一个步骤。在该例子中，我们希望返回路径上每个顶点的主键。但是，顶点可能是传感器也可能是塔。因此，需要在 by() 调制器中添加一个条件，用不同的方式处理不同类型的顶点。

在格式化 path() 的元素时，Gremlin 中的 by() 调制器使用了循环的模式，这意味着对遍历对象循环应用该方法。在这个场景中有两处使用了 by()：

1. 第一个 by( ) 操作第一个遍历对象。

2. 第二个 by( ) 操作第二个遍历对象。

3. 重新回到第一个 by( )，操作第三个遍历对象。

4. 重新回到第二个 by( )，操作第四个遍历对象。

5. 循环往复。

在这个例子中，路径中的所有对象都是顶点，所以只需要一个 by( ) 调制器来处理顶点对象。在下一章的例子中你就会看到需要多个 by( ) 调制器的场景，来处理路径数据结构中同时存在的顶点和边。

6.5.3 自底向上

本节中设计的所有查询和代码都是为了教会你如何在分层数据中从叶子节点向根节点进行查询，你可以想象成是从树的底部走到顶部。

一旦到达树顶，你可能还需要走下去。所以 6.6 节探索的就是如何从塔开始，访问所有连接到该塔的传感器，以及过程中遇到的不同概念。

下一个示例中构成了一个无法用现有的信息解决的问题。这是我们刻意设计的体验，为第 7 章中的用于生产环境的技巧埋个伏笔。

6.6 开发环境中从根节点到叶子节点的查询

Edge Energy 必须维护对网络拓扑结构的理解。它需要知道，任何时刻哪一个塔正在处理哪个传感器的信息。

了解哪些传感器连接到特定塔有助于回答有关动态通信网络的两个重要问题。这可以帮助 Edge Energy 了解某个塔是过载还是利用不足。我们通过回答本节中的以下问题来帮助 Edge Energy 了解其网络：

1. 第一，需要找到一个典型的塔作为起点来探索数据。

2. 哪些传感器与该塔直接通信？

3. 从这个塔，找到所有与之连接通信的传感器。

我们的示例数据能够回答这些场景中的问题。然而，并没有足够的信息来回答问题 3 的全部内容——只能回答其中的一部分。弄清楚如何完整地回答问题 3 是第 7 章的目的。

让我们通过第一个问题继续开发查询和学习 Gremlin 查询语言的知识。

6.6.1 准备查询：哪个塔连接了最多的传感器，适合作为示例

第一件需要做的事情就是在图中找到一个特征明显的塔作为起点。

为什么要在一开始做这件事呢？

当我们面对一份新数据时，会运行一些查询来更好地理解数据。记住了，这不是我们准备用于生产环境的。这是我们出于学习目的需要做的事情，以找到可以使用的典型数据。

为了找到一个典型的塔，我们需要处理图中的所有塔顶点，然后根据传入边的数量对塔进行排序。然后希望返回度数最高的塔的主键。看一下例 6-14 中是如何用 Gremlin 查询完成这一点的。

 例 6-14 中的查询仅适用于开发和学习目的。在分布式系统中运行这个查询的成本很高，因为对塔和每个塔的边所在的表都进行了全表扫描。

例 6-14：

```
1 dev.V().hasLabel("Tower").          // for all towers
2     group("degreeDistribution").// create a map object
3       by(values("tower_name")). // the key for the map: tower_name
4       by(inE("send").count()).  // the value for each entry: its degree
5     cap("degreeDistribution").  // barrier step in Gremlin to fill the map
6     order(Scope.local).         // order the entries within the map object
7       by(values, Order.desc)    // sort by values, decreasing
```

在例 6-14 中，我们构建了一个 map 表示图中塔顶点的度数分布。第 2 行的 `group()` 创建了一个叫作 degreeDistribution 的 map 对象。在后面需要遵守 `group()` 步骤创建的 map 对象定义好的键值对。第 3 行的 `by()` 调制器定义了 tower_name 作为 map 的键。第 4 行说明与特定 tower_name 关联的值将是该塔的入边总数。

第 5 行引入了 Gremlin 中的一个新概念：遍历栅栏：

遍历栅栏（Barrier steps）
    遍历栅栏迫使遍历管道直到指定点才能完成，然后再继续。

例 6-14 第 5 行的 `cap()` 的使用是 Gremlin 中遍历栅栏的一个例子。`cap()` 迭代遍历直到该步骤，并将名为 degreeDistribution 的对象传递到遍历管道中的下一步。我们在第 5 章提到过，局部作用域中对对象中的元素进行排序，而全局作用域则对遍历管道中的所有对象进行排序。第 6 行就是如此，`order(Scope.local)` 对 map 对象 degreeDistribution 中的元素进行排序。

最后，第 7 行提供了排序的规则：根据 map 中的值降序排列。结果如下：

```
{
   "Georgetown": "7",
   "WhiteCenter": "7",
   "PioneerSquare": "6",
   "InternationalDistrict": "6",
   "WestLake": "5",
   "RainierValley": "5",
   "HallerLake": "4",
   "SewardPark": "4",
   "BeaconHill": "4",
   ...
}
```

我们看到一些可用的塔，可以挑选一个。Georgetown 连接了 7 个传感器，接下来准备找到哪一些传感器是直接连接到该塔的。

6.6.2 与 Georgetown 直连的传感器

我们将从查询塔和与它直接相连的传感器开始。可以按照例 6-12 中查询传感器时所做的相同方法：

```
1  sensor = dev.V().has("Sensor", "sensor_name", "1002688").next()
2  dev.V(sensor).
3    out("send").
4    project("Label", "Name").
5      by(label).
6      by(coalesce(values("tower_name", "sensor_name")))
```

但这一次，我们想从一个塔开始，访问从传感器到塔的传入通信。可以将例 6-12 中的查询更改为例 6-15 中所示的查询。该查询的结果如下。

例 6-15：

```
tower = dev.V().has("Tower", "tower_name", "Georgetown").next() // get Georgetown
dev.V(tower).                    // look up Georgetown
    in("send").                  // traverse in to sensors
project("Label", "Name").    // create a map with two keys
  by(label).                 // of the values for "Label"
  by(values("sensor_name"))  // the values for "Name"

{
  "Label": "Sensor",
  "Name": "1002688"
},{
  "Label": "Sensor",
  "Name": "1027840"
},{
```

```
    "Label": "Sensor",
    "Name": "1306931"
},...
```

例 6-15 的结果表明 Sensor 1002688 连接到 Georgetown，这是我们预期中的结果。尽管我们没有在本文中显示所有结果，但 Studio Notebook（*https://oreil.ly/G1Lrz*）中的完整结果告诉我们 Georgetown 有七个直接连接到它的传感器。

Edge Energy 需要了解使用该塔进行通信的所有传感器。我们已知 Sensor 1002688 与 Sensor 1307588 相连。这使我们不得不问，还有多少其他传感器使用这个网络给 Georgetown 发送信息？

为了回答这个问题，我们需要从这个塔递归地遍历所有传入边，直到在这个通信树中找到所有传感器。6.6.3 节和 6.6.4 节应用了 6.5.2 节提到的 repeat()/until() 完成从该塔遍历到所有传感器的递归。

6.6.3 所有与 Georgetown 相关的传感器

前几节中我们一直在查询数据。本节的最后一个查询需要回答最大以及最复杂的问题：如果一个塔出现故障了，会发生什么？

实现最后一个查询的符合逻辑的方式其实并不能达到目的，但是我们还是会尝试一下，毕竟过往经验中这是每个人都会尝试的合乎逻辑的下一步。我们鼓励通过尝试符合逻辑的步骤来学习，我们也正是这样做的。

找到 Gremlin 查询的工作模式并以此来解决新问题，是常见的学习方式。这也是我们马上要讨论的模式，它会带来新问题上的一种常见的错误。

先回忆一下，如何完成从传感器到塔的递归遍历：

```
dev.V(sensor).                  // look up a sensor
    until(hasLabel("Tower")).    // until you reach a tower
    repeat(out("send").          // keep walking out the send edge
        simplePath())            // remove cycles
```

合乎逻辑的下一步是将该查询调转方向：从塔到传感器。我们来尝试这种方式，并将起点和终点的对象类型互换。在例 6-16 中，我们从塔开始，递归遍历到传感器。

例 6-16：

```
tower = dev.V().has("Tower", "tower_name", "Georgetown").next() // get Georgetown
dev.V(tower).                    // look up a tower
    until(hasLabel("Sensor")).   // until you reach a sensor
    repeat(__.in("send").        // need to use the Anonymous traversal: __.
        simplePath())            // remove cycles
```

例 6-16 中需要 Gremlin 中一个新的方法：匿名遍历。在 Groovy 中，in() 是保留关键字，DataStax Studio 使用 Gremlin 的 Groovy 变量开发遍历方法。因此，Gremlin 中的 in() 必须使用匿名遍历作为前缀。例 6-17 展示了全部的查询结果。

 匿名遍历 _ 用于解决很多 Gremlin 变量与保留的语言特定的关键词的冲突，比如 in、as 或者 values。请参阅 Apache TinkerPop 文档（*https://oreil.ly/ntOq7*），了解你所选择的编码语言的详细信息。

例 6-17：

```
{
  "id": "dseg:/Sensor/1002688",
  "label": "Sensor",
  "type": "vertex",
  "properties": {}
},{
  "id": "dseg:/Sensor/1027840",
  "label": "Sensor",
  "type": "vertex",
  "properties": {}
},{
  "id": "dseg:/Sensor/1306931",
  "label": "Sensor",
  "type": "vertex",
  "properties": {}
}...
```

请等一下，例 6-17 中的完整结果显示，例 6-16 中的查询仅找到了塔的一级邻接点中的 7 个传感器。这并不是我们想要的结果。

例 6-16 中的查询并没有返回预期结果，是因为第 2 行作为终止条件的过滤器 until (hasLabel("Sensor"))。我们希望递归遍历所有深度直到找到所有的传感器。现在删掉这个条件，重新执行：

```
tower = dev.V().has("Tower", "tower_name", "Georgetown").next() // get Georgetown
dev.V(tower).                           // look up a tower
    repeat(__.in("send").               // keep walking in the send edge
        simplePath())                   // remove cycles
```

如果你在 DataStax Studio 中执行第二个版本的查询，你会看到表 6-5 所示的错误：

表 6-5：遍历时间超过 30 秒而导致系统错误的示例

System error
Request evaluation exceeded the configured threshold of realtime_evaluation_timeout at 30000 ms for the request

这个错误的核心是递归遍历图中的树的问题。从一棵树的根节点开始，完成对树中所有叶子节点的完整搜索。

这个查询开销太大了。

6.6.4 递归中的深度限制

有很多方式来解决表 6-5 的问题。其中一种就是限制递归深度。

你可以使用 times(x) 控制遍历器执行循环的次数。Gremlin 中最常用的限制递归深度的方式就是 repeat(<traversal>).times(x)。x 的值告诉遍历器执行重复循环 x 次。

在下面的查询中使用 repeat(<traversal>).times(3)。这意味着从塔开始，遍历只执行三次 in() 边然后停止：

```
tower = dev.V().has("Tower", "tower_name", "Georgetown").next() // Georgetown
dev.V(tower).              // look up Georgetown
    repeat(__.in("send").  // repeat walking in the send edge
           simplePath()).  // remove cycles
    times(3).              // repeat only 3 times total
    path().                // get the path
      by(coalesce(values("tower_name",   // if a tower, return tower_name
                         "sensor_name")))// else, return the sensor name
```

结果如下：

```
{
  "labels": [[],[],[],[]],
  "objects": ["Georgetown","1235466","1257118","1201412"]
},{
  "labels": [[],[],[],[]],
  "objects": ["Georgetown","1290383","1027840","1055155"]
},{
  "labels": [[],[],[],[]],
  "objects": ["Georgetown","1235466","1059089","1255230"]
},...
```

对示例数据进行深度限制的好处是，我们现在终于可以执行本章最后一个查询的一部分。然而，我们确实通过指定查询深度为 3，减少了找到所有传感器的范围。由于深度的限制，查询结果缺失了很多符合查询条件的传感器。

要找到所有的传感器，我们需要重新审视数据的时间。

6.7 回到过去

我们意识到我们卡在了最后一个查询上。

我们的需求是从根节点（塔）走到所有叶子节点（传感器），但查询没有按预期工作。也就是说，你作为 Edge Energy 数据工程师的旅程还没有结束。当我们过渡到第 7 章时，将继续使用 Edge Energy 的例子，我们将解释如何调整我们的方法来回答这个问题。

我们还需要更深入地了解树的结构，找到如何摆脱这片问题森林的分支。你需要学习如何通过限制分支、限制深度和删除循环来修剪我们在查询中待处理的数据。如果你的眼睛现在还没有看到可怕的双关语，那就再等等吧。

在生产环境中使用树

无论你是对企业组织结构还是对物联网传感器通信的无边界网络建模，分层数据都可以与图技术完美契合。

正如我们所见，相较于图数据，对于无边界和分层数据，磁盘上的数据存储方式与我们使用它的方式都更类似。但在第 6 章结尾处我们看到，具有表达性语言的简单问题和符合直觉的自然模型可能会导致不可预期的行为。

具体来说，我们很容易想象到从一棵树的根部开始，一直走到叶子的场景。图形技术使这样的代码变得非常简单。

然而，推理复杂的树状结构问题所带来的简单性掩盖了处理数据自然层次结构的复杂性。

7.1 本章预览：分支系数、深度和边上的时间属性

本章之后的每一节都构建在前一节的基础之上，来完成边缘上的时间（time）属性建模，以解决我们在第 6 章结尾处遇到的问题。

在 7.2 节，我们将在第 6 章介绍的数据的基础上添加两个复杂性：边上的时间和有效路径。7.3 节将深入讨论为什么有效的通信树可以减少需要处理的数据量。在该节中会更新以及探索遍历生产版本的图结构。7.4 节和 7.5 节会回顾第 6 章同样的查询，但这次，我们将应用有效树的知识和新的生产图结构来显著减少每个查询中需要处理的数据量。

在本章结束，你会学到所有使用自己的数据构建树结构所需要的知识。第 6 章和第 7 章的内容包含一个精简而完整的介绍，关于如何在使用图技术的生产应用程序中处理分层的结构化数据。

为了做到这点，让我们回到为这个示例创建的数据，并按照时间顺序沿边查找。

7.2 传感器数据中的时间

我们在 6.4 节中引入和创建的数据，模拟了传感器如何给其他传感器和手机信号塔发送数据。我们通过一个电力公司 Edge Energe 为背景引入这个数据。Edge Energy 的数据工程师必须构建一个系统，能够在信号塔发生故障时报告传感器覆盖范围。

这使我们面临数据中的时间概念。传感器按照特定的时间间隔在整个网络中收集和发送数据。这意味着，图中的顶点数量是固定的，但是图中的关系会随着时间增长。

我们通过边上的 `timestep` 属性对时间间隔内的动态通信建模。让我们看看图 7-1 中的数据，以了解时间是如何成为通信网络的一部分的。

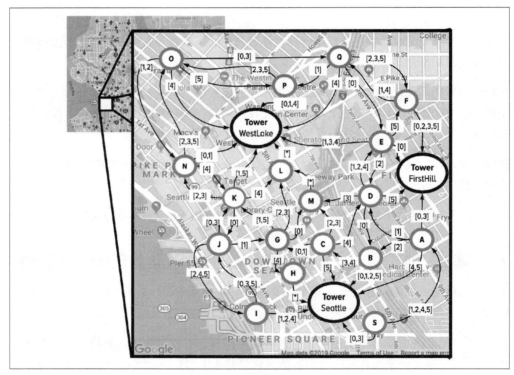

图 7-1：第一次看到边上的 `timestep` 属性如何增强本章示例的通信网络

图 7-1 与第 6 章示例的唯一区别就是边上是否包含了时间属性。

仔细看图 7-1 底部的 Seattle 塔。位于 Seattle 塔右下方的 Sensor S 的边的值为 [0,3]。在应用程序中，这意味着传感器在 `timestep` 为 0 和 3 的时间间隔向 Seattle 塔发送了数据。换句话说，传感器与 Seattle 塔直连了两次。图中还可以看到 Sensor S 与附近的邻接点在第 1、2、4 和 5 的时间间隔里进行过通信。

为了理解如何在接下来的查询中使用边上的时间属性，我们需要介绍以下四个主题：

1. 自底向上理解时间

2. 自底向上的有效路径

3. 自顶向下理解时间

4. 自顶向下的有效路径

接下来我们会给你展示数据是如何从传感器发送到塔的。

自底向上理解时间

我们需要通过上下文来帮助你理解时间属性。回忆一下第 6 章中的内容，第一个从叶子节点到根节点的查询。这是从传感器到接收数据的塔的遍历路径。

由于我们需要考虑通信中的时间因素，所以每一个从传感器到塔的遍历不一定都是有效路径。也就是说，在 timestep 3 时从传感器发出的消息在接收处会在 timestep 4 时发出。看一下例子，图 7-2 中我们放大了从 Sensor S 到附近塔的有效路径。

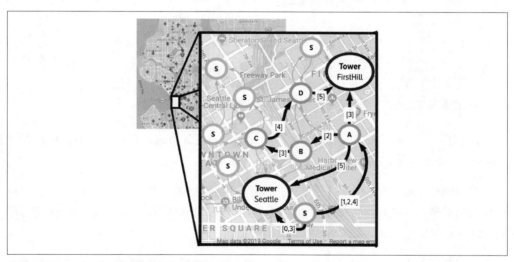

图 7-2：从 Sensor S 到附近塔的有效路径的放大图

图 7-2 中的例子展示了传感器到塔的 4 条有效路径。让我们看一下其中两个场景，然后告诉你从哪里开始找到其他三个场景。

第一条有效路径是跟随 Sensor S 在 timestep 0 时发送的第一条消息。这个消息通过了 Sensor S-0-> Seattle。这个非常简单。

让我们看看更复杂一点的场景，跟随 Sensor S 发出的第二条通信路径。第二条路径从

timestep 1 开始。这里的路径明显更深，如下：

```
Sensor S — 1 → A
        A — 2 → B
        B — 3 → C
        C — 4 → D
        D — 5 → FirstHill
```

当我们沿着这些路径前进时，沿途每通过一个节点，timestep 加 1。你可以尝试一下图 7-2 中的其他有效路径，第三条有效路径从 timestep 2 开始，第四条有效路径从 timestep 3 开始，最后一条从 timestep 4 开始。

在第 6 章中我们看到了 Sensor S 出发的七条路径，现在我们知道了其中有两条是不存在的路径。

我们还可以展平数据并以分层的表现形式检查这些路径。看一下图 7-3 中从 Sensor S 到附近塔的层次结构。

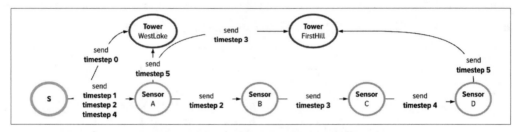

图 7-3：理解从 Sensor S 到附近任一塔在整个时间段内的通信层次结构

图 7-3 与图 7-2 展示了相同的数据层次结构更多。通过计算进入塔顶点的边，可能更容易看到图 7-3 的 4 条路径。

无论你更倾向于哪种结构，有几个我们需要深入钻研树的原因。第一个也是最重要的，该数据集中顶点之间的连接和通信的动态特性代表了真实场景中，现场设备如何将其数据传输回数据库。

第二个原因是在边上使用时间属性让我们了解在现实世界中可以观察到哪种类型的通信树。让我们看看从传感器走到塔时的有效和无效路径。

自底向上的有效路径

首先考虑如何正确地解析从传感器到塔的时间。

从概念上讲，可以认为从传感器到塔的有效路径是将数据按顺序传递到下一个传感器。在数据中，当穿过边时，有效路径会将时间增加一。

继续从概念上看，无效路径就是当你尝试将信息无序地传递到另一个传感器时的路径。这就像错过你的火车：你到达那里要么太晚，要么太早。

为了能够付诸实践，来看一个探索有效和无效路径的示例。首先，图 7-4 展示了无效路径。之所以是无效路径，是因为传感器的数据接收晚了。

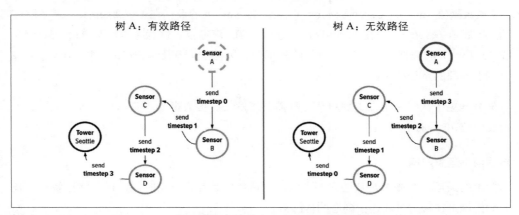

图 7-4：Sensor A 到 Seattle 塔的有效（左图）和无效（右图）路径的示例

图 7-4 展示了从 Sensor A 到 Seattle 塔的两条路径。左边是有效路径，因为边上的时间属性沿路径逐段加一。右边是无效路径，因为传感器的信息交换是无序的。Sensor A 向 Sensor B 发送信息，是在 Sensor B 与 Sensor C 通信之后。同样的问题出现在图 7-4 右侧路径中的每一处交换。

图 7-5 展示了另一种无效路径。图 7-5 右侧的路径展示了传感器通信过早的例子。

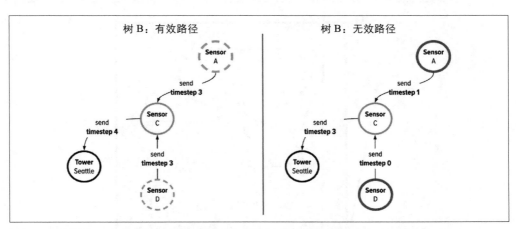

图 7-5：传感器到 Seattle 塔的有效（左图）和无效（右图）路径的第二个示例

图 7-5 展示了 Sensor D 和 Sensor A 到 Seattle 塔的路径。左侧路径是有效的。Sensor

D 在 timestep 3 发送数据给 Sensor C，然后 Sensor C 收集所有数据并在 timestep 4 发送给 Seattle 塔。

图 7-5 右侧路径则是无效的。Sensor D 在 timestep 0 发送数据给 Sensor C，而从 Sensor C 发送给 Sensor D 的数据是在 timestep 1（未显示）。Sensor A 在 timestep 1 发送数据给 Sensor C，而 Sensor C 发给 Sensor A 的数据在 timestep 2（未显示）。图 7-5 展示了 Sensor C 在 timestep 3 与 Seattle 塔通信。这意味着，发送给 Sensor D 和 Sensor A 的数据不属于这次通信的一部分，因为它们在 timestep 1 和 timestep 2 分别沿不同的路径传递。

这部分涵盖了从叶子节点走到根节点时需要了解的有关数据的所有信息，接下来看看如何反向应用时间。

自顶向下理解时间

示例中的最后一个概念是从塔向下走到所有传感器时如何应用时间。这些路径解释了我们如何确定在特定时间连接到塔的传感器。

这里的关键是从塔到传感器的有效路径必须按照时间递减顺序，每次递减 1。

为了更清楚看到这一点，在图 7-6 中放大发送信息给 WestLake 的网络。图 7-6 中的信息量非常大。为了更好地理解图想传达的内容，我们建议从已知的传感器到塔的有效路径开始追踪。以这种方式作为开始，能够更容易地达成最终的目标：从 WestLake 塔逆向到传感器的路径。

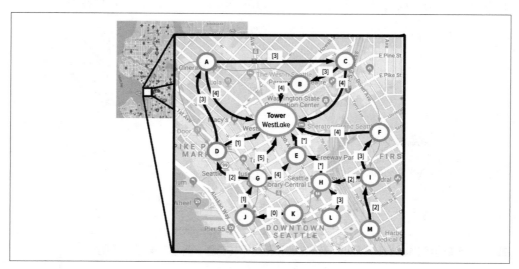

图 7-6：放大从 WestLake 到所有与它连接的传感器的有效路径

从图 7-6 右下角的 Sensor M 开始。我们沿着传感器向上到 WestLake 的有效路径：

```
Sensor M - 2 → I
        I - 3 → F
        F - 4 → WestLake
```

目标是能够从 WestLake 逆向返回 Sensor M。所以按照这条路径从逆向遍历：

```
WestLake - 4 → F
        F - 3 → I
        I - 2 → Sensor M
```

让我们展开在 timestep 4 到达 WestLake 的所有有效路径。从根节点 WestLake 到连接到它的所有传感器的层次结构如图 7-7 所示。图 7-7 中的所有路径都可以在图 7-6 中看到。我们只是展开它们在地图上的表示方式来查看它们的层次结构。

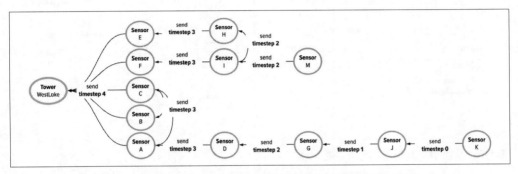

图 7-7：了解 WestLake 塔在 timestep 4 从任何传感器接收到信息的层次结构

在图 7-7 所示的层次结构中很容易从塔回溯到传感器。例如，沿着从 WestLake 塔到该图中的 Sensor M 的逆向路径。路径与之前一样，但是在图 7-7 中更容易看到时间的递减。

我们发现在图 7-7 中所示的分层数据结构中更容易找到路径信息。但是你也可能更愿意根据地理位置信息寻找路径，如图 7-6 所示的形式。

任何一种方式都可以，只要你能够了解到当从塔逆向到传感器时，时间是如何递减的，之后我们的目的就达到了。

在更新生产版本的数据结构之前，还有最后一个需要学习的概念：从根节点到叶子节点的有效路径。

自顶向下的有效路径

想想当找到从塔到所有传感器的有效路径时我们都做了什么。我们逆转了从传感器到塔的全部过程。

在这个逆转中，我们根据时间倒推。具体说，在遍历路径过程中经历的每个边上的 `timestep` 属性值都减一。

让我们看一下关于有效和无效路径的另一个示例。然而这一次，我们正在考虑从塔到传感器的视角，回到过去。图 7-8 右侧的通信路径是无效的，因为该路径上的通信不是太迟就是太早。

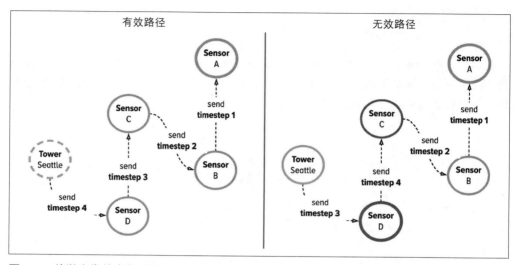

图 7-8：从塔出发的有效和无效路径示例

图 7-8 展示了从 Seattle 塔到 Sensor A 的路径。左侧路径是有效的：

```
Seattle − 4 → D
      D − 3 → C
      C − 2 → B
      B − 1 → A
```

将左侧的路径与右侧的无效路径的表示进行对比。右侧的路径之所以无效，是因为 Sensor D 收到数据信息的时间有问题：

```
Seattle − 3 → D (too late for the next connection)
      D − 4 → C (too early for the next connection)
      C − 2 → B
      B − 1 → A
```

Seattle 将数据传递给 Sensor D 的时间太晚；那个时间点 Sensor D 已经将数据发送给了 Sensor C。Sensor D 和 Sensor B 之间的通信路径也是无效的。

根据时间倒推的方式明显更难。这里的诀窍是，从塔到传感器的有效路径必须沿路径根据 `timestep` 降序，降序步长正好是 1。

关于图中时间序列数据的最后一点想法

在数据集中清楚地理解概念有助于建模：为边添加时间属性。在 7.3 节中我们会看到对应的生产数据结构。

这同时会带来在查询中使用时间属性的细节问题和困难。除了本章中所有的图和细节介绍之外，在本示例中使用时间还需要以下技巧，

经验法则 #11

分层结构中时间随路径方向向上增加，随路径方向向下则递减。当这条不满足时，路径是无效的且不应该显示在查询结果中。

现在了解了如何使用边上的时间，可以解释为什么这可以解决第 6 章的遗留错误。我们希望返回的结果都是有效路径，因为我们需要减少图的分支系数。

让我们解释一下什么是分支系数，以及为什么你需要在这个例子以及其他例子中了解它。

7.3 示例中的分支系数

我们在第 6 章结尾处留下了一个问题。由于数据的分支系数，我们无法从塔向下走到所有与其相连的传感器。

让我们深入研究这个概念的细节，并解释遍历高度分支的数据所带来的处理过程的复杂性。

7.3.1 什么是分支系数

分支系数（Branching Factor，BF）是从一个顶点通过关系走到许多其他顶点时发生的事情。形式上，我们如下定义分支系数：

分支系数

图的分支系数是任何顶点的预期或平均边数。

你可以将其中一个进程或者遍历，拆分为多个，如图 7-9 所示。

在图 7-9 中，WestLake 塔顶点有 7 条边连接到 7 个不同的邻接点。我们把这个称为 WestLake 塔的分支系数为 7。

数据的分支系数会影响到遍历的性能。例如，以 WestLake 塔作为起点，在流水线中创建一个遍历器。当你遍历所有 WestLake 的入边对应的节点时，对应每一条可能边都需要创建一个遍历器。在传感器顶点处，就有 7 个传感器，如图 7-9 底部所示。

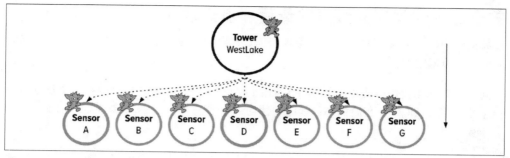

图 7-9：WestLake 分支系数的示例

遍历的处理过程的开销与图的分支系数有关。粗略计算，遍历器的数量与到执行遍历所需的线程数一致。你可以使用图 7-10 所示的公式计算一次查询处理过程所需的线程数。

$$\sum_{n \geq 0}(\mathrm{BF})^n$$

图 7-10：根据深度 n 和图的分支系数 BF 进行遍历计算的开销

这听起来不错，但是你可能会问："我为什么要关心这个？"

假设你的图的预期分支系数是 3。从某一个顶点开始，你有 1 个遍历器。遍历一层邻接点产生 3 个遍历器，遍历两层邻接点产生 9 个，遍历三层则产生 27 个。当遍历到第四层邻接点时，仅在这一层就会有 81 个遍历器。所有创建的遍历器的总数为：1 + 3 + 9 + 27 + 81 = 121。

指数级增长很快就会导致失控。图 7-11 展示了增长到底有多快。

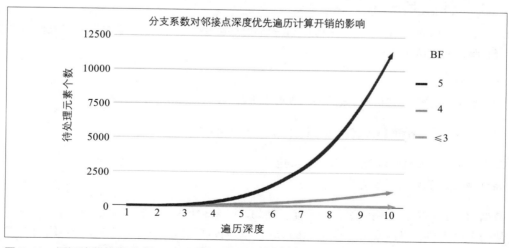

图 7-11：根据遍历的深度和图的分支系数查看遍历所需的总数据

图 7-11 传递的信息是，当你探索多个数据邻接点时，图的分支系数会导致必须处理的数据量呈指数增长。粗略地说，你可以将一个 Gremlin 遍历器等同于计算机中的一个线程。这意味着探索数据所需的线程数呈指数增长。

7.3.2 我们如何绕过分支系数

在 Apache Cassandra 中处理图数据的美妙之处在于，我们已经拥有了处理数据分支系数所需的所有工具。减小查询分支系数的主要方法可以追溯到在磁盘上存储数据的方式。

我们可以提供的最佳技巧之一是使用边的属性，为自己提供一种在查询期间考虑数据分支系数的方法。

经验法则 #12
将边数据按集群存储在磁盘上，以便可以在查询中对它们进行排序并减轻数据分支系数带来的影响。

来实际应用一下我们对分支系数的理解。我们希望更新开发环境的数据结构，以使生产环境的查询尽可能少地受树的分支系数的影响。

7.4 传感器数据的生产结构

基于我们对边的时间属性的新理解和开发环境的探索，有两种优化生产的数据结构的方式。第一，对边的时间、有效路径和分支系数的新理解说明了为什么需要按时间对边进行聚类。第二，在第 6 章中的查询说明我们将在两个方向上遍历 send 边。因此，第二个更新就是在 send 类型边上添加一个物化视图，以便在遍历中双向使用。

图 7-12 展示了概念数据模型的生产版本，包含我们提到的这些更新。

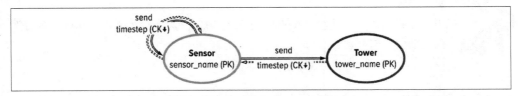

图 7-12：本章最后一组对树查询的生产版本数据结构

在图 7-12 中，send 边上的物化视图用一条双线的虚线表示。还可以看到，边按时间聚类，并随着 timestep（CK ↓）表示减少。

应用图模式语言，按时间对边进行聚类：

```
schema.edgeLabel("send").
       ifNotExists().
       from("Sensor").
       to("Sensor").
       clusterBy("timestep", Int, Desc).
       create()

schema.edgeLabel("send").
       ifNotExists().
       from("Sensor").
       to("Tower").
       clusterBy("timestep", Int, Desc).
       create()
```

在数据结构代码中创建索引：

```
schema.edgeLabel("send").
       from("Sensor").
       to("Sensor").
       materializedView("sensor_sensor_inv").
       ifNotExists().
       inverse().
       create()

schema.edgeLabel("send").
       from("Sensor").
       to("Tower").
       materializedView("sensor_tower_inv").
       ifNotExists().
       inverse().
       create()
```

代码中通过 edgeLabel 的语法为 send 边标签创建了物化视图。通过使用 inverse() 方法，我们对逆向的边也指定了同样的顺序。这意味着逆向的边也具有 timestep 作为聚类键。

奖励经验法则

为了加强遍历驱动建模，生产的边标签一般位于大多数遍历的方向，而物化视图则位于不太常见的方向。

通过 DataStax Bulk Loader 加载数据

本章例子与第 6 章相比，我们提供的数据或加载方式都没有变化。但是，请回忆一下 Sensor_send_Sensor.csv 文件的前五行数据，如表 7-1 所示。

第 6 章中的数据结构并不包含 send 边上的 timestep 属性。因此，数据加载过程忽略了边数据的时间属性。

out_sensor_name	timestep	in_sensor_name
103318117	1	126951211
1064041	2	1307588
1035508	2	1307588
1282094	1	1031441

但是，本章的数据结构中使用 timestep 来聚类边。因此，当我们用相同的过程加载同一份数据时，边上会有时间属性。可以通过本书 GitHub 仓库（*https://oreil.ly/graph-book*）的数据目录浏览代码，找到本章的数据和加载脚本。

让我们使用学到的关于时间、有效路径和分支系数的新知识来重构第 6 章中涉及的查询。

7.5 生产环境中从叶子节点到根节点的查询

我们面临的问题与之前一样，但是这次需要借助边的时间属性来筛选出来有效路径。让我们从第一个查询开始看一下数据是在什么时候被传递到其他传感器或塔的。

7.5.1 这个传感器在什么时间将数据发送到哪里

这与之前的起始问题相同，但是这次我们从另一个传感器：104115939 开始。希望在结果的 map 结构中添加 timestep 属性。这需要在遍历中使用边并在结果中添加一个额外的元素。看一下例 7-1 以及示例的结果。然后再逐行理解以下的代码。

例 7-1：

```
1 sensor = g.V().has("Sensor", "sensor_name", "104115939").next()
2 g.V(sensor).                        // look up the sensor
3    outE("send").                    // walk out and stop on all edges
4    project("Label", "Name", "Time").  // create a map for each edge
5      by(__.inV().                    // traverse in
6          label()).                  // values for the first key
7      by(__.inV().                    // traverse in
8          coalesce(values("tower_name"),// values for the 2nd key if a tower
9                values("sensor_name"))). // otherwise return sensor_name
10     by(values("timestep"))         // values for the 3rd key: "Time"
```

结果如下：

```
{
  "Label": "Sensor",
  "Name": "104115918",
  "Time": "1"
},{
```

```
            "Label": "Sensor",
            "Name": "10330844",
            "Time": "0"
        }
```

在例 7-1 中，查询的开始如之前一样。我们创建了一个遍历，并在第 2 行用一个顶点作为遍历的起点。第 3 行，移动到传感器所有的出边。第 4 行通过 project 创建了一个 map 对象，包含三个键：Label、Name 和 Time。map 中 Label 键对应的值通过第 5 行指定：入边对应的另一端的顶点的标签。map 中 Name 对应的值由第 7 行 try/catch 模式的 coalesce 指定：塔的名称或者传感器的名称。最后，map 中 Time 对应的值通过第 10 行访问边上的 timestep 属性的值决定。

让我们使用例 7-1 的模式沿着通向塔的任意路径，同时访问路径上的 timestep 值。

7.5.2 从传感器出发，根据时间找到所有以塔作为根节点的树

接下来的查询也是我们在第 6 章中完成过的，同样也需要在结果中添加 timestep 属性。从这里开始，我们需要分辨哪些路径是有效的，哪些是无效的。先看一下例 7-2，之后我们再深入细节进行解释。

例 7-2：

```
1 sensor = g.V().has("Sensor", "sensor_name", "104115939").next()
2 g.V(sensor).                                 // look up a sensor
3    as("start").                              // label it "startingSensor"
4  until(hasLabel("Tower")).                   // until we reach a tower
5  repeat(outE("send").                        // walk out and stop on the send edge
6        as("send_edge").                      // label it "send_edge"
7      inV().                                  // walk into the adjacent vertex
8        as("visited").                        // label it "visited"
9      simplePath()).                          // remove cycles
10 as("tower").                                // label it "tower"
11 path().        // get path of vertices and edges from "start" to "tower"
12   by(coalesce(values("tower_name",          // 1st object in the path is a vertex
13               "sensor_name"))).
14   by(values("timestep"))                    // 2nd object in the path is an edge
```

展示结果之前先来逐行理解一下代码。第 2 行选择一个顶点作为遍历的开始。第 4、5 行的 until()/repeat() 使用了 Gremlin 的 while/do 模式。第 5 行确保处理流程中的每个遍历器都访问 send 边并将其标记为 send_edge，以便我们可以在路径对象中引用它。第 8 行将沿途的任何顶点标记为已访问顶点，而第 10 行将 tower 顶点添加到路径中作为最后一个顶点。根据第 4 行定义的结束条件，遍历中的结束顶点一定是 tower。

例 7-2 中的有趣部分是第 11~14 行。在这里，通过 by() 调制器以循环的方式来改变路径结构中的对象，因此结果中的每条路径才包含有意义的信息。

让我们拆解一下这个循环。

例 7-2 的第 11 行要求每个遍历器将路径对象保存在遍历过程中。路径结构遵守 [Start，Edge，Vertex，···，Edge，Tower]。这是正确的，因为遍历从一个传感器开始，然后反复访问边及其相邻的顶点。

第 12、14 行通过 by() 调制器使用了这种模式。第 12 行中通过 by() 调制器映射路径对象中的偶数编号的对象 [0,2,4,...]。路径对象中的编号为偶数的元素一定是顶点。对任何一个顶点，我们希望在路径对象中仅包含顶点的 tower_name 或者 sensor_name 属性，使用 coalesce() 步骤的 try/catch 模式来达到这一点。

在第 14 行中，by() 调制器可以筛选出路径对象中的奇数编号元素 [1,3,5,...]。奇数编号的元素一定是边。我们预期路径对象可以包含特定边的 timestep 属性，我们通过 values("timestep") 完成这一点。

例 7-3 中展示了例 7-2 中查询的结果。这些结果展示了路径对象中的 labels 的值，因此你可以通过每一个 as() 将查询中的标签与路径对象一一映射。由于篇幅限制，例 7-3 中是我们唯一一次完全展示 labels 的内容，在其余示例中会省略这部分的结果展示。

例 7-3：

```
...,
{
  "labels": [
    ["start"],
    ["send_edge"], ["visited"],
    ["send_edge"], ["visited"],
    ["send_edge"], ["visited"],
    ["send_edge"], ["visited"],
    ["send_edge"], ["visited"],
    ["send_edge"], ["visited", "tower"],
  ],
  "objects": [
    "104115939",
    "0", "10330844",
    "1", "126951211",
    "2", "127620712",
    "3", "103318129",
    "4", "103318117",
    "5", "Bellevue"
  ]
},{
  "labels": [
    ["start"],
    ["send_edge"], ["visited"],
    ["send_edge"], ["visited"],
    ["send_edge"], ["visited"],
    ["send_edge"], ["visited"],
    ["send_edge"], ["visited"],
```

```
      ["send_edge"], ["visited", "tower"],
    ],
    "objects": [
      "104115939",
      "0", "10330844",
      "1", "126951211",
      "2", "127620712",
      "3", "103318129",
      "0", "103318117",
      "5", "Bellevue"
    ]
}, ...
```

例 7-3 中的第一个结果是一条有效路径，因为时间序列的顺序是正确的：0，1，2，3，4，5。第二个结果中的路径是无效的，因为边对应的时间是无序的：0，1，2，3，0，5。第二个结果展示了通信路径在 `timestep 3` 之后发生了断裂。

例 7-3 中展示的两条路径指出了有效树和无效树的细节。第一条路径之所以有效是因为按照时间有序排列，而第二条路径则没有。图 7-13 中可视化了结果中的两条路径，来看看为什么一条有效而另一条无效。

图 7-13：通过可视化例 7-3 中的结果查看有效和无效路径

图 7-13 顶部的路径是有效的，因为它按照从开始到结束的时间递增排列。图底部的路径是断裂的，因为 Sensor 103318129 在 `timestep 3` 接收到了数据，但是下一条出边代表发送数据，发生在更早的时间，`timestep 0`。

在从传感器到塔的路径遍历中只需要考虑有效树。在数据遍历过程中监控 `timestep` 的值就是本节最后一个例子。

7.5.3 从传感器出发，找到一棵有效树

我们希望沿用例 7-2 的模式，但是需要在遍历数据的过程中检查 send 边的值。这个想法基本上就是例 7-4 所能看到的内容，但不需要对 `timestep` 值进行硬编码。

例 7-4：

```
1 sensor = g.V().has("Sensor", "sensor_name", "104115939").next()
2 g.V(sensor).                              // look up a sensor
```

```
3    outE("send").has("timestep", 0).inV().  // traverse edges with timestep = 0
4    outE("send").has("timestep", 1).inV().  // traverse edges with timestep = 1
5    outE("send").has("timestep", 2).inV().  // traverse edges with timestep = 2
6    outE("send").has("timestep", 3).inV().  // traverse edges with timestep = 3
7    outE("send").has("timestep", 4).inV().  // traverse edges with timestep = 4
8    outE("send").has("timestep", 5).inV().  // traverse edges with timestep = 5
9    path().                                  // get the path from the sensor
10     by(coalesce(values("tower_name",       // for the even position elements
11                        "sensor_name"))).   // get the vertex's ID
12     by(values("timestep"))                 // for the odd position elements
```

如果我们知道树的深度，那么例 7-4 中的查询是可以工作的。但是对于任一传感器来说，我们并不知道这一点，所以需要一个用于计数的变量。计数器在起点从 0 开始，每一层遍历加一，直到找到塔顶点。

Gremlin 中通过 loops() 步骤支持这一点。loops() 步骤可以跟踪重复执行的次数，从 0 开始，每一个重复步骤的迭代自增一。

loops()

　　loops() 步骤用于记录遍历器通过当前循环的次数。

我们可以使用 loops() 中的计数器与每个边的 timestep 值进行对比。通过计数器与边的 timestep 的对比，使我们可以仅考虑从起始传感器到塔的有效树。

使用 loops() 并在边上创建一个过滤器。当边的 timestep 值等于 loops() 变量时，则边通过过滤器；当这两个值不相等时，则边无法通过。虽然这个要求看起来相当做作，但是通过顺序遍历边是种常见操作。总体问题和解决方案都为通用的应用程序模式提供了上下文和可迁移的解决方案。

例 7-5 展示了如何在 Gremlin 中使用 loops() 并对边创建过滤器。

例 7-5：

```
1 sensor = g.V().has("Sensor", "sensor_name", "104115939").next()
2 g.V(sensor).as("start").             // look up a sensor, label it
3    until(hasLabel("Tower")).         // until you reach a tower
4    repeat(outE("send").             // traverse out to a send edge
5           as("send_edge").          // label it "send_edge"
6        where(eq("send_edge")).      // filter: an equality test
7          by(loops()).               // an edge passes if loops() is equal to
8          by("timestep").            // the timestep on the edge
9        inV().                       // walk to adjacent vertex
10          as("visited")).          // label it "visited"
11   as("tower").                    // guaranteed tower; label it "tower"
12   path().                         // path from "start" to "tower"
13     by(coalesce(values("tower_name",    // for the even position elements
14                        "sensor_name"))). // get vertex's ID based on its label
15     by(values("timestep"))              // for the odd position elements: time
```

例 7-5 的查询结果如下所示，省略了 path() 对象中的 labels 部分：

```
{ ... ,
  "objects": [
    "104115939",
    "0", "10330844",
    "1", "126951211",
    "2", "127620712",
    "3", "103318129",
    "4", "103318117",
    "5", "Bellevue"
  ]
}
```

让我们逐行解释一下例 7-5 中的步骤。第 2 行设置了遍历的起始顶点。第 3~9 行通过访问出边然后访问对应的顶点，建立从传感器到任何塔的递归遍历。第 6、7、8 行定义了边的过滤器。如果遍历到的边的 timestep 与循环计数器数值相等，则继续遍历；如果数值不等，则该遍历终止。

能够通过循环遍历和过滤器的唯一的遍历，就是从起点的传感器通过有效路径到达塔的遍历。我们通过同样的模式格式化路径结果，并确认我们找到的唯一有效的路径就是从 Sensor 104115939 到 Bellevue 塔。

7.5.4 高级 Gremlin：学习 where().by() 模式

例 7-5 中使用的 where().by() 模式可能让你觉得有点摸不着头脑。

我们希望通过介绍大部分人尝试解决此类问题的常用方法，然后解释为什么它不起作用，帮助你去理解 Gremlin 查询语言中更深入的内容。

学习常见的 Gremlin 错误：has() 的重载

很多人在一开始在边上创建过滤器时都会使用 has("timestep", loops()) 的方式。先看一下例 7-6 中如何实现这种用法，再来解释为什么它是错误的。

 例 7-6 中的查询并没有真正回答本章的问题。引入该示例主要是为了学习。

例 7-6：

```
1 g.V(sensor).
2     until(hasLabel("Tower")).
3     repeat(outE("send").as("send_edge").
4            has("timestep", loops()). // this does not work; details in text
5            inV().as("visited")).
```

```
6      as("tower").
7      path().
8        by(coalesce(values("tower_name", "sensor_name"))).
9        by(values("timestep"))
```

例 7-6 的结果如下所示，我们省略了 path() 对象中的 labels 部分：

```
{ ... ,
  "objects": [
    "104115939",
    "0", "10330844",
    "1", "126951211",
    "2", "127620712",
    "3", "103318129",
    "4", "103318117",
    "5", "Bellevue"
  ], ... ,
  "objects": [
    "104115939",
    "0", "10330844",
    "1", "126951211",
    "2", "127620712",
    "3", "103318129",
    "0", "103318117", //incorrect result: time is out of order: 3, 0, 5
    "5", "Bellevue"
  ]
}, ...
```

例 7-6 中的查询结果与例 7-2 完全一致。这是因为 has("timestep", loops()) 被重载了，每一个遍历器在所有边上都可以通过过滤器。

这里所犯的错误是，这种方式实际在表达："loops() 是否可以访问？"而不是："loops() 的值是否与边的 timestep 属性值一致？"

来深入挖掘一下原因。

例 7-6 中的 has() 步骤创建了一个过滤器，结构为 has(key, traversal)。在这个结构中，has() 创建了一个遍历器以 timestep 属性的值作为起点。当遍历器存在则被遍历的边就可以通过 has() 过滤器。决定遍历器是否存在的条件是否可以通过 loops()，但是 loops() 永远都可以工作，因为每次调用都会返回数值。

本质上说，例 7-6 中创建了一种 has(True) 的永远正确的逻辑。

在帮助 Gremlin 用户编写循环查询时，has(key, traversal) 的重载使用方式是最常见的错误之一。希望这些说明能帮助你避免这样的错误。

解决方案：where().by() 模式

如果 has("timestep", loops()) 不起作用，那么为什么 where().by() 模式就可以呢？

让我们来深入挖掘一下原因。

在例 7-5 中，我们通过 Gremlin 模式创建了一个边的过滤器：

```
where(eq("sendEdge")).
        by(loops()).
        by("timestep")
```

Gremlin 中 where() 的基本语法为 where(a, pred(b))。我们使用了 where(pred(b)) 的简写形式，传入的遍历器被隐式分配给了 a。

传入的遍历器已经标记为 sendEdge，所以实际上应该是：where("sendEdge", eq("sendEdge"))

如果使用两个不同的 by() 调制器，这个模式下的估值永远都会是假。在这个场景中，当 by() 调制器对同一条边产生了两个不同的数值时，就分别赋值给了 sendEdge 和 eq("sendEdge")。

这里的两个 by() 调制器的两个值分别对应 loops() 和 timestep。如果这两个值不同，where 表达式的估值为假，则当前遍历终止。

至此，我们已经掌握了从传感器走到塔所需的所有概念。这个例子的最后一部分，我们需要走回到树的根节点，然后从塔向下找到传感器。

7.6 生产环境中从根节点到叶子节点的查询

本章的最后一部分技术内容，是使用传感器网络数据来避免从塔走到传感器时的分支系数的问题。这里的查询使用了顺序排列的 send 边来通过特定的路径，解决了我们在第 6 章中得到的错误。

从第 6 章我们探索过的塔开始，来回答第一个查询。

7.6.1 按时间顺序直接与 Georgetown 通信的传感器

对于这个问题，我们希望研究一下 Georgetown 塔，看看它接收了多少消息以及每个消息的接收时间。一如既往，我们准备构建一个包含哪个传感器发送信息以及发送时间的 JSON 对象。看一下例 7-7 中的查询以及返回的结果。

例 7-7：

```
1 tower = dev.V().has("Tower", "tower_name", "Georgetown").next()
2 g.V(tower).
3     inE("send").
4     project("Label", "Name", "Time"). // create a map for each edge
```

```
5        by(outV().label()).              // value for the first key "Label"
6        by(outV().                       // value for the second key "Name"
7          coalesce(values("tower_name"),  // if a tower, return tower_name
8                   values("sensor_name"))). // else, return sensor_name
9        by(values("timestep"))           // value for the third key "Time"
```

例 7-7 的查询结果如下：

```
{
    "Label": "Sensor",
    "Name": "1302832",
    "Time": "3"
},{
    "Label": "Sensor",
    "Name": "1002688",
    "Time": "2"
},...,{
    "Label": "Sensor",
    "Name": "1306931",
    "Time": "1"
}
```

该例子与我们在大部分查询中使用的 project() 的构建模式一致。逐行了解一下这个查询，看看每行都在做什么。

例 7-7 的第 2 行，我们以 Georgetown 塔作为起点开始遍历。第 3 行将一个遍历分解为多个：七条相邻的边中的每条边有一个遍历器。这意味着 Georgetown 塔的分支系数为 7，所以现在处理流程中已经有了七个遍历器。第 4～9 行用于定义每个遍历器如何向结果集添加必需的数据。第 4 行创建了一个 map，键包括 Label、Name 和 Time。第 5 行通过出边的顶点填充 Label 键对应的值。第 6～8 行用出边顶点的分区键作为 Name 的值。第 9 行则使用边的 timestep 作为 Time 的值。

我们已经多次使用这个模式来构建图数据的查询结果的 JSON 结构。希望这已经成为一个烂熟于心的 Gremlin 步骤，用于定义预期的查询结果的结构。

信不信由你，本章我们只剩最后一个问题需要解答了。我们希望从 Georgetown 塔开始遍历，找到到达传感器的有效路径。

7.6.2 从 Georgetown 塔向下到达传感器的有效路径

对于这个查询，我们首先需要定义从哪个时间点开始。例 7-7 的查询结果表明，可以找到在 timestep 为 3、2 或 1 时结束的树。我们以在 timestep 3 处结束的顶点树为例。

对于这个查询，我们首先用伪代码来刻画整个过程，如例 7-8 所示。

例 7-8：

```
Question: What Valid Paths Can We Find from Georgetown Down to All Sensors?
Process:
    Initialize a counter variable
    For a total of counter + 1 times (to account for the zero-th edge),
    Do the following:
        Walk to incoming send edges
        Create a filter to compare an edge's timestep with the counter
        Decrease the counter by 1
    Show and shape the path from the tower to the ending sensor
```

为了实现这个类型的查询，我们需要学习一个 Gremlin 的新概念：sack() 操作符。

当我们从塔向下穿过树的不同深度时，需要一个数据结构来跟踪我们走了多少步。例 7-5 中我们使用了 loops()。loops() 每次自增一，但是这里我们需要每次递减一。

所以我们需要些不一样的方式。

我们可以使用 sack() 在 Gremlin 遍历中自定义一个变量。你可以认为 sack 在图数据的遍历开始时，给每个遍历器一个包裹。通过初始化的步骤，可以给这个包裹里放任何你想要的东西。当遍历器在图数据中游走时，可以根据从图数据中处理的内容来改变它的包裹里的内容。

sack()

> 遍历器可以包含一个局部数据结构，称为 sack。sack() 方法则用于对这个 sack 变量写入或者读取内容。

withSack()

> withSack() 方法用于初始化 sack 的数据结构。

在接下来的查询中，我们从 timestep 3 开始，经过 timestep 分别为 2、1 和 0 的边。为了练习，你可以任意修改开始的时间。我们在查询中选取 start = 3 来介绍相关概念。

让我们看一下如何使用 Gremlin 中的 repeat()、times() 和 sack() 操作符来实现例 7-8 中的伪代码。查询如例 7-9 所示。

例 7-9：

```
1 start = 3
2 tower = dev.V().has("Tower", "tower_name", "Georgetown").next()
3 g.withSack(start).  // every traverser starts with a sack with a value of 3
4   V(tower).as("start").                // look up Georgetown
5   repeat(inE("send").as("send edge").// traverse to incoming edges
```

```
6          where(eq("send_edge")).     // create an equality filter:
7            by(sack()).               // test if the sack() value
8            by("timestep").           // equals the edge's timestep
9          sack(minus).                // decrease the sack's value
10           by(constant(1)).          // by 1
11         outV().as("visited")).      // traverse to adjacent vertex
12     times(start+1).                 // do lines 5-10 four times
13     as("tower").          // this vertex passed all edge filters
14     path().               // get the path to it starting from Georgetown
15       by(coalesce(values("tower_name", // first object in path is a vertex
16                           "sensor_name"))).
17       by(values("timestep"))        // second object in path is an edge
```

先来逐行分析一下代码，再来查看返回结果。

例 7-9 中的第 1 行初始化起点变量为 3。该查询中会多次用到这个变量，第一次就是在第 3 行，初始化一个遍历器的 sack 为 3。第 4 行开始一个以 Georgetown 塔为起点的遍历。然后分别在第 5、12 行看到了 repeat()/times() 模式。这里我们使用 start + 1 作为遍历结束的条件。这意味着，从第 5～12 行的遍历会在 start + 1 = 4 次循环之后结束。

在 repeat 语句中，为处理的每条边构建一个过滤器。使用之前我们接触过的 where()/by() 结构。然而这一次，使用 sack() 替代 loops()，这意味着每条边的 timestep 值需要与 saclk() 的值进行对比。

深入理解一下这个循环中 sack() 是如何工作的。

在 repeat 中，第一次处理遍历器时，每个遍历器的 sack 中存储的值为 3。具体说，就是第一次使用 6、7、8 行的过滤器时，对比的是边的 timestep 值和整数 3。只有与 Georgetown 相邻且 timestep 为 3 的边才能通过这个过滤器。

在第 9 行，我们修改了遍历器的 sack 的数值。通过 sack(minus) 步骤减少 sack 的数值。第 10 行的 by() 调制器则告诉遍历器应该从 sack 值减少多少。我们希望递减值为 1，所以使用 by(constant(1))。

在第 11 行，我们转移到下一个顶点，第 12 行检查循环条件。第 14～17 行像之前做过的很多次一样，对路径的结果进行格式化。例 7-9 的返回结果如下，省略了 path() 对象中的 label 部分：

```
{...,
  "objects": [
    "Georgetown",
    "3", "1302832",
    "2", "1059089",
    "1", "1255230",
    "0", "1248210"
  ] , ... ,
```

```
      "objects": [
        "Georgetown",
        "3", "1302832",
        "2", "1059089",
        "1", "1302832",   // cycle
        "0", "1010055"
      ]
    }, ...
```

如果细心一点，你就会发现意料之外的结果。第二个对象包含了一个出现过的传感器 1302832，但是路径信息中是正确的时间序列的数值。和第 6 章一样，我们需要从结果中去掉循环路径。

例 7-10 中的结果查询与之前相同，但是多了第 12 行的步骤。

例 7-10：

```
1 start = 3
2 tower = dev.V().has("Tower", "tower_name", "Georgetown").next()
3 g.withSack(start).
4   V(tower).as("start").
5   repeat(inE("send").as("send_edge").
6         where(eq("send_edge")).
7             by(sack()).
8             by("timestep").
9         sack(minus).
10           by(constant(1)).
11         outV().as("visited").
12         simplePath()).      // remove cycles
13   times(start+1).
14   as("tower").
15   path().
16     by(coalesce(values("tower_name",
17                        "sensor_name"))).
18     by(values("timestep"))
```

例 7-10 的返回结果如下，省略了 path() 对象中的 label 部分：

```
  {...,
    "objects": [
      "Georgetown",
      "3", "1302832",
      "2", "1059089",
      "1", "1255230",
      "0", "1248210"
    ]
  }, ... ,
    "objects": [
      "Georgetown",
      "3", "1302832",
      "2", "1059089",
      "1", "1255230",
      "0", "1280634"
    ]
  }
```

从结果中可以看出，有两条不同的有效树从 Georgetown 塔出发。其中一棵树以传感器 1248210 作为结束，另一条则以传感器 1280634 作为结束。

这正是我们原本要创建的查询！

我们已经成功解决了第 6 章结尾处的错误，并且能够在示例数据中往返于叶子节点和根节点。

7.7 在通信塔故障的场景中应用查询

作为 Edge Energy 的数据工程师，你的最终任务是应用你所构建的内容来解决 Edge Energy 的更大的问题：通信塔的停机或者故障对网络有什么影响？

理解数据和图技术的艺术来源于综合多个组件来解决复杂问题。在前面两章，我们已经准备好了数据、图结构以及查询来做到这一点：使用数据间存在的关系，深入了解网络的动态性和不断发展的拓扑结构。

那么我们应该如何整合过去两章的结果来解决 Edge Energy 的复杂问题呢？我们用之前熟悉过的工具来拆解公司面临的复杂问题。

我们已经查询过 Georgetown 塔和周边了。回忆一下我们在第 6 章看到的图，考虑一下如果 Georgetown 塔故障的话会带来什么影响。图 7-14 中用灰色代表 Georgetown 塔，黑色星号代表附近的传感器。菱形是附近的其他通信塔。

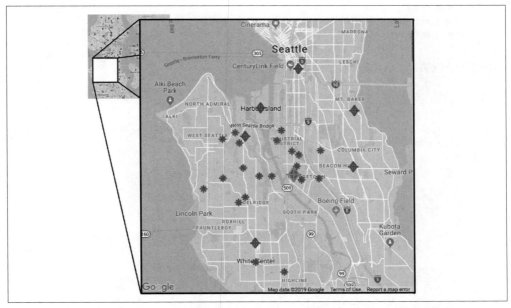

图 7-14：可视化 Georgetown 塔周边的传感器和通信塔；为了图像的清晰度，网络中的边不予显示

思考一下如果 Georgetown 塔故障了会发生什么。哪些传感器（如果有的话）我们将无法连接？是仅限于围绕在塔周围的传感器么？

查询一下图然后让数据告诉我们会发生什么。我们已经找到了两个工具来回答这个问题：

1. 对于任意塔，我们可以找到与其通信的所有传感器。

2. 对于任意传感器，我们可以知道它与哪些塔相连。

为了解决 Edge Energy 这个复杂网络故障问题，对 Georgetown 塔遵循以下流程：

1. 获取任何时间窗口内连接到 Georgetown 塔的传感器列表。

2. 对于每个传感器，查询网络以确认它们是否在该时间窗口内使用了不同的通信塔。

使用我们已经构建的查询来分别回答这两个问题。

获取任何时间窗口内连接到 Georgetown 的传感器列表。

例 7-11 展示了附带的 Studio Notebook（*https://oreil.ly/egfkr*）中我们所做的事情。

例 7-11：

```
Question: Get a list of sensors that connected with Georgetown in any time window
Process:
    Wrap our query from a tower to sensors in a method: getSensorsFromTower()
    For each step in time:
        Find all sensors that connected with Georgetown
    Create a unique list of the sensors
```

与例 7-11 中的伪代码对应的实现代码见例 7-12。

例 7-12：

```
// wrap our query of valid paths in a method called getSensorsFromTower
def getSensorsFromTower(g, start, tower){
    sensors = g.withSack(start).V(tower).
                        repeat(inE("send").as("sendEdge").
                            where(eq("sendEdge")).
                                by(sack()).
                                by("timestep").
                            sack(minus).
                            by(constant(1)).
                            outV().
                            simplePath()).
                        times(start+1).
                        values("sensor_name").
                        toList()
```

```
        return sensors;
}
atRiskSensors = [] as Set;            // create a list of sensors

tower = g.V().has("Tower", "tower_name", "Georgetown").next();
for(time = 0; time < 6; time++){  // loop through a window of time
    // all sensors into Georgetown's list at this time via getSensorsFromTower()
    atRiskSensors.addAll(getSensorsFromTower(g, time, tower));
}
```

例 7-12 的返回的主要内容就是 atRiskSensors 对象。它是一个包含了从 Georgetown 塔
出发的具备所有有效通信路径的传感器的列表。前四个传感器是:

```
    "1302832",
    "1059089",
    "1290383",
    "1201412",
    ...
```

为了向 Edge Energy 提供主动信息，我们还需要知道最后一件事：前一个结果中有风险
的传感器还与其他哪些塔通信。

对于每个有风险的传感器，找到与之通信的所有塔

例 7-13 展示了附带的 Studio Notebook（*https://oreil.ly/egfkr*）中我们所做的事情。

例 7-13:

```
Question: For each at-risk sensor, find all towers it communicated with
Process:
    Wrap our query from a sensor to towers in a method: getTowersFromSensor()
    For each sensor in atRiskSensors:
        For each step in time:
            Find the towers the sensors connected with
        Add to a map of the unique towers a sensor connected to
    Find sensors that connected only to Georgetown
```

当我们分析数据中的所有路径时，我们最终寻找的是与 Georgetown 唯一相连的传感器。
与例 7-13 中的伪代码对应的实现代码见例 7-14。

例 7-14:

```
// wrap our query of valid paths in a method called getTowersFromSensor
def getTowersFromSensor(g, start, sensor) {
    towers = g.withSack(start).V(sensor).
                until(hasLabel("Tower")).
                repeat(outE("send").as("sendEdge").
                        where(eq("sendEdge")).
```

```
                                    by(sack()).
                                      by("timestep").
                                inV().
                                sack(sum).
                                  by(constant(1))).
                        values("tower_name").
                        dedup().
                    toList()
        return towers;
    }

    otherTowers = [:];                              // create a map

    for(i=0; i < atRiskSensors.size(); i++){        // loop through all sensors
        otherTowers[atRiskSensors[i]] = [] as Set;  // initialize the map for a sensor
        sensor = g.V().has("Sensor", "sensor_name", atRiskSensors[i]).next();
        for(time = 0; time < 6; time++){            // loop through a window of time
            // use getTowersFromSensor to add all towers
            // into the map for this sensor at this time
            otherTowers[atRiskSensors[i]].addAll(getTowersFromSensor(g, time, sensor));
        }
    }
```

例 7-14 的返回的主要内容是 otherTowers 对象。该对象是一个 hashMap，包含了从起点的传感器开始通过所有有效通信路径所能连接到的通信塔。让我们看一下 otherTowers 中的前几项。

例 7-15:

```
{   "1035508": ["Georgetown", "WhiteCenter", "RainierValley"]
},{ "1201412": ["Georgetown", "Youngstown"]
},{ "1255230": ["Georgetown"]
}, ...
```

例 7-15 将过去两章的内容合并到同一个结果中。这个数据可以解释为，如果 Georgetown 塔发生故障，则 1035508 有其他两个备选项：WhiteCenter 或者 RainierValley。但是，从我们选择的时间窗口来看，1255230 传感器是有风险的，因为在该时间窗口内它只与 Georgetown 通信。

我们在图 7-15 中可视化了例 7-15 中所有有风险的传感器。

图 7-15 中的 map 说明了 Georgetown 塔故障后网络故障的情形。故障的 Georgetown 塔用黑色实心菱形表示。所有在特定时间段内只与 Georgetown 通信的传感器用黑色表示。所有可以与其他附近通信塔连接的传感器用灰色表示。其余的塔则用黑色空心菱形表示。

让我们回退一些，了解当前的状况。

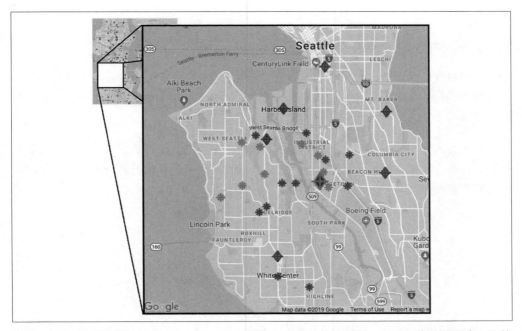

图 7-15：模拟故障并可视化 Georgetown 塔周围存在风险的传感器；为了图像的清晰度，网络中的边不予显示

复杂问题的最终结果

我们构建的目标是能够与 Edge Energy 团队进行主动对话。我们可以借助这些结果、数据及其在网络中的关系来确定 Edge Energy 的下一步。

黑色传感器并不是我们需要报告给 Edge Energy 公司的故障，它们代表的是可能存在风险的传感器。仔细观察图 7-13 中的地理位置，有风险的传感器周边有许多其他的传感器和通信塔可以连接。只有随着时间的推移持续观察，Edge Energy 才能充分了解网络中任何个体传感器的风险。

通过分布式图技术，我们帮助 Edge Energy 公司监控其通信网络。可以使用该图拓扑结构，不断演化来主动应对不同的网络故障的场景。

7.8 以小见大

第 6 章和第 7 章中，我们探索了自组织传感器网络的时间序列数据的层次结构，以解决有关 Edge Energy 动态网络的复杂问题。我们坚持将查询和对数据的理解结合在一起，帮助 Edge Energy 解决一个复杂的问题：如何使用图中的时间序列数据来主动应对网络故障。

谁知道穿过树林可能会像在公园里散步一样？

如果你还没有做过这些，那么我们强烈建议你自己尝试一下。*https://oreil.ly/graph-book* 上附带的 Studio Notebook 会带你实现每一个查询，还会提供其他一些本书中没有提到的奖励项目。

到目前为止，在本书中我们已经介绍了分布式系统中两种最流行的图模型的数据结构和查询：邻接点和分层结构。第 8 章中我们将介绍和使用第三种流行的分布式图应用程序数据模型和查询：网络路径。

第 8 章

开发环境中的路径查找

除了邻接点检索和无限分层结构以外，图数据中的路径查找是另一种图技术中的主流应用场景。

除了为本书采访世界各地的图形用户，我们还花了大量时间与他们一起工作。很多情况下，工作会议的核心内容都是在图数据中探索未知路径。

在其中一个工作会议中，我们正在教授团队一种常用的路径查找技术。我们使用机场之间的飞行路径图来推断城市之间的航班模式[注1]。我们从两个航空旅行最常见的问题开始练习：从某个特定机场出发有多少个直达路线？换乘一次可以到达多少个机场？

研讨会期间的问题讨论让我质疑人们到底是如何利用路径信息做出明智的决定。

其中特别有意思的一点与信任有关。

你如何决定你是否应该信任某个人？人们会信任自己的朋友，所以相较于陌生人来说，可能倾向于信任朋友的朋友。但是为什么呢？

正是你对你和其他人之间不同路径的信任激励并告知了你的偏好。

8.1 本章预览：量化网络中的信任

首先，我们会介绍更多的例子来说明如何使用路径量化信任关系。其次，我们会讲解从数学和计算机科学中处理图数据中的路径所需的概念。在这之后，我们将开始本章的示例，在整个比特币信任网络中使用、查询和寻找路径来回答一个基本问题：在与某个人开始互动之前，你对他有多少信任？8.5 节将在比特币网络中应用路径查询。我们将从

注 1： Kelvin Lawrence, *Practical Gremlin: An Apache TinkerPop Tutorial*, January 6, 2020, *https://github. com/krla wrence/graph.*

理解和探索数据中的信任开始，然后向你展示如何使用路径查询来决策是否信任特定的比特币钱包。

本章将以信任的数学量化方式作为结束，引出第 9 章中我们需要解决的问题。

8.2 关于信任的三个例子

图数据中的信任和路径之间的相关性已经被证实，几乎适用于与全球客户合作的所有路径应用程序。

我们其实已经在如何使用社交媒体、侦探如何建立刑事案件，以及物流优化等场景中涉及这一点了。

8.2.1 你对公开邀请有多信任

思考一下你最常使用的社交媒体平台。

你是如何确定是否接受一个来自粉丝或者好友的链接请求的？

和大部分人一样，你可能会为这些新的链接请求执行一个常见的过程。通常，你首先会查看与潜在的新朋友、联系人或粉丝之间的共同联系人。图 8-1 提供了一种你可能需要查看的潜在链接的表。

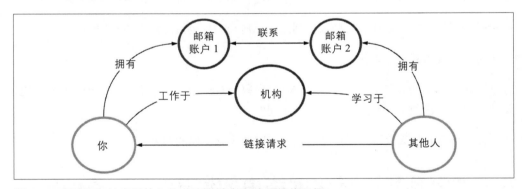

图 8-1：查看你与社交媒体上的公开邀请之间的路径的示例

你可能会问自己："我与这个人之间有多少共同好友？"是 3 个还是 30 个？然后需要确定一下这些共同好友的质量。比如共同好友中是否包含家人或者亲密的朋友？或者共同好友是否都来自生活中的特定点，例如某份工作或某个学校？

这个分析过程其实包含了遍历共同好友的数量和质量。你正在借助你和新的链接请求人之间的路径来了解并告知你是否可能认识那个人。最终，对这些路径的信任决定了你是否接受新的链接邀请。

接受社交媒体上的新链接会从最短的路径开始，然后自然地演变成对这些路径的质量和背景的考量。

社交媒体帮助我们识别我们能否信任新的链接关系。我们使用共享的联系来构建一个关于如何认识某人以及因此是否信任他的故事。

这可能也是每次与自己的网络互动时自然而然做出的事情。但这并不是第一个使用这种能力的场合。长期以来，调查人员一直在使用可信的来源，在两个独立的人之间建立联系。

8.2.2 调查人员的故事站得住脚吗

刑事调查的悠久历史，以及不断增长的数据和新兴的图技术，为跨数据的量化信任关系提供了完美的环境。

侦探的工作内容主要是收集尽可能多的信息，以了解两个人之间的联系。侦探可以通过传送与案件相关的数据源来获取历史记录。然后调查人员通过统一数据源，可以直接在公开案件中搜索潜在的联系。图 8-2 中展示了部分数据源形成的图。该图描绘了我们为侦探故事编造出的内容，但是也可以从概念上进行思考。

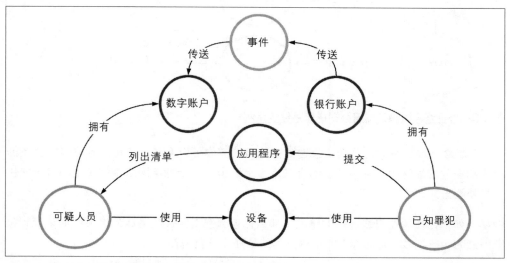

图 8-2：分析路径来对可疑人员进行调查的示例

在刑事调查中，绘制有关两个人之间联系的相关性，可以使用数据中的路径来讲述发生的事情。调查人员报告的信息受法律管辖，他们必须相信构成故事中联系的真实性。

在一个不那么严肃的场景中，当你决定个人的航班行程时，你会做同样类型的调查。你会根据所购买航班的历史信息和路线质量来决定行程，这种方式其实与调查人员得出案件结论的方式相同。

让我们看一下使用网络中的路径来量化信任的第三个例子。

8.2.3 物流公司如何模拟包裹的投递

一家物流公司可能需要寻求最大限度地减少其交付路线上的成本和时间的方法。作为优化的一部分，该物流公司可能需要考虑包裹从仓库到投递目的地之间被转运的次数。更少的转运次数意味着更低的包裹丢失率或者误投率。我们画了一个图来表示物流网络，如图 8-3 所示。

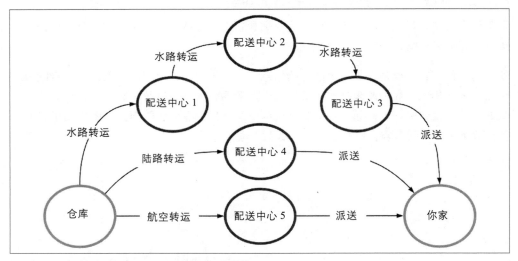

图 8-3：分析路径以确定物流公司最佳路线的示例

图 8-3 描绘了包裹是如何从仓库投递到家门口的。你可以看到三条可能的路径，每条的长度和经过的配送中心都不同。综合考虑多个因素，这个物流网络中的某条路线可能优于另外两条。

例如，如果你在关注包裹运输的路径，那么你也会感受到优化路线的效果。如果看到包裹停靠的次数越多，那么你对其准时到达的信任度就会越低。

路径优化是图在计算机科学中最常见的用途之一。不论你是为个人旅行做决定还是等一个快递，最值得信任的方案都是能够在数据中找到的最短路径。

真正重要的就是对源和目的地之间的路径的信任。

通过理解共同好友关系来量化两个概念之间的信任（可能）是现在分布式图技术中最相关、最容易理解的应用场景了。

8.3 路径的基本概念

当你不确定如何在图中的顶点之间遍历时，路径发现查询是图技术的主流应用场景。

然而，图结构中的路径发现可能是把双刃剑：一方面，图技术中的路径发现可能为你找到一个简单优雅的解决方案；但另一方面，基础的路径发现查询可能很快就会失控。

路径查找的问题很容易遇到，但是计算起来非常耗时。这是为什么说查询容易失控的原因。

让我们从在图结构中发现路径的最基本的问题定义开始。

8.3.1 最短路径

在本节中，我们会介绍基于路径距离的最短路径。

回忆一下第 2 章中对距离的定义，距离表示从一个顶点到另一个顶点的最少的边数。最短路径问题，是指在图中找到从一个顶点到另一个顶点的距离最短的路径。这里包含了四个我们会用到的术语和定义。

路径
    图中的路径是指图中由连续的边组成的序列。

长度
    路径长度是指路径中包含的边的数量。

最短路径
    两顶点间的最短路径是指在连接两顶点的所有路径中长度最短或者距离最近的那条路径。

距离
    图中两顶点间的距离是指最短路径包含的边的数量。

在图 8-4 中，有三条线路可以从 A 到 D：

1. A → D

2. A → C → D

3. A → B → C → D

最短路径就是指距离最短的那条路径，在这里就是 A 到 D，距离为 1。其他两条路径长度分别为 2 和 3。

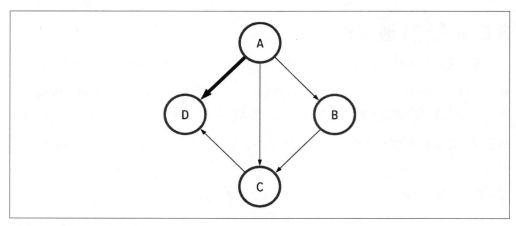

图 8-4：从 A 到 D 最短路径的示例

一般有三种类型的最短路径问题：

最短路径

最短路径问题的目标是发现从 A 到 B 的最小距离。

单源最短路径

单源最短路径问题的目标是发现从 A 到图中所有其他顶点的最小距离。

所有顶点对的最短路径

所有顶点对的最短路径问题的目标是发现图中任意两个顶点之间的最小距离。

  这些定义提供了你可能遇到或即将遇到的三类路径查找问题。本章重点解决第一类问题：寻找两个已知点之间的最短路径。

路径问题的任何解决方案都依赖于对如何按特定顺序遍历图数据的了解。让我们深入研究两种用于查找最短路径的基本技术：深度优先搜索（Depth-First Search，DFS）和广度优先搜索（Breadth-First Search，BFS）。

深度优先搜索

深度优先搜索是一种图数据结构的遍历算法。它在回溯之前沿着每个分支探索尽可能深的路径。

广度优先搜索

广度优先搜索是一种图数据结构的遍历算法。它在移动到下一个深度的顶点之前，会探索当前深度的所有相邻顶点。

你可能会问："为什么我们需要学习 DFS 与 BFS？"

首先，大多数工程师都是从搜索某种路径查找算法开始研究路径发现的。对我们来说，这是种逆向的做法。其次，由于路径的概念非常容易理解，因此我们很容易将解决方案与潜在问题混淆。

在使用特定算法之前，你需要了解清楚你要解决的路径问题是哪一种。

8.3.2 深度优先搜索和广度优先搜索

深度优先搜索和广度优先搜索是说明图结构数据的过程访问的两种最常见的方法。深入了解这两种技术会为你提供探索路径发现算法世界所需的基础，因为从某种程度来说，其他的路径发现问题的解决方案也都是构建在这两种算法基础之上的。

这两种实现方式的差异非常容易理解。深度优先搜索中优先考虑尽可能深入地探索一条路径，然后再返回另一条路径。广度优先搜索则优先探索一定距离内的所有可能路径，然后再逐层深入。

通过图 8-5 来看一下这些差异。当你在图中遍历时，主要考虑的问题就是每个过程中访问的顶点的顺序，我们称之为访问集。我们在图 8-5 中用数字标记每个顶点，数字代表每个算法访问（或到达）该顶点的顺序。

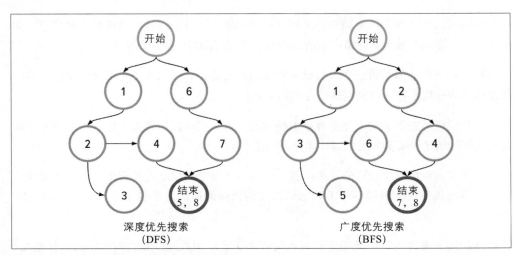

图 8-5：两种最常见的图遍历算法的访问集

对于图 8-5 中的每个图，目标都是程序化地从顶部的开始顶点走到末端。左边的图代表了 DFS 中每个顶点被访问到的顺序。这里，你可以看到在返回顶部以选择不同的路径之前，每个分支都会被访问直到结束节点。右边的图代表了 BFS 中每个顶点被访问到的顺序。这里，你可以看到在进入更深层节点之前，每个当前深度上的节点都被访问到了。

DFS 和 BFS 之间的实现细节归结为所使用的数据结构。DFS 使用后进先出（LIFO）的栈。你可以通过栈的概念来记住这一点。栈是典型的垂直结构，就像 DFS 在扩展之前深入探索数据的方式一样。BFS 则使用先入先出（FIFO）的队列。你可以通过队列的概念来记住这一点。队列是典型的水平结构，就像 BFS 在深入之前广泛探索数据的方式一样。

无论你需要多长时间来适应图的思考方式，了解处理数据所需的运行时间和开销都至关重要。因此，请保持刻意练习，思考在遍历过程中需要访问多少数据。从这里，你可以量化对遍历或路径算法将运行多长时间或访问多少数据所需的开销的期望。

8.3.3 将应用程序功能抽象为不同的路径问题

回想一下最近一次你使用领英。你可能打开了领英的应用程序搜索了某个人。当你看到搜索结果时，你会看到一个指标，用于说明搜索结果中的每个人与你的联系有多紧密。通过这个指标你立刻就可以知道这个人与你是 1 级、2 级还是 3 级的关系。

那现在，假设自己是一个为领英工作的工程师。

在这个场景中，你要设计你刚刚使用过的那个表示连接紧密程度的徽章功能。该功能使领英的任何用户在搜索时都可以知道自己与其他人的距离。从这开始，你和你的工程师团队有一长串要考虑的方法。

是否可以通过解决图中所有顶点对最短路径的问题来预计算连接徽章的所有距离值？如果这么做，那么当领英的网络中新增或者减少了链接的时候应该怎么办？

终端用户对了解他们与另一个人的链接程度的期望是什么？为了优先考虑将信息传递给终端用户的速度，你可以放宽哪些方面的需求？

尽管这些问题是在领英的上下文背景中提出的，但它们对任何想要在应用程序中使用路径距离的团队来说都是常见的需要考虑的因素。

为了回答有关应用程序设计的这些问题，你需要了解处理图结构数据中对性能有影响的因素。解决领英这个规模下相关问题的图结构数据的遍历方法也是基于 BFS 或者 DFS 构建的。

我们将在接下来的内容中使用这些基本技术来探索示例数据，并找到其中的信任路径。为此，让我们先介绍本章的示例数据，并在示例问题中应用最短路径。

8.4 信任网络中的路径查找

不同概念之间的距离可以量化信任程度。

为了生动地解释这个公理，从现在到第 9 章结束的示例都将深入比特币的世界[译注1]。对比特币交易者之间的信任网络的探索在图数据中的路径和信任之间创建了一个有趣的交集。讽刺的是，比特币的出现却是以对中心化机构的不信任为核心的。

在本节中，我们会介绍相关数据，简述比特币相关的术语，以及开发数据模型。

8.4.1 源数据

我们要研究的是在比特币场外交易（Over The Counter，OTC）市场上交易比特币的人组成的网络。比特币 OTC 市场允许其成员评估自身对其他成员的信任程度，这些评分构成了"谁信任谁"的网络，也就是我们即将使用的数据集。评分范围为 [-10，10]。你会在接下来的细节中看到评分的数据，但是直到第 9 章才会在查询中使用这部分数据。这些数据来源于 Srijan Kumar 等人的研究工作，并且可以在斯坦福网络分析平台（Stanford Network Analysis Platform，SNAP）上找到[注2, 3]。

斯坦福网络分析平台（*https://oreil.ly/qaDcg*）是一个通用网络分析和图挖掘库。

数据集中的每一行都有一个评分，按时间排序，格式如下：

```
SOURCE, TARGET, RATING, TIME
```

每条数据的含义如下：

源（SOURCE）
　　评价者的顶点 ID。

译注 1：在中国，严厉打击比特币挖矿和交易行为，比特币不能作为货币在市场上流通。

注 2：Srijan Kumar, et al. "Edge Weight Prediction in Weighted Signed Networks," in *2016 IEEE 16th International Conference on Data Mining* (ICDM), Barcelona, Spain, December 12–15, 2016 (Piscataway, NJ: Institute of Electrical and Electronics Engineers, 2017), 221–30.

注 3：Srijan Kumar, Bryan Hooi, Disha Makhija, Mohit Kumar, Christos Faloutsos, and V.S. Subrahmanian, "REV2: Fraudulent User Prediction in Rating Platforms," in *WSM'18: Proceedings of the Eleventh ACM International Conference on Web Search and Data Mining*, Marina del Rey, California, February 5–9, 2018 (New York: ACM, 2018), 333–41.

目的（TARGET）

　　被评价者的顶点 ID。

评分（RATING）

　　评价者对被评价者的评分，范围从 −10 到 +10，步长为 1。

时间（TIME）

　　评分的时间，以纪元（epoch）以来的秒为单位。

例 8-1 展示了数据的前五行。

例 8-1：

```
$ head -5 soc-sign-Bitcoinotc.csv
6,2,4,1289241911.72836
6,5,2,1289241941.53378
1,15,1,1289243140.39049
4,3,7,1289245277.36975
13,16,8,1289254254.44746
```

检查一下例 8-1 中数据的第一行：6,2,4,1289241911.72836。该数据代表，ID 为 6 的人对 ID 为 2 的人信任度评分为 4。评价发生在纪元时间 1289241911.72836，也就是 2010 年 11 月 8 日，星期一，13：45GMT。

 原始的源数据中包含纪元时间。本书附带的数据则使用 ISO 8601 标准，因为我们在示例中转换了时间戳以便于理解。例如，纪元时间的 1289241911.72836 会被转换为 ISO 8601 标准格式的 2010-11-08T13:45:11.728360Z。

在构造有趣的查询和数据模型之前，让我们先来参观一下比特币术语的世界。

8.4.2 比特币术语简介

比特币是一种加密货币，是去中心化的数字货币，这意味着没有中央银行或机构控制其价值。相反，比特币是在点对点网络上进行交换的。

从本质上讲，每个比特币都是存储在智能手机或计算机上的数字钱包应用程序中的一个计算机文件。人们可以将全部或部分比特币发送到自己的数字钱包，你也可以将比特币发送给其他人。每笔交易都记录在称为区块链的公共列表中。

地址

　　地址是指比特币的公钥，可以将交易发送到该地址。

钱包

　　钱包是与地址对应的私钥的集合。

在数据中，我们处理的是可以在区块链上观察到的内容。我们可以观察到两个人之间比特币的交换，代表你将比特币发送到某个地址或者从某个地址接收了比特币。你可以加密、导出、备份以及导入你的钱包。一个钱包中可以包含对应比特币地址的多个私钥。

现在，我们可以为我们的例子定义一个用于开发的模型。

8.4.3 创建开发模型

尽管示例数据中使用的是整数，但真正的比特币地址实际上是由不超过 34 个字符的字母数字组成的字符串。因此，我们在图结构中使用 Text 数据类型作为比特币地址。

我们需要的数据模型相当简单。我们有一个对其他地址进行评分的地址列表。一个地址可以对其他地址进行多次评分，我们通过唯一的评分值来捕获每一次评分。

在讨论数据时我们提到的说法是"这个地址对那个地址评分"。使用之前提到的数据建模技巧，我们可以得到一个顶点标签 Address 和一个边标签 rated。图 8-6 展示了例子中的概念模型。

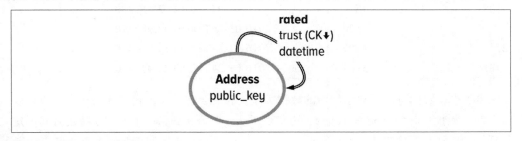

图 8-6：图数据中的概念模型

使用 GSL（第 2 章中的图结构语言），将图 8-6 中的概念模型转换为例 8-2 中的代码。

例 8-2：

```
schema.vertexLabel("Address").
       ifNotExists().
       partitionBy("public_key", Text).
       create();

schema.edgeLabel("rated").
       ifNotExists().
       from("Address").
       to("Address").
       clusterBy("trust", Int, Desc).
       property("datetime", Text).
       create()
```

沿用第 4 章的方式，我们再次使用文本类型代表时间，以便在接下来的例子中更容易说明概念。使用文本类型表示时间，是因为我们使用了 ISO 8601 的标准格式：`YYYY-MM-DD'T'hh:mm:ss'Z'`，其中 `2016-01-01T00:00:00.000000Z` 表示 2016 年 1 月的起始点。

一旦我们准备好图结构，就可以开始加载数据了。

8.4.4 加载数据

我们在 `soc-sign-Bitcoinotc.csv` 上做了一些基本的 ETL（提取 - 转换 - 加载），创建了两个单独的文件：`Address.csv` 和 `rated.csv`。这个工作可以将日期时间数据从纪元时间转换为 ISO 8601 标准，以便通过 DataStax Graph 加载数据。

为了了解数据，让我们看一下表 8-1 中 `rated.csv` 文件的前五行。与之前一样，我们为 csv 文件设置了标题行。标题行的名称需要与例 8-2 中定义的 DataStax Graph 结构的属性名一致。你也可以在使用加载工具[注4]时单独定义 csv 文件和数据库结构之间的映射。

表 8-1：rated.csv 文件的前五行数据

out_public_key	in_public_key	datetime	trust
1128	13	2016-01-24T20:12:03.757280	2
13	1128	2016-01-24T18:53:52.985710	1
2731	4897	2016-01-24T18:50:34.034020	5
2731	3901	2016-01-24T18:50:28.049490	5

从表 8-1 中，我们可以了解示例中的数据类型。我们会在两个公钥之间创建边，边可以包含两个属性：`datetime` 和 `trust`。边代表了从一个公钥到另一个公钥在特定时间创建信任评分。让我们检查其中一行数据：

```
|1128|13|2016-01-24T20:12:03.757280|2
```

该行表示密钥为 1128 的钱包在 2016 年 1 月 24 日 20:12:04（四舍五入）给钱包 13 的信任评分为 2。

随附的脚本使用与之前几次相同的加载过程。如果你想查看代码，那么请在本书 GitHub 仓库（*https://oreil.ly/OBYdY*）中的第 8 章的 data 目录中获取这些示例的数据和加载脚本。

让我们通过一些基本的探索性查询，确保正确地理解和加载数据。

注 4：参考 DataStax Bulk Loader 文档，地址为：*https://docs.datastax.com/en/dsbulk/doc/dsbulk/reference/sche maOptions.html#schemaOptions__schemaMapping*.

8.4.5 探索信任社区

DataStax Studio 中的探索练习，是观察数据中的信任社区。

作为开始，我们需要确认加载到图中的顶点和边的正确数量。例 8-3 中首先计算了加载到 DataStax Graph 中的顶点总数，并将其与 SNAP 数据集进行比较。

例 8-3：

```
dev.V().hasLabel("Address").count()
```

例 8-3 返回 5881，与 SNAP 数据集中的唯一公钥数量一致。接下来，例 8-4 计算了加载到 DataStax Graph 的边的总数，并将其与 SNAP 数据集进行比较。

例 8-4：

```
dev.E().hasLabel("rated").count()
```

例 8-4 返回 35592，确认总数与 SNAP 数据集中的评分数一致。

看一下图 8-7 中信任社区的子图，它展示了从起始地址算起的二级邻接点。

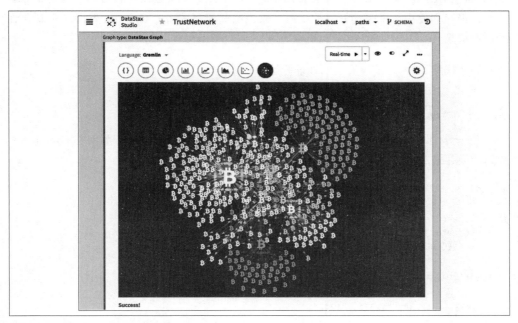

图 8-7：从起点公钥开始的信任社区

DataStax Studio 通过 Louvain 社区检测算法使用"模块最大化"，来为 Studio 客户端应用程序中的子图分配颜色。

图 8-7 展示了从单个起始顶点开始的二级邻接点。我们打开了 DataStax Studio 的图可视化选项以显示结果的视图，并配置可视化选项以显示子图中的社区检测。

如图 8-7 所示，探索图数据非常有趣。通过创建一个简单的图结构并使用批量加载工具，我们希望你可以在几分钟内完成从图结构创建到数据加载和图可视化的整个过程。

从这里开始，我们需要从数据探索转移到定义我们的查询。我们的目标是通过在数据集中找到从一个公钥到另一个公钥的最短路径量化两个钱包之间的信任。

8.5 用比特币信任网络理解遍历

我们的主要目标是找到一对合适的地址，用于 8.6 节中路径查询的例子。对于地址对中的第一个，我们采取了投机取巧的方式，随机选择了一个作为起点的地址：public_key:1094。所以本节主要做的查询就是在 1094 周围的顶点中找到一个合适的可以用于路径发现的备选顶点。出于我们的目的，我们需要寻找一个以前未与 1094 进行过交易但是具有许多共享连接的地址。

我们通过构建一对顶点来验证后续更长的查询。不得不承认这让我们的例子感觉像是编造的，但我们使用测试驱动开发的实践，来说明如何测试新的 Gremlin 查询以获取有效的预期结果。

让我们从找到 1094 之前评价过的地址开始。

8.5.1 一级邻接点的地址

1094 的一级邻接点正是 1094 之前评价过的那些地址。例 8-5 回顾了如何在 Gremlin 中找到一级邻接点：

例 8-5：

```
dev.V().has("Address", "public_key", "1094").
    out("rated").
    values("public_key")
```

例 8-5 的结果中包含了 31 个不同的地址。前五个地址如下：

    "1053", "1173", "1237", "1242", "1268",...

一级邻接点中的 31 个地址并不适合我们的例子，因为它们与 1094 的距离都为 1，如图 8-8 所示。

接下来查找二级邻接点。

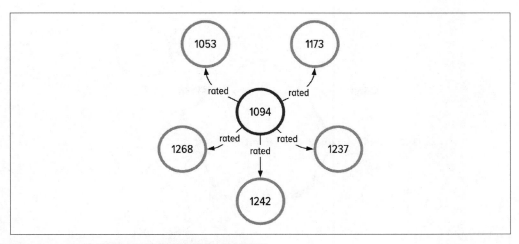

图 8-8：1094 的部分一级邻接点的地址（星状图）

8.5.2 二级邻接点的地址

从一级邻接点，再继续多遍历一条边就可以到达二级邻接点。例 8-6 展示了如何在 Gremlin 中访问二级邻接点。

例 8-6：

```
dev.V().has("Address", "public_key", "1094").
    out("rated").
    out("rated").
    dedup().      // remove duplicates to get the list of unique neighbors
    values("public_key")
```

结果中有 613 个不同的地址，前五个是：

   "1053", "1173", "1162", "1334", "1241", ...

你可能奇怪为什么例 8-6 中使用了 dedup()。debup() 的使用保证了二级邻接点的地址中不出现重复值。在没有 dedup() 的情况下，该查询返回 876 个结果，其中 263 个结果代表了从 1094 出发遍历两条边的重复值。

图 8-9 中更清晰地说明了这一点。

地址 public_key 1334 与 public_key 1094 之间有两条不同的路径：通过 1053 顶点或者通过 1173 顶点。因此，在 1094 的二级邻接点中，public_key 1334 会出现至少两次。使用 debup() 可以在遍历流中去除重复对象。例 8-6 结果集中只显示一个 1334。

我们使用 dedup() 展示了 613 条数据的结果集，而不是 876 条。

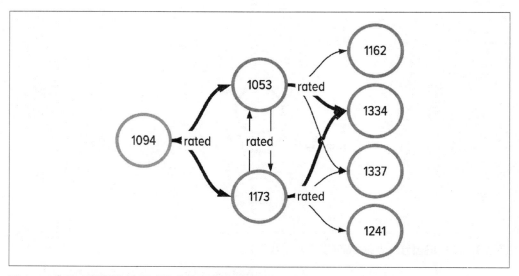

图 8-9：为什么需要从遍历流中去除重复的可视化说明

然而，我们真正需要的可以用于示例的数据，是二级邻接点中的地址而不是一级邻接点。看一下如何在 Gremlin 中找到这部分对象的集合。

8.5.3 是二级邻接点但不是一级邻接点的地址

在进入查询之前，再确认一下我们的问题到底是什么。为了更明确这一点，回到示例数据中 1094 的二级邻接点部分顶点的图，如图 8-10 所示。

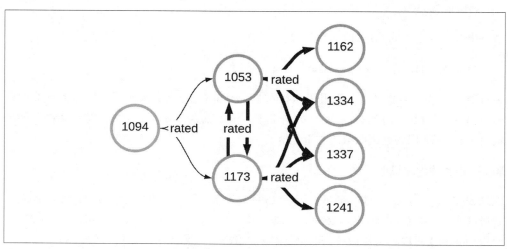

图 8-10：来自 1094 的一级邻接点的元素如何也属于 1094 的二级邻接点的示例

图 8-10 说明了顶点 1053 和 1173 既是 1094 的一级邻接点也属于二级邻接点。我们最开始的问题在于找到不直接与 1094 相连的示例数据。所以需要从结果集中去除类似 1053 和 1173 的顶点。

在 Gremlin 中，可以使用 aggregate("x") 来填充对象，x 表示对象名称。然后就可以通过 where(without("x")) 的模式从结果集中去除不需要的顶点了。参考例 8-7 中的操作。

例 8-7:

```
1 dev.V().has("Address", "public_key", "1094").aggregate("x").
2     out("rated").aggregate("x").
3     out("rated").
4     dedup().
5       where(without("x")).
6     values("public_key")
```

例 8-7 的结果集包含 590 个不同的元素，前五个如下:

> "628", "1905", "1013", "1337", "3062"...

让我们来仔细研究一下例 8-7。第 1 行，查询 1094 并初始化一个对象 x。第 2 行，遍历到一级邻接点并将所有顶点添加到 x，然后在第 3 行访问二级邻接点。

让我们详细讨论例 8-7 中的第 4、5 行到底发生了什么。第 4 行中使用了 dedup() 强制所有遍历器在进入第 5 行之前结束。在这里，我们会等待所有遍历器都访问到 1094 的二级邻接点才会继续。接下来的第 5 行，应用 where(without("x")) 模式的过滤器。本质上，第 5 行对每个遍历器提问:"当前访问的顶点是否在集合 x 中?"如果顶点在 x 中，则该遍历器终止;如果不在，则遍历继续。

如果你对关系型数据系统非常熟悉，例 8-7 与在地址表上进行右外连接非常类似。

考虑到例 8-7，我们需要大致了解一下 Gremlin 查询语言中惰性求值和即时求值之间的区别。我们需要深入研究 Gremlin 查询语言的求值策略，因为这会改变遍历的行为，反过来产生意想不到的查询结果。

我们即将深入了解函数式编程。如果你对接下来的内容理解有困难，那也没有关系。你只需要记住核心的一点:遍历栅栏会影响在 Gremlin 进行路径查找时的算法行为，比如类似 BFS 或者 DFS。

8.5.4 Gremlin 查询语言中的求值策略

Gremlin 本质上是一门惰性流处理的语言。这意味着 Gremlin 会尝试一直进行遍历，直到必须要获取数据的时候再获取整个遍历的数据。这与即时求值策略不同，后者会在进行下一个步骤之前先获取数据和进行求值。

惰性求值

惰性求值是指，延迟表达式的求值，直到真正需要该数值。

即时求值

即时求值是指，在表达式给某个变量时，立即对表达式求值。

在许多情况下，我们都不能使用 Gremlin 语言的惰性求值。

我们之所以在这里讨论这个概念，是因为在最近几个例子的遍历中我们都使用了即时求值的 dedup() 和 aggregate()。

 在日常生活中，你可以选择任一种求值策略来完成任务。当你做饭时你可能需要即时求值策略，因为你需要准备好每一种配菜然后放在单独的盘子里。与之形成对比的是，你每道菜都要从头开始准备配菜到烹饪结束，再开始下一道。

在 Gremlin 中，识别遍历是惰性求值还是即时求值的关键是识别遍历栅栏的步骤。当一个栅栏出现时，Gremlin 的遍历从惰性求值转换为即时求值。

Gremlin 中的遍历栅栏

Gremlin 查询语言中的栅栏步骤定义为：

栅栏步骤

栅栏步骤是将惰性遍历转变为批量同步遍历的功能。

我们想要区分栅栏步骤，因为 Gremlin 查询语言在存在栅栏时会混合使用惰性求值和即时求值策略。

栅栏步骤会改变查询的行为，使之看起来像宽度优先搜索或者广度优先搜索一样。

本书中使用过的遍历栅栏包括 dedup、aggregate、count、order、group、groupCount、cap、iterate 以及 fold。

这些概念之间的一个共性在于，栅栏步骤强迫一个处理流程的执行行为类似广度优先搜索。具体来说，就是栅栏步骤会强迫每个遍历器等待直到其他遍历器完成相同的工作内容。所有遍历器都完成了栅栏步骤后，才可以继续。

我们在本书用于演示的查询，旨在教授实时应用程序中的常见模式。因此我们在编写查询时会混合使用 BFS 和 DFS 行为。

我们将在后面的示例中演示栅栏步骤和 BFS 之间的潜在联系，来保证查询到最短路径。

8.5.5 为示例挑选一个随机地址

之前我们已经成功找到了属于二级邻接点但不是一级邻接点的顶点。在例 8-8 中，让我们使用 sample() 步骤，随机选择其中一个用于后续的查询。

例 8-8：

```
dev.V().has("Address", "public_key", "1094").aggregate("first_neighborhood").
    out("rated").aggregate("first_neighborhood").
    out("rated").
    dedup().
      where(neq("first_neighborhood")).
    values("public_key").
    sample(1)
```

结果为：

    "1337"

1337 就是我们随机选择的第一个 public_key，用于后续路径查找查询的数据。我们认为这是一个好的开始，然后用它继续查询。

现在我们有两个地址了：1094 和 1337。让我们通过它们说明如何在 Gremlin 中找到两个顶点之间的路径。

8.6 最短路径查询

我们之前有提过，选择这样的数据集和示例是为了更好地说明如何使用路径来解决复杂问题。概念或者人与人之间的距离为评估它们的相关程度以及是否可以信任它们提供了上下文和评判依据。

在后续的练习中，我们希望你可以想象自己参与了比特币的市场，比如比特币 OTC。当你进入市场时，收到了公钥 1094。想象你在市场上的第一笔交易是和一个公钥为 1337 的成员进行的。

你对另一个地址有多信任呢？

我们在下面的一系列练习中需要面临的复杂问题是：通过路径分析量化你对另一个对象的信任程度。

接下来的例子包含五个主要部分。

第一部分从查找示例地址之间的固定长度的路径开始。以此为基础，在第二部分扩展查询，查询任意长度的路径。第二部分通过应用路径查找技术介绍了一种常见处理方式，但是这会导致意料中的错误。

第三部分通过回顾 Gremlin 中的惰性和即时求值策略，说明我们应该如何解决这个错误。第四部分探讨和学习示例数据中最短路径的路径权重。

最后，第五部分我们将讨论如何解释路径长度和上下文来量化信任问题。这将为我们在第 9 章中转化数据集找到加权最短路径做好准备。

8.6.1 查找固定长度的路径

我们以探索邻接点寻找固定长度的路径作为起点，来验证本章结尾处最短路径查询的结果集。

要了解这种思维方式，你可以参考在接受他人交换比特币的邀请之前你想知道什么。

如果你马上要在比特币 OTC 市场上与一个陌生人进行交易，你一定想要知道对方是否值得信任。量化是否能够信任 1337 的第一点就是查看你们是否有共同的联系人。在该数据集中找到这些共享连接，实际就是找到你与 1337 之间的共同评分过的人，或者曾被共同的人评分。这种类型的共享连接并不关心评分的方向，只是想根据谁对谁进行评分，找到有哪些共享地址。

一种实现方式是：计算你通过两条边能够到达 1337 的路径的数量。参考例 8-9 中的查询。

例 8-9：

```
dev.V().has("Address", "public_key", "1094").as("start").
        both("rated").
        both("rated").
        has("Address", "public_key", "1337").
        count()
```

例 8-9 中查询的结果为 4。这意味着，在二级邻接点的范围内，有四条路径可以从 1094 访问到 1337。看一下具体的路径信息来帮助理解遍历过程。

回忆一下第 6 章中的讨论，可以通过 path() 方法访问每一个遍历器的全部访问记录。

然后你需要在结果中找到两个特征：（1）遍历路径访问过的顶点；（2）路径长度。我们在例 8-10 中执行这个操作，然后查看过程和结果。

例 8-10：

```
1 dev.V().has("Address", "public_key", "1094").
2       both("rated").
3       both("rated").
4       has("Address", "public_key", "1337").
5       path().                                // traverser's full path history
6         by("public_key").as("traverser_path"). // get each vertex's public key
7       count(local).as("total_vertices").     // count the elements in the path
8       select("traverser_path", "total_vertices")  // select the path information
```

在查看例 8-11 中的查询结果之前，让我们先逐行了解一下例 8-10 中的查询。

例 8-10 中，第 1～3 行遍历到从 1094 出发的二级邻接点。第 4 行筛选出在 1337 结束的路径。接下来的第 5 行通过 path() 获取当前四个遍历器中的路径信息。第 6 行修改路径对象值来显示 public_key 以及存储对其的引用。第 7 行中通过 count(local) 计算了对象的总数量，这里的局部作用域表示计算对象的总数范围是局部的，而不是 count() 方法默认的全局作用域，全局作用域会计算所有路径的总数。第 8 行，在路径对象中添加每条路径的顶点总数。

结果如例 8-11 所示。

例 8-11：

```
{
  "traverser_path": { "labels": [[],[],[]],
                      "objects": ["1094", "1268", "1337"]},
  "total_vertices": "3"
},{
  "traverser_path": { "labels": [[],[],[]],
                      "objects": ["1094", "1268", "1337"]},
  "total_vertices": "3"
},{
  "traverser_path": { "labels": [[],[],[]],
                      "objects": ["1094", "1268", "1337"]},
  "total_vertices": "3"
},{
  "traverser_path": { "labels": [[],[],[]],
                      "objects": ["1094", "1268", "1337"]},
  "total_vertices": "3"
},
```

路径对象的信息非常有用，我们可以看到实际共享的地址只有 1268。结果中包含四条路径，因为 1094（或 1337）与 1268 之间有四种不同的路径组合。如果你乐意，那么可以通过路径上的边自行确认这一点。我们需要进入到下一个查询。

在二级邻接点中找到通往 1337 的路径对我们的查询很有帮助。

现在，我们需要更深入地学习数据并且只考虑 out() 方向。主要是我们需要知道，在三级邻接点中可以找到多少条指向 1337 的出边。例 8-12 使用 repeat().times(x) 模式简化查询，在三级邻接点中找到路径。

例 8-12：

```
1 dev.V().has("Address", "public_key", "1094").  // start at 1094
2     repeat(out("rated")).                       // walk out "rated" edges
3     times(3).                                    // three times
4     has("Address", "public_key", "1337").        // until you reach 1337
5     path().                                      // get the path of each traverser
6       by("public_key").as("traverser_path").// for each path, get vertex's key
7     count(local).as("total_vertices").          // count the number of objects
8     select("traverser_path", "total_vertices") // select the path, length
```

例 8-13 中是结果的前三个值：

例 8-13：

```
{
  "traverser_path": { "labels": [[],[],[],[]],
                       "objects": ["1094","1268","35","1337"]},
  "total_vertices": "4"
},{
  "traverser_path": { "labels": [[],[],[],[]],
                       "objects": ["1094","280","35","1337"]},
  "total_vertices": "4"
},{
  "traverser_path": { "labels": [[],[],[],[]],
                       "objects": ["1094","1053","1268","1337"]},
  "total_vertices": "4"
},...
```

我们在例 8-13 中可以看到从 1094 到 1337 一些有趣的路径。第三个结果说明，1094 对 1053 评分，1053 对 1268 评分，而 1268 对 1337 评分。在三级邻接点中，从 1094 到 1337 共有 11 条出边。

我们可以推广 repeat().times(x) 模式来查找已知长度的路径。但要牢记，我们的目标是找到任意长度的路径，最终掌握如何使用 Gremlin 来查找最短路径。

8.6.2 查找任意长度的路径

路径查找查询用于发现图中的两个事物之间的链接关系。我们希望能够发现数据中存在的关系的数量和深度。

这意味着，我们更希望做到的是找到任意长度的路径，而不是查询给定长度的路径。

通常情况下，我们会看到工程师使用例 8-14 中的查询来实现从定长路径到不定长路径的转换。如表 8-2 中所示，这会导致某种执行错误。

例 8-14：

```
1 dev.V().has("Address", "public_key", "1094").       // start at 1094
2        repeat(out("rated")).                         // walk out rated edges
3        until(has("Address", "public_key", "1337")).  // WARNING: this is all-paths!
4        path().
5          by("public_key").as("traverser_path").
6        count(local).as("total_vertices").
7        select("traverser_path", "total_vertices")
```

如果在 DataStax Studio 中运行例 8-14 的查询，会看到表 8-2 所示的错误：

表 8-2：由于遍历时间超过 30 秒而导致系统错误的示例

System error
Request evaluation exceeded the configured threshold of realtime_evaluation_timeout at 30000 ms for the request

让我们来详细了解一下例 8-14 中到底发生了什么，这样才能明白表 8-2 的错误原因。例 8-14 中第 1 行访问了起始地址 1094。第 2、3 行使用了 repeat().until() 模式。repeat() 告诉每一个遍历器，在遇到 until() 定义的中断条件前应该做什么。我们的例子要求遍历器一直寻找任何从 1094 出发到 1337 结束的路径。这会遍历到图中所有以 1337 结束的路径。所以我们在执行时看到了表 8-2 所示的错误。

在我们的问题中，我们并不需要查询所有路径，我们只希望找到最短的那条。让我们综合一些概念，一起来尝试另一种实现方式。

概念联结：BFS 和遍历策略

回顾一下 8.5.4 节。我们学习了求值策略、遍历栅栏，并思考了如何在遍历中应用深度优先或者广度优先。

我们说过将应用这些事实来寻找最短路径。让我们现在开始吧。

我们需要先弄明白的是，路径查找遍历到底使用 BFS 还是 DFS。如果使用 BFS，那么我们就可以确定第一个满足停止条件的遍历是最短路径。

在 Gremlin 中，即时求值的遍历方式提供了我们需要的行为来保证满足 BFS。确认遍历器是否使用即时求值策略的关键是，找出执行过程是否使用了遍历栅栏。

看一下例 8-14 中的遍历，该查询没有使用任何我们之前提到的遍历栅栏。我们缺了什么呢？

能够自行回答这个问题的最终方法是检查 explain() 步骤来查看应用了哪些遍历策略，如我们在例 8-15 中的查询中所做的那样。

例 8-15：

```
g.V().has("Address", "public_key", "1094").
    repeat(out("rated")).
    until(has("Address", "public_key", "1337")).
    explain()

==>Traversal Explanation

Original Traversal    [GraphStep(vertex,[]),
                       RepeatStep([VertexStep(OUT,vertex),
                       RepeatEndStep],until(),emit(false))]
...
Final Traversal       [TinkerGraphStep(vertex,[]),
                       VertexStep(OUT,vertex),
                       NoOpBarrierStep(),      // Note: Barrier Execution Strategy
                       VertexStep(OUT,vertex),
                       NoOpBarrierStep(),      // Note: Barrier Execution Strategy
                       VertexStep(OUT,vertex),
                       NoOpBarrierStep()]      // Note: Barrier Execution Strategy
```

explain() 步骤可以输出遍历的每一步的解释。从遍历的解释细节中可以看出，遍历（explain() 之前的）如何根据已注册的遍历策略进行编译。

例 8-15 中有一个非常值得注意的地方：NoOpBarrierStep。遍历解释中的 NoOpBarrierStep 的出现，说明遍历引擎使用 repeat() 步骤注入了遍历栅栏。

我们通过例 8-15 中的信息可以了解到，repeat().until() 模式使用了遍历栅栏。这说明它使用了广度优先搜索的方式即时执行。

对例 8-14 做一些小的调整，我们就可以在例 8-16 中使用这部分知识，找到从 1094 到 1337 的一条最短路径。

例 8-16：

```
1 dev.V().has("Address", "public_key", "1094").     // start at 1094
2     repeat(out("rated")).                          // walk out rated edges
3     until(has("Address", "public_key", "1337")).   // until 1337
4     limit(1).              // BFS: the first traverser the shortest path
5     path().                // get the traverser's path information
6       by("public_key").as("traverser_path").   // get each vertex's public_key
7     count(local).as("total_vertices").        // count each path's length
8     select("traverser_path", "total_vertices")  // select the path information
```

例 8-16 中值得一提的是第 4 行。limit(1) 表示只有一个遍历器可以通过。由于 repeat().until() 是即时求值的，因此我们就可以确认第一个通过该条件的遍历器就是访问了最短路径的遍历器。

该遍历器的路径对象如下：

```
{
  "traverser_path": { "labels": [[],[],[]],
                      "objects": ["1094", "1268", "1337"]},
  "total_vertices": "3"
}
```

这个结果证实了我们从之前例子中已知的结果：从 1094 到 1337 的最短路径是通过 1268。我们花了很多时间来准备这个例子，遍历固定长度的路径，以便当我们完成查询时，可以确认找到的路径确实是最短的。

往回倒退一点，让我们考虑一下如何应用这些信息来回答本章的主要问题。我们已知你们有一个共享地址 1268。我们也知道了你和 1337 之间存在 11 条"好友的好友"的关系，也就是你和 1337 地址之间，有 11 条长度为 3 的路径。

如果你真的要决定是否和 1337 进行交易，那么现在的信息是否足够了？你是否可以相信这个地址？

大概率你还想知道这些路径上的评分类型。来看一下最后三个查询，通过路径上的边来量化信任关系。

8.6.3 通过信任评分增强路径

下一个你想要了解的信息就是所有这些路径上的信任评分数据。为了做到这一点，我们需要为接下来的查询重构数据结构。例 8-17 通过两个步骤扩展了例 8-16 最短路径的查询。首先，在该例子中应用我们对 BFS 和 Gremlin 查询处理的知识找到从 1094 到 1337 的前 15 条最短路径。然后，通过 project() 步骤重整了结果的格式。让我们看一下修改后的查询和结果，结果如例 8-18 所示。

例 8-17:

```
1 dev.V().has("Address", "public_key", "1094").
2     repeat(out("rated")).
3     until(has("Address", "public_key", "1337")).
4     limit(15).  // BFS: return the first 15 shortest paths by length
5     project("path_information", "total_vertices").
6       by(path().by("public_key")).
7       by(path().count(local))
```

例 8-18:

```
{
  "path_information": { "labels": [[],[],[]],
```

```
                        "objects": ["1094","1268","1337"]},
  "total_vertices": "3"
},{
  "path_information": { "labels": [[],[],[],[]],
                        "objects": ["1094","280","35","1337"]},
  "total_vertices": "4"
},{
  "path_information": { "labels": [[],[],[],[]],
                        "objects": ["1094","1268","35","1337"]},
  "total_vertices": "4"
},...
```

例 8-17 的主要部分是第 4~7 行。在第 4 行中，我们从第 3 行中到达结束条件的结果中选择前 15 个遍历器。由于 Gremlin 使用类似广度优先搜索方式的遍历栅栏，因此我们可以确保这前 15 个遍历器代表了最短路径。

然后从例 8-17 的第 5 行开始，可以看到我们是如何在本章剩下的查询示例中设计结果格式的。我们需要创建一个带键值对的 map。map 中的键是 path_information 和 total_vertices。第 6 行的 by() 调制器将 1094 到 1337 的 path() 对象的格式化版本作为 path_information 键对应的值。而第 7 行的 by() 调制器则将该路径上所有访问到的顶点的个数作为 total_vertices 键对应的数值。

使用 sack() 聚合信任评分

让我们来给例 8-17 中的 map 新增一个键值。我们将 rated 边上所有的 trust 的数值相加然后作为结果集中的新的键值对。每条边上的 trust 数值的累加，代表了从 1094 到 1337 路径上的全部信任评分。

当你遍历图数据时，我们需要一种方法来汇总我们在遍历过程中处理的所有信息。Gremlin 中的 sack() 方法提供了这个能力。

你可以想象一下，sack() 类似于在数据遍历旅途的开始，给 Gremlin 的遍历器一个背包。遍历沿途中，你可以告诉遍历器向 sack 背包中添加或者丢弃什么。这在我们需要对路径上的顶点和边收集数值时非常有用，我们可以使用这些值来做决策或者收集指标。

对我们的路径来说，需要添加的就是每条边上的信任评分。我们在起点给遍历器一个空的 sack 背包，然后要求它在经过每一条边时，根据边上的信任评分来修改内容。图 8-11 展示了这在概念上是怎么完成的。

在图 8-11 中，遍历器通过了从 1094 到 1337 的最短路径：通过节点 1268 且长度为 2 的路径。我们展示了如何使用 sack() 对象在遍历期间从边上收集并聚合信任评分。到达路径结束点时，sack() 值为 10。

图 8-11 中还有第二条路径。图 8-12 中展示了这条通过 1053 顶点的较长的路径。

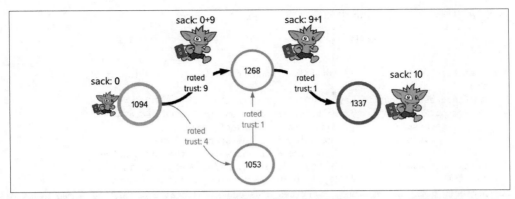

图 8-11：说明遍历器如何以 1094 作为起点，通过某条路径到达终点 1337，并且沿途将每条边的信任评分都存储在 sack 背包中

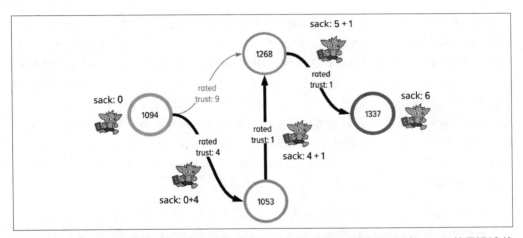

图 8-12：说明遍历器如何以 1094 作为起点，通过一条不同的路径到达终点 1337，并且沿途将每条边的信任评分都存储在 sack 背包中

Gremlin 中对 sack 的构造定义如下：

- 遍历器包含一个名为 sack 的局部数据结构。

- sack() 步骤用于读写 sack 变量。

- 每个遍历器的 sack 变量通过 witchSack() 方法初始化。

回顾一下查询，我们可以为 15 条最短路径分别计算信任评分的总值。现在已知我们可以通过 sack() 步骤累加每条路径的信任评分。同时我们也希望在查询中将这个值作为一个新的键值对。所以 total_trust 会作为 project() 步骤中的新键。total_trust 的值就是使用 sack() 步骤得到的该路径上所有边的权重和。

例 8-19 中展示了在 Gremlin 中如何完成这一点。

例 8-19：

```
1  dev.withSack(0.0).        // initialize each traverser with a value of 0.0
2    V().
3    has("Address", "public_key", "1094").as("start").
4    repeat(outE("rated").   // walk out and stop on the "rated" edge
5          sack(sum).        // add to the traverser's sack
6            by("trust").    // the value from the property "trust"
7          inV()).           // leave the edge and walk to the incoming vertex
8    until(has("Address", "public_key", "1337")).  // repeat until 1337
9    limit(15).              // limit to the 15 shortest paths by length
10   project("path_information", "vertices_plus_edges", "total_trust").  // a map
11     by(path().by("public_key").by("trust")).   // first value: path information
12     by(path().count(local)).                   // second value: path's length
13     by(sack())                                 // third value: path's trust score
```

让我们逐行学习一下例 8-19。第 1 行说明了如何初始化遍历，以便为查询中的每个遍历器使用局部数据结构：withSack(0.0)。接下来重要的是第 4~8 行。在第 4、8 行，我们可以看到预期的 repeat()/until() 模式中使用广度优先搜索的路径查找方式来遍历图数据。但是请注意，第 4 行中出现了 outE()。使用 outE() 确保了每个遍历器最终停在两个顶点之间的边上。这是必需的，因为我们需要收集信任评分。接下来在第 5 行，我们通过 sack(sum) 方法告诉遍历器需要向 sack 变量中添加内容。我们使用 by() 调制器告诉 sack 要添加的内容是什么。在第 6 行的 by() 调制器可以看到：by("trust")。sack(sum).by("trust") 告诉遍历器从当前对象上采集 trust 属性的内容，在这里是边上的 trust 属性，并将该值累加到当前的 sack 变量。

然后第 7 行用 inV() 告诉遍历器移动到入边对应的顶点。第 8 行的停止条件要求遍历重复上述行为，直到找到 1337 顶点。前 15 个满足该停止条件的遍历器会进入第 10 行的 project() 步骤。第 10 行会将结果格式化为一个 hashmap。hashmap 中的第一个键值对分别从顶点的 public_key 和边的 trust 属性格式化了路径对象。hashmap 中的第二个键值对用于计算 path 中的对象总数。由于在第 4 行我们访问了路径的边，因此路径对象中同时包含顶点和边。因此，第 12 行计算的总数是路径上顶点和边的总数。

最后，例 8-19 中的第 13 行，当我们用 sack() 读取内容时，每个遍历器上报自己的 sack 值。例 8-19 的完整查询结果如例 8-20 所示。

例 8-20：

```
{
  "path_information": {
      "labels": [[],[],[],[],[]],
      "objects": ["1094","9","1268","1","1337"]},
  "vertices_plus_edges": "5",
```

```
        "total_trust": "10.0"
    },{
        "path_information": { "labels": [[],[],[],[],[],[],[]],
                              "objects": ["1094","4","1053","1","1268","1","1337"]},
        "vertices_plus_edges": "7",
        "total trust": "6.0"
    },{
        "path_information": { "labels": [[],[],[],[],[],[],[]],
                              "objects": ["1094","9","1268","1","35","9","1337"]},
        "vertices_plus_edges": "7",
        "total_trust": "19.0"
    },...
```

更有意思的是，可以看一下信任值最高的路径。我们对例 8-19 中的结果添加排序，按照总信任评分对 15 个最短路径进行顺序显示。由于我们已经查询到了 15 个最短路径并且完成结果的格式化，因此只需要添加一个排序的逻辑。我们可以参考例 8-21 中的第 10、11 行。

例 8-21：

```
1  dev.withSack(0.0).
2    V().
3    has("Address", "public_key", "1094").
4    repeat(outE("rated").
5          sack(sum).
6            by("trust").
7          inV()).
8    until(has("Address", "public_key", "1337")).
9    limit(15).
10   order().               // order all 15 paths
11     by(sack(), decr).    // according to each traverser's sack value, decreasing
12   project("path_information", "vertices_plus_edges", "total_trust").
13     by(path().by("public_key").by("trust")).
14     by(path().count(local)).
15     by(sack())
```

例 8-21 中第 10、11 行的排序逻辑是：根据每个遍历器 sack 中的值，以递减顺序全局排列 15 个遍历器。第一个结果如例 8-22 所示。

例 8-22：

```
{
  "path_information": { "labels": [[],[],[],[],[],[],[],[],[]],
                        "objects": ["1094","9","1268","10","1094","9","1268","1",
                          "1337"]},
  "vertices_plus_edges": "9",
  "total_trust": "29.0"
},...
```

你有没有注意到例 8-22 中意料之外的内容？1094 和 1268 之前权重最大的路径上有两个

循环。在我们的实际应用中，这种路径是没有意义的，因为两个公钥之间的信任评分被统计了多次。

在第 6 章中我们介绍并使用了 simplePath() 来排除循环。这里也如此。添加 simplePath() 来调整最终查询，找到 15 条不包含循环的最短路径，然后按照路径累加的信任评分降序排列。例 8-23 展示了最终的查询，例 8-24 展示了对应的查询结果。

例 8-23：

```
1 dev.withSack(0.0).
2   V().
3   has("Address", "public_key", "1094").
4   repeat(outE("rated").
5          sack(sum).
6            by("trust").
7          inV()
8          simplePath()).      // remove a traverser if there is a cycle in its path
9   until(has("Address", "public_key", "1337")).
10  limit(15).
11  order().
12    by(sack(), decr).
13  project("path_information", "vertices_plus_edges", "total_trust").
14    by(path().by("public_key").by("trust")).
15    by(path().count(local)).
16    by(sack())
```

例 8-24 列出了不包含循环的最短的 15 条路径，按照路径的累加信任评分降序排列。

例 8-24：

```
{
  "path_information": {"labels": [[],[],[],[],[],[],[],[],[]],
                       "objects": ["1094","10","64","10","104","3","35","9","1337"]},
  "vertices_plus_edges": "9",
  "total_trust": "32.0"
},{
  "path_information": {"labels": [[],[],[],[],[],[],[],[],[]],
                       "objects": ["1094","9","1268","2","1201","5","35","9","1337"]},
  "vertices_plus_edges": "9",
  "total_trust": "25.0"
},{
  "path_information": {"labels": [[],[],[],[],[],[],[],[],[]],
                       "objects": ["1094","3","280","8","35","9","1337"]},
  "vertices_plus_edges": "7",
  "total_trust": "20.0"
}...
```

例 8-23 中的查询汇集了所有在开发中探索数据所需要的路径概念。我们应用了 Gremlin 中广度优先遍历的知识查询最短的 15 条路径并用每条路径的权重增强了结果。例 8-24 展示了权重最大的前三条路径。从结果中可以看出，路径越长，权重越大。

但是例 8-24 所展示的结果是你在决定是否信任 1337 地址时所需要的辅助决策的信息吗？

你可能会说："当然不是！"从例 8-24 中的结果可以看出，信任值最高的是同时也是最长的路径。遍历中的较长路径，会聚合更多边上的信任评分，因此看起来"更值得信任"。

我们的数据结构和开发中的路径发现查询并没有返回对应用程序有意义的结果。

 例 8-24 在 Studio Notebook 中可能出现不一样的结果。这是因为前 15 条路径中包含三条长度为 4 的路径（一共 9 个对象：5 个顶点，4 条边）。而实际长度为 4 的路径多于三条，结果中只包括了发现的前三个。

我们在开发环境中的探索给我们留下了两个可以为满足生产质量的查询进行的优化。第一，我们需要另一种方式来理解和使用权重，以在信任问题上做出决策。现在数据集中 trust 的表现方式无法为用户提供有价值的结果。

第二个优化是，需要找到即使最短又带有高信任评分的路径。在开发环境中，我们发现我们的工具找到的是根据长度计算的最短路径或者全部路径。找到所有路径的查询开销太大。我们需要一种不同的方法来为生产的查询提供最短加权路径。

我们需要对这些数据中边的权重进行归一化，以便正确地找到最短的加权路径。这就是第 9 章的主题和目标。

8.6.4 你信任这个人吗

我们基于一个假设开启了本章：假设是人们本能地使用不同概念之间的距离来反映我们是否信任概念之间的关系。

为了验证这个假设，我们定义了最短路径的问题，从图数据遍历的基础知识开始，到在 Gremlin 查询语言中应用这些概念。然后我们通过比特币 OTC 网络中交易的示例说明了如何使用路径来量化网络中的信任并基于此做出决策。

然而，我们最终意识到不能简单地累加网络中的信任评分来量化值得信任的路径。为了在数据中发现最值得信任的路径，我们接下来需要介绍路径发现的两个概念：归一化和查询优化。

在第 9 章我们将继续学习团队如何演进自己的思维方式来定位生产环境中出现的更复杂的问题：图数据中的最短加权路径。

生产环境中的路径查找

通常，提到路径我们想起的第一个概念就是从起点到终点之间有多少站。这是第 8 章的主题。

处理图形路径时的下一个概念就是关于距离的演进。我们通过向路径上的步骤添加某种类型的权重或成本来做到这一点。我们将这类问题看作最小加权路径或者最短加权路径。

最短加权路径是计算机科学和数学中普遍存在的优化问题。这类问题往往是综合多方面的复杂优化问题，因为它们试图将多个信息源组合到一个度量体系中以求得最优解。

我们在第 8 章结尾处展示了一个加权路径的问题。我们尝试用累计路径权重来找到数据中最值得信任的路径。在我们的示例中，较大的数值代表了更高的信任，这类路径查找问题导致了找到的更值得信任的路径同时也是数据中较长的路径。但这并不是我们想要的。

所以我们需要学习如何使用边的权重来找到最短路径。从数学和计算机科学的视角，我们希望创建一个有限最小优化问题。

从这个角度来说，高度信任与路径长度呈现负相关。我们预期中找到的路径应该是既满足最短路径又带有高信任评分。这就是本章中我们将要解决和优化的难点的二元性。

9.1 本章预览：权重、距离和剪枝

在 9.2 节中，我们将正式定义最短加权路径问题并且学习算法。路径查找算法使用广度优先搜索来优化查找，以便找到最短加权路径。

9.3 节介绍边的权重归一化过程。我们将介绍从"越高越好"到"越低越好"的移动和

翻转权重的通用流程。我们会演示从示例数据集计算得出的新的权重，创建新的边，以及重新加载归一化后的信任评分。

在 9.4 节中，我们将在归一化数据上使用 A* 算法。用 Gremlin 查询语言逐步分解 A* 算法的实现，并在示例数据上运行来找到公钥 1094 和 1337 邀请中的最短加权路径。

尽管本书中的学习旅程有点长，但我们希望你能对接下来的示例高度信任。看，我们不是已经将更长的路径与更高的信任关联了吗？

9.2 加权路径和搜索算法

我们已经尝试过在路径查找问题中使用边的权重。我们在第 8 章末尾介绍了 sack() 步骤来聚合比特币 OTC 信任网络中跨路径的信任评分。

但是，由于我们的处理过程存在问题，工具并没有解决我们认为它应该解决的问题。本节将通过介绍两种新工具来解释第一次尝试失败的两个原因。

首先，我们将定义什么是最短加权路径的问题并查看一些正确的示例。接下来我们将介绍一种新的解决最短加权路径问题的算法，A* 搜索算法。稍后你会看到当我们构建 Gremlin 中的 A* 搜索算法，以在归一化的比特币 OTC 网络中找到最短加权路径时如何用到这些工具。

让我们从一个新问题的定义开始。

9.2.1 最短加权路径问题的定义

回忆一下第 8 章中对最短路径的定义。作为复习，图中的最短路径是从图中的一个顶点走到另一个顶点时所需的最少边数。

加权路径使用图数据中的属性来聚合和累计从开始到结束的路径加权距离。最短加权路径是分值最低的路径。

最短加权路径
　　最短加权路径是找到图中两个顶点之间的路径，使得路径上边的权重总和最小。

让我们举一个具体的例子。图 9-1 为图 8-4 中的示例添加了一些权重。

图 9-1 中使用加粗的边来说明从顶点 A 到顶点 D 的最短加权路径。

从 A 到 D 的最短加权路径的权重和为 6。将该权重与图中的最短路径进行对比。图中的最短路径为 A → D，权重为 10。这条路径并不是最短加权路径，因为 A → B → C → D 路径权重更小，为 6。

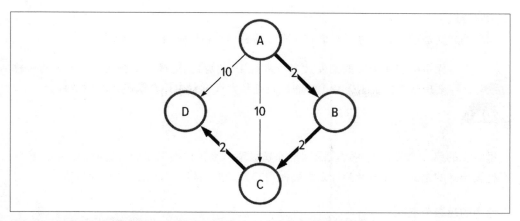

图 9-1：带有粗体显示的边的加权图，显示从 A 到 D 的最短加权路径

新的问题会带来新的办法。在图 9-1 的简单例子中，我们可以很快识别到最短路径。

对于大规模的图，我们需要多重优化。到目前为止，我们对 BFS 和 DFS 所做的唯一优化就是跟踪访问过的顶点集合，这样我们就不会重复探索相同的空间。

对于加权图我们的方式可以更聪明一些。让我们深入研究图数据中的最短加权路径。

9.2.2 最短加权路径搜索优化

在谷歌上快速搜索"图路径算法"会返回一大批结果，其中包括 A*、Floyd-Warshall 和 Dijkstra 等。我们通过对这些优化的详细介绍，教授你可以应用到任何实现过程的基础。对不同搜索算法的成本和收益进行对比，需要我们理解它们如何通过不同的创新优化来减少搜索空间。

不同的算法通过不同的遍历优化来解决图中最短加权路径的问题。图搜索算法从起始顶点维护一棵路径树，并应用启发式方法来决定是否应将新边添加到工作树中。更高层面的一些优化方式包括：

最低成本优化

　　最低成本优化是指如果一条边的目标顶点可以通过一条成本更低的路径到达，则排除该边。

超级节点规避

　　超级节点规避是指如果某个顶点的度数会增加搜索空间的复杂度并导致其超过某个阈值，则排除该顶点。

全局启发

　　全局启发是指，如果边的权重导致路径的总权重超过阈值，则排除该边。

你可以应用无数的启发式方法来优化图算法。选择一个合适的启发式方法需要理解你的数据、数据分布以及路径发现过程中你希望避免的图结构。

这里定义的第二个优化说明可以通过消除超级节点来优化搜索空间。让我们简要介绍一下超级节点的定义，并解释为什么需要使用启发式方法将它们从搜索空间中删除。

图形中的超级节点

超级节点（supernode）是指一个拥有非常多边的顶点。这就是超级的含义，超级节点是图形数据中高度连接的顶点。

超级节点

　　超级节点是具有超高比例的度数的顶点。

举一个更形象的例子，思考一个 Twitter 的社交网络。你可以在脑海中想象出一张 Twitter 用户的图，其中的边代表谁关注谁。与网络的其余部分相比，超级节点是一个拥有非常多追随者的顶点。Twitter 上的大多数名人都是超级节点的典型示例。

有趣的历史：在构建 Apache Cassandra 的早期，团队开发了计数器功能来记录一个 Twitter 账户的粉丝。这被称为 Ashton Kutcher 问题，因为他是第一个在 Twitter 上拥有 1 000 000 粉丝的人。粉丝数量使 Ashton Kutcher 的账户成为 Twitter 网络中的超级节点。

这与路径查找紧密相关，当你遍历到一个超级节点时，很有可能需要添加上百万条边进入遍历队列。由于要考虑许多新边的加入，因此这很可能会引爆你的遍历成本。

因此，来了解一下一些超级节点的理论限制。

超级节点的理论限制

在 Apache Cassandra 中，一个分区可以包含最多 20 亿个单元格。DataStax Graph 中的边数据表需要每端的顶点的主键，因此每条边至少需要两个单元格。但是为了能够获取唯一的边，你需要在边上添加某种类型的唯一标识符。因此，一条边的分区中的最小单元数是三个：磁盘上存储超级节点的上限就是 20 亿除以三个最大单元。

这意味着在 DataStax Graph 中，具有 666 666 666 条边的单个顶点离达到 Apache Cassandra

表中单元格数量的磁盘限制只差一条边了。听起来非常不妙。

不管怎样，当你在磁盘上创建超级节点之前，你都会在遍历过程中遇到处理超级节点的障碍。要了解这一点，回想一下我们在第 6 章中发现的处理过程中的限制。由于图中相对度数较小的顶点的分支系数，我们遇到了处理能力的限制。所以我们可以肯定地说，很可能在你达到磁盘限制之前，就遇到了超级节点的处理性能的故障。

在接下来的实现中，我们对超级节点的处理方法是完全消除它们。在 9.3 节中我们将介绍如何应用这个技术以及进行更多优化。

即将实现的搜索算法的伪代码

先来通过伪代码理解一下我们后续要构建的算法。我们将在 Gremlin 中实现 BFS 算法，并在以后的章节中针对我们的数据集进行优化。

我们将在加权比特币 OTC 网络中应用三种优化来查找路径：

- 最低成本优化：如果我们已经发现了到达下一顶点的更短的路径，则排除该边。
- 超级节点规避：如果目标顶点有太多出边，则排除到达该顶点的边。
- 全局启发：如果边的权重导致路径的总权重超过我们设定的最大值，则排除该边。

例 9-1 中的伪代码描述了本章要实现的算法。

例 9-1：

```
ShortestWeightedPath(G, start, end, h)
   Use sack to initialize the path distance to 0.0
   Find your starting vertex v1
   Repeat
      Move to outgoing edges
      Increment the sack value by the edge weight
      Move from edges to incoming vertices
      Remove the path if it is a cycle
      Create a map; the keys are vertices, value is the minimum distance
01    Remove a traverser if its path is longer than the min path to the current v
02    Remove a traverser if it walked into a supernode with 100+ outgoing edges
03    Remove a traverser if its distance is greater than a global heuristic
   Check if the path reached v2
   Sort the paths by their total distance value
   Allow the first x paths to continue
   Shape the result
```

让我们来看看我们在例 9-1 中描述的过程，后续我们将在本章中用 Gremlin 实现。在我们的方法中，起始顶点上以 0.0 的距离开启每个遍历器。然后通过循环条件将遍历器移动到边上，更新遍历器的总距离，并应用一系列过滤器来确定遍历器是否应该继续探索图。过程一直循环，直到我们找到 x 条满足所有优化和过滤器的路径。

我们所指的一系列过滤器在例 9-1 中用 O_n_ 标记，并在其中应用了刚刚概述的三种优化。例 9-1 中标记 01 的行说明了如何应用最低成本优化，如果找到了到当前位置更短的路径，则该遍历器终止。标记 02 的行应用了全局启发，如果遍历器的路径达到过高的权重，则它会删除遍历器，因为这样的路径（可能）对应用程序没有任何意义。最后，超级节点规避优化，标记为 03，通过设置节点的度数限制，排除了所有路径查找算法中的超级节点。

我们基本已经准备好了用 Gremlin 来实现例 9-1 的过程。作为最后一点，让我们看一下如何解决第 8 章末尾处的边的权重问题。

9.3 最短路径问题的边权重归一化

数据集量化信任的方式是我们在第 8 章中发现的最大的障碍。按照现在的数据方式，我们没有办法使用边权重来找到最短加权路径，因为信任度最高的路径同时也是最长的路径。

我们需要转换边权重，可以借助该值找到最短加权路径。

接下来的转换做了两件事：第一，应用对数，我们可以有意义地添加权重来寻找信任值最大的路径；第二，翻转比例，使最短加权路径与最大信任值相关联。

本节首先介绍如何进行这个转换，然后更新数据集和图。最后，我们将查看数据中的几条路径，并说明如何有意义地解释新的边的权重。

9.3.1 归一化边的权重

数据转换的流程有三个步骤：

1. 将权重数值转换到区间 [0,1]。

2. 将新比例转化为最短路径问题。

3. 决定如何处理无穷值的决策。

让我们逐个分析来说明为什么需要这个步骤。我们将在最后向你展示如何转换权重。

步骤 1：将权重数值转换到区间 [0,1]

原始数据集中的信任评分的区间为 -10～10，其中 -10 代表不信任，10 代表绝对信任。图 9-2 使用 DataStax Studio 中的 Gremlin 展示了数据集中观测值的分布。

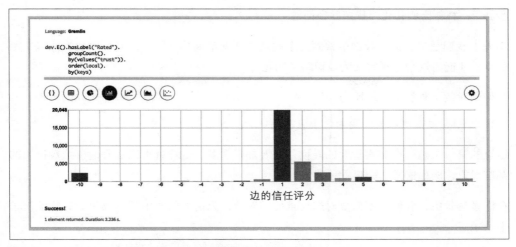

图 9-2：比特币 OTC 数据集中观察到的每个信任评分的总数

我们的目标是将 [–10,10] 区间内的信任评分映射到 [0,1] 区间。映射到 [0,1] 区间为我们提供了一种创建置信度类型分数的方法，将两个分数相乘提供了一种数学上合理的方式对信任的聚合进行建模。这种技术类似于数学上对概率的推导方式。

换句话说，正负分数混合无法描述如何从数学上推理用户评分。我们需要一个更一致的尺度。

此外，我们在图 9-2 中并没有看到信任值为 0 的评分。因此，我们决定数值为 1 的评分将代表"持观望态度"。从映射关系中删除 0。该映射可以作为缩放比例的起点：

1. –10 映射到 0，代表毫无信任。

2. 1 映射到 0.5，代表持观望态度。

3. 10 映射到 1，代表最大信任度。

将其余的分值线性地填入这些区间。线性变换在 –10 和 1 之间创建 0.05 的增量，在 2 到 10 之间创建 0.05556 的增量。通过以下公式计算这些增量：

```
range/total_numbers = 0.5/10 = 0.05,
                    = 0.5/9  = 0.05556
```

完整的映射将在图 9-4 中展示。

我们还不能使用 0～1 之间的数值来计算边上的最短路径，因为较高的分数仍然意味着较强的信任度。我们遇到了与第 8 章中相同的问题：更长的路径具有更高的信任评分。为了获得我们真正需要的，我们必须讨论另外两个数学变换。

步骤 2：将新比例转化为最短路径问题

本质上我们是在尝试在数据中找到两个地址之间的最高信任路径。我们需要完成以下两件事，才能将这个问题定义为最短路径问题：

1. 使用对数，乘法可以转换为加法。

2. 结果乘以 −1，使最大值变为最小值。

这里的第一步是一个非常重要的转换，需要加强理解。这样就可以准确地模拟数据中的某些现象，例如信任，一起看一下。

在许多场景中，我们都不需要对边权重使用对数，只需要简单地累加权重，如物流例子中所示。

然而在一些场景下，我们不得不使用乘法而不是加法，比如处理概率，置信度等。

信任本质上就是一种置信度数值。从数学上讲，这意味着"你对他人信任的信任"，需要将这两个概念相乘，而不是相加。

让我们思考一下。如果你对 A 半信半疑，而 A 对 B 也是半信半疑，那么你能得出结论你会完全信任 B 吗？肯定不会。相反，你的结论可能是你并不怎么信任 B。

这个问题上你如何推断就是用数值相加和相乘的区别。如果你决定你可以完全信任 B，那么就是将你对 A 的一半的信任和 A 对 B 的一半信任相加才能得出这个结论。这并不符合逻辑，因为依赖于别人的意见决定了你对某个人的信任。当你得出的结论是你并不怎么信任 B 的时候，你（大概率）是用你对 A 的一半信任乘以 A 对 B 的一半信任，得到了 0.25 的信任。

为了用数字表示这一点，我们必须应用对数变换来使用 0～1 之间的值。使用对数允许我们将信任分数相加而不是相乘。这种转换为我们的分数提供了以下数值：

1. −10 映射到 0，log(0) = negative infinity

2. 1 映射到 0.5，log(0.5) = −0.31

3. 10 映射到 1，log(1) = 0

第二步的后半部分表示最终转换会将这些分数乘以 −1。最后一步是必需的，以便将最大值变为最小值。我们需要最小值来找到最短的加权路径。

为了说明这种映射，图 9-3 绘制了转换过程。在 y 轴，0 代表不信任，1 代表信任。x 轴说明较高的信任分数与较低的信任分数之间的关系。

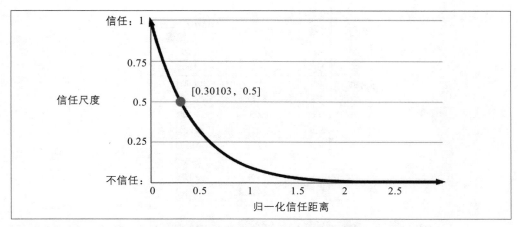

图 9-3：观察一条路径的信任距离如何在变换后的尺度上转化为信任或不信任

值得探究之处在于图 9-3 所示的点。

从信任到不信任的信任分数临界值是 0.30103。分数低于 0.30103 代表信任，高于 0.30103 代表不信任。

从高到低的分数转换，使得我们可以对分数求和，总分越低意味着可信度越高。能够找到的最低分数帮助我们优化找到最小总权重的方式。从这里开始，我们用这些新的权重来解释程序中的最短加权路径。

到这里还有最后一个决定要做：如何用数据呈现 (-1)*log(0) = infinity。

步骤 3：如何对无穷大建模的决策

关于如何在数据中表示 (-1)*log(0) = infinity，你的团队必须在不同决策间做出权衡。你可能希望选择一个足够大的值，以便具有该值的路径成为最短加权路径的可能性很小，但是它的值又不会大到比根本没有边还差。

我们选择用 100 来代表 (-1)*log(0) 的数值。让我们想想为什么这是一个还不错的选择。假设任意两个端点顶点 a 和 b 的边权重为 100。a 和 b 之间的加权路径几乎可以保证比图中的任何其他路径都长。你必须找到 101 条边的路径，每条边的权重为 1，因为 a 和 b 之间的直接路径是较短的加权路径。而在我们的问题上下文中，长度为 101 的路径对应用程序没有实际的意义。因此，我们认为为示例选择 100 表示无穷大就足够了。

图 9-4 中展示的值详细说明了在前几节中讨论过的步骤。首先将 [−10, 10] 映射到 [0, 1] 区间。然后，取每个值的对数并将结果乘以 -1。最终将 (-1)*log(0) 的值设置为 100。

信任	转换	Log(Shifted)	norm_trust 的最终值
-10	0	负无穷	100
-9	0.05	–1.301	1.301
-8	0.1	–1	1
-7	0.15	–0.8239	0.8239
-6	0.2	–0.699	0.699
-5	0.25	–0.6021	0.6021
-4	0.3	–0.5229	0.5229
-3	0.35	–0.4559	0.4559
-2	0.4	–0.3979	0.3979
-1	0.45	–0.3468	0.3468
1	0.5	–0.301	0.301
2	0.5556	–0.2553	0.2553
3	0.6111	–0.2139	0.2139
4	0.6667	–0.1761	0.1761
5	0.7222	–0.1413	0.1413
6	0.7778	–0.1091	0.1091
7	0.8333	–0.0792	0.0792
8	0.8889	–0.0512	0.0512
9	0.9444	–0.0248	0.0248
10	1	0	0

图 9-4：将权重从 –10 到 10 转换为可用于查找最短加权路径的值的完整映射表

接下来，我们需要更新图结构并加载转换后的边，以便可以使用这些新的权重。

9.3.2 更新图

我们需要增强现在的 rated 边来使用新的归一化的数值。我们会在 rated 边上新增一个叫作 norm_trust 的属性作为聚类键。图 9-5 展示了新的图结构并展示新属性作为边的聚类键。注意 norm_trust 是边的聚类键，会按递增顺序对磁盘上的 rated 边进行排序。

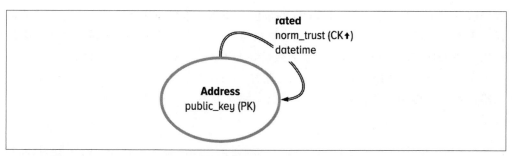

图 9-5：使用 GSL 标识，图模型的生产版本结构

图 9-5 对应的代码如例 9-2 所示。我们希望你已经学会了如何使用图结构语言将图模型转换为结构代码，就像使用 ERD 创建关系表一样。

例 9-2：

```
schema.vertexLabel("Address").
      ifNotExists().
      partitionBy("public_key", Text).
      create();

schema.edgeLabel("rated").
      ifNotExists().
      from("Address").
      to("Address").
      clusterBy("norm_trust", Double, Asc).
      property("datetime", Text).
      create()
```

如第 8 章中一样，我们需要通过 DataStax Bulk Loader 的命令行工具来加载数据。本文附带的数据集已经对边权重进行了转换。如果你想查阅代码，那么请参考本书 GitHub 仓库（*https://oreil.ly/GtEI5*）中的第 9 章数据目录，获取这些示例的数据和加载脚本。

让我们来进行一些基础的探索型查询，确保对数据的理解以及加载过程正确。

9.3.3 探索归一化的边权重

在实现最短加权路径之前，让我们看看第 8 章中的同样的查询。然而，这一次，我们希望使用 norm_trust 属性探索 1094 和 1337 之间的路径。

本节需要完成的两个查询是：

1. 查找所有长度为 2 的路径，按总信任度排序。

2. 根据路径长度找到最短的 15 条路径，按总信任度排序。

从第一个查询开始。

查找所有长度为 2 的路径，按总信任度排序

在例 9-3 中，我们重新访问第 8 章中长度为 2 的相同路径，但使用归一化权重来计算信任距离。

例 9-3：

```
1 g.withSack(0.0).
2   V().has("Address", "public_key", "1094").
3   repeat(outE("rated").
4           sack(sum).
```

```
5            by("norm_trust").
6          inV()).
7     times(2).
8     has("Address", "public_key", "1337").
9     order().
10      by(sack(), asc).
11    project("path_information", "total_elements", "trust_distance").
12      by(path().by("public_key").by("norm_trust")).
13      by(path().count(local)).
14      by(sack())
```

例 9-3 的原始结果如例 9-4 所示。

例 9-4：

```
{"path_information": {
    "labels":  [[],[],[],[],[]],
    "objects": ["1094", "0.0248", "1268", "0.30103", "1337"]
},
 "total_elements": "5",
 "trust_distance": "0.32583"
}
```

如我们在第 8 章中发现的一样，开始和结束节点之间只有一条长度为 2 的路径。图 9-6
展示了例 9-4 中的路径对象和我们在第 8 章中计算的权重。

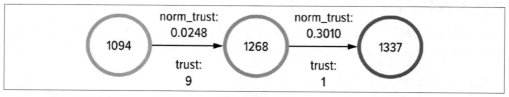

图 9-6：观察数据中，1094 和 1337 之间长度为 2 的唯一路径上的边的归一化权重

图 9-6 中所示的路径的总信任距离是 0.32583。你可以通过这个分数的逆向计算来理解
它是如何映射到 [0,1] 区间的。因此，可以将最终分数乘以 −1，然后用 10 的幂函数：
$10^{(-1*(0.0248 + 0.3010))} = 0.4723$。

这意味着该路径在 [0,1] 范围内的加权信任度为 0.4723。因此可以得出结论，我们对该
路径有轻微的不信任，因为 0 代表不信任而 1 代表信任。该路径的加权信任分数比 0.5
小一点，因此代表轻微不信任。

你可能会好奇：其他的路径怎么样呢？所以一起来看一下第 8 章中的第二个查询。

根据路径长度找到最短的 15 条路径，按总信任度排序

温故而知新，请记住我们在第 8 章所构建的查询综合使用了 Gremlin 中的遍历栅栏和广

度优先搜索。应用了这些概念的查询可以确保由路径长度得出的是最短路径，而不是权重。

在例 9-5 中我们应用了最短路径的逻辑来找到 15 条最短路径，但是通过归一化的信任距离进行排序。

看一下例 9-5 中的查询。

例 9-5：

```
1 g.withSack(0.0).                 // init each traverser to have a value of 0.0
2     V().has("Address", "public_key", "1094").      // start at 1094
3     repeat(                      // repeat
4       outE("rated").             // walk out to an edge and stop
5         sack(sum).               // aggregate into the traverser's sack
6           by("norm_trust").// the value on the edge's property: "norm_trust"
7         inV().                   // move and walk into the next vertex
8       simplePath()).             // remove the traverser if it has a cycle
9     until(has("Address", "public_key", "1337")).    // until you reach 1337
10    limit(15).                   // BFS: first 15 are the 15 shortest paths, by length
11    order().                     // sort the 15 paths
12      by(sack(), asc).           // by their aggregated trust scores
13    project("path_information", "total_elements", "trust_distance"). // make a map
14      by(path().by("public_key").by("norm_trust")).// first value: path information
15      by(path().count(local)).                     // second value: length
16      by(sack())                                   // third value: trust
```

例 9-6 中展示了例 9-5 的结果，前三个最值得信任的路径非常有趣。在第 8 章中，我们发现的最短路径是：1094 → 1268 → 1337。例 9-6 说明，这条路径是 15 条最路径中第二值得信任的路径，这意味着可以得到一个结论，还有一条更长也更值得信任的路径。

例 9-6：

```
{
  "path_information": {
    "labels": [[],[],[],[],[],[],[]],
    "objects": ["1094","0.2139","280","0.0512","35","0.0248","1337"]
  },
  "total_elements": "7",
  "trust_distance": "0.2899"
},...,
{
  "path_information": {
    "labels": [[],[],[],[],[]],
    "objects": ["1094","0.0248","1268","0.30103","1337"]
  },
  "total_elements": "5",
  "trust_distance": "0.32583"
},
{
```

```
  "path_information": {
    "labels":  [[],[],[],[],[],[],[]],
    "objects": ["1094","0.0248","1268","0.30103","35","0.0248","1337"]
    },
    "total_elements": "7",
    "trust_distance": "0.35063"
},...
```

例 9-6 中出现了我们在第 8 章没有发现的结果：一条更长且信任度更高的路径。15 条最短路径中最值得信任的那条长度为 3，1094 → 280 → 35 → 1337，总信任度为 0.2899。

 例 9-6 中的结果是按照长度筛选的最短路径，按信任距离排序。这与最短加权路径有所不同，我们还没有解决最短加权路径的问题。

很激动我们可以找到一条更长且更值得信任的路径。那么，0.2899 的数值意味着什么？我们有多信任这条路径呢？

通过归一化边的权重解释路径距离如何转换为总信任度

图中的权重代表了归一化的信任距离。这样可以保证最短加权路径同时是最值得信任的路径。

最终，你还是想问："我是否相信这条路径？"为了回答这个问题，你需要你将路径的最终权重转换为图 9-4 中的偏移比例。你必须通过路径的总信任距离的转换，以表达是否信任这条路径。

让我们深入研究路径的信任距离如何映射到 [0,1] 的信任尺度。

最好情况的最短路径的权重为零。这只有在路径中所有边的归一化权重为 0 的情况下发生。路径的信任距离 0 转换为具有最高信任分数 1 的路径：10^(-0)=1。

对于所有的信任距离 d，转换公式如图 9-7 和图 9-3 所示。

$$f(d) = 10^{(-d)}$$

图 9-7：对归一化的信任距离 d，该公式将路径距离转换到信任尺度 [0,1]

对例 9-6 中的三个结果，让我们对它们的权重和进行转换。每条路径和对应的转换如下：

1. 第一条路径带有 7 个对象：10 ^ (− 0.28990) = 0.5130

2. 最短路径带有 5 个对象：10 ^ (− 0.32583) = 0.4722

3. 第三条路径带有 7 个对象：10 ^ (− 0.35063) = 0.4460

以上三个转换后的分数代表每条路径在 [0,1] 区间的总信任度，0 代表不信任，1 代表完全信任。这意味着，我们按长度找到的 15 条最短路径中有一条比较信任的路径。例 9-6 中的第一个结果，归一化的权重为 0.28990，转换到 [0,1] 区间的信任分数为 0.5130。因此，我们比较信任这条路径。

之前的例子都在帮助我们理解如何推理路径中的归一化信任分数。

然而，例 9-6 中的第一个结果是数据中最值得信任的路径吗？为了找到唯一的最短加权路径，我们需要对查询应用一些优化。

9.3.4 学习最短加权路径查询前的一些思考

我们在该例子中使用的数据目标在于向你展示如何找到两个地址之间最值得信任的路径。而数据中最受信任的路径不仅仅是最短路径。

我们希望通过我们的例子从边中找到具有最高信任度的路径。

为此，我们必须对边的权重进行转换，用于解决最短加权路径问题。转换过程完成了两件事：（1）使用对数，可以有意义地为路径添加权重；（2）翻转比例，使得最短加权路径与最大信任度相关。

我们不断迭代这个过程，因为这些是团队经常使用的工具，以便可以在最短路径问题中使用带权重的边。重塑数据来解决复杂问题说明了数据科学和图应用程序在交叉领域的强大创造力。

借助这个知识，我们准备开发 Gremlin 查询，用于计算最短加权路径。

9.4 最短加权路径查询

到目前为止，我们所使用的算法过程如例 9-7 所示。

例 9-7：

```
A  Use sack to initialize the path distance to 0.0
B  Find your starting vertex v1
C  Repeat
D      Move to outgoing edges
E      Increment the sack value by the edge weight
F      Move from edges to incoming vertices
G      Remove the path if it is a cycle
H  Check if the path reached v2
I  Allow the first 20 paths to continue
J  Sort the paths by their total distance value
K  Shape the result
```

回顾一下 Gremlin 中的遍历栅栏，比如 repeat().until() 模式，以类似广度优先搜索的行为来处理数据。这表明例 9-7 中的步骤 I 可以确保找到长度上的最短路径。

在例 9-8 中，这些算法步骤与我们刚刚完成的查询中的行相对应。

例 9-8：

```
A   g.withSack(0.0).
B     V().has("Address", "public_key", "1094").
C     repeat(
D             outE("rated").
E             sack(sum).by("norm_trust").
F             inV().
G             simplePath()).
H     until(has("Address", "public_key", "1337")).
I     limit(20).
J     order().
        by(sack(), asc).
K     project("path_information", "total_elements", "trust_distance").
        by(path().by("public_key").by("norm_trust")).
        by(path().count(local)).
        by(sack())
```

我们将使用例 9-7 所示的伪代码模式，并将过程映射到例 9-8 所示的 Gremlin 步骤，来构建我们的最短加权路径查询。

为生产环境构建最短加权路径查询

我们想要构建的流程需要实现我们在 9.2.2 节中介绍的优化方式：最低成本优化、超级节点规避和全局启发。通过以下四个步骤，我们可以为应用程序创建一个满足生产环境质量要求的查询：

1. 交换两个步骤并修改限制。

2. 添加一个对象来跟踪已访问顶点的最短加权路径。

3. 如果遍历器的当前路径比已发现的到该顶点的路径长，则删除该遍历器。

4. 出于自定义原因移除遍历器，例如避免超级节点。

让我们通过这四个过程中的每一个步，逐步构建 Gremlin 查询。

交换两个步骤并修改限制

我们需要一点提醒，因为构建最短路径查询的第一步与例 9-8 非常相似。我们只需要交换步骤的顺序并限制只查找一个结果，即可将例 9-8 转换为唯一最短加权路径的查询。

例 9-9 中的算法交换了例 9-7 中 J 和 I 两个步骤。这个交换使整个过程从最短路径变为最短加权路径。然后我们将数量限制从 20 改为 1，我们就可以找到唯一的最短加权路径了。

从本节开始，我们将使用 O_stepNumber 来标记这些新的优化及对应步骤。在伪代码和查询实现中你会看到星号（*）用来标示在路径查找遍历中新增的行。这样更容易将伪代码中的优化逻辑映射到 Gremlin 查询中的语句。

例 9-9：

```
A   Use sack to initialize the path distance to 0.0
B   Find your starting vertex v1
C   Repeat
D        Move to outgoing edges
E        Increment the sack value by the edge weight
F        Move from edges to incoming vertices
G        Remove the path if it is a cycle
H   Check if the path reached v2
O1* Sort the paths by their total distance value
O1* Allow the first path to continue, this is the shortest path by weight
K   Shape the result
```

如果真的这么容易，为什么我们不能就此结束呢？

我们可以，但是，好吧……有一个但是。

交换 Gremlin 中的步骤会引入另一个栅栏，即 order()。在 repeat().until() 之后紧跟的 order() 意味着必须找到所有路径并排序，而不仅仅是最短加权路径。因此我们还需要在查询中添加一些内容来优化。

但这些步骤的交换确实保证了在步骤 K 找到的路径是根据它们的总距离排序的。这正是我们最终需要的。我们只是在处理比我们预期中更多的数据，因为我们还是需要寻找所有路径。

在例 9-10 中，让我们看看从哪里开始构建查询，可以实现例 9-9 中的交换逻辑。构建的更改标记为 O1*，表明这是迄今为止构建的第一个优化。

例 9-10：

```
A   g.withSack(0.0).
B     V().has("Address", "public_key", "1094").
C     repeat(
D,E,F     outE("rated").sack(sum).by("norm_trust").inV().
G           simplePath()
H     ).until(has("Address", "public_key", "1337")).
O1*   order().
        by(sack(), asc).
O1*   limit(1).
```

```
K       project("path_information", "total_elements", "trust_distance").
          by(path().by("public_key").by("norm_trust")).
          by(path().count(local)).
          by(sack())
```

例 9-10 中找到了 1094 与 1337 之间所有的加权路径。你不会想在生产环境的应用程序中使用它，因为查找所有路径的计算成本太高。我们有多种优化选择，来确保创建的查询在生产环境中的分布式图中运行更安全。

添加一个对象来跟踪已访问顶点的最短加权路径

构建一个对象来追踪最短加权路径的方式，在之后的优化中还将多次被使用。

想法是通过创建一个 map 实现。map 的键代表访问过的顶点，值记录了到该顶点的最短路径。例 9-11 中展示了该算法的其余部分。与例 9-11 过程相对应的 Gremlin 查询如例 9-12 所示。

例 9-11：

```
A   Use sack to initialize the path distance to 0.0
B   Find your starting vertex v1
C   Repeat
D      Move to outgoing edges
E      Increment the sack value by the edge weight
F      Move from edges to incoming vertices
G      Remove the path if it is a cycle
O2*    Create a map; the keys are vertices, value is the minimum distance
H   Check if the path reached v2
O1  Sort the paths by their total distance value
O1  Allow the first x paths to continue
K   Shape the result
```

应用了例 9-11 中算法的查询如例 9-12 所示。修改的部分用 O2* 标记，说明这是到目前为止的第二个优化。

例 9-12：

```
A   g.withSack(0.0).
B     V().has("Address", "public_key", "1094").
C     repeat(
D,E,F     outE("rated").sack(sum).by("norm_trust").inV().
G         simplePath().
O2*       group("minDist").     // create a map
O2*         by().               // the keys are vertices
O2*         by(sack().min())    // the values are the min distance
H     ).until(has("Address", "public_key", "1337")).
O1    order().
O1    by(sack(), asc).
O1    limit(1).
```

```
K       project("path_information", "total_elements", "trust_distance").
K         by(path().by("public_key").by("norm_trust")).
K         by(path().count(local)).
K         by(sack())
```

让我们讨论一下例 9-12 中标记为 02* 的行中我们构建的 map。map 包含代表节点的键和对应的值。这里的技巧在于通过 by(sack().min()) 确定值。map 中的数值代表到图中任何已访问节点的路径的最短距离。

本质上，这个 map 对象创建了一个查找表，每个遍历器都可以访问和查询：到当前顶点的路径的最小距离是多少？

既然我们已经创建了这个 map，就看一下如何使用它。

如果遍历器的当前路径比已发现的到该顶点的路径长，则删除该遍历器

minDist map 记录了已访问的顶点以及到该顶点的最短距离。让我们看一下如何使用这个 map。

在处理流中的任何一个遍历器，都需要做两件事情：第一，使用该 map 查找到当前访问阶段的最短路径；第二，对比该数值与当前遍历器到该顶点已访问的距离。

如果距离一样，则说明当前遍历器通过最短路径访问到当前节点。如果遍历器的距离大于已记录的最短距离，则说明现在遍历的是一条更长的加权路径，则该遍历器被删除。因为在对比之前我们会先更新 map 数值为最小距离，所以不存在当前遍历器的距离小于 map 记录的距离的场景。

看一下这个过程的伪代码。例 9-13 中用 03* 标记了这个新的优化。

例 9-13：

```
A    Use sack to initialize the path distance to 0.0
B    Find your starting vertex v1
C    Repeat
D        Move to outgoing edges
E        Increment the sack value by the edge weight
F        Move from edges to incoming vertices
G        Remove the path if it is a cycle
02       Create a map; the keys are vertices, value is the minimum distance
03*      Remove a traverser if its path is longer than the min path
H    Check if the path reached v2
01   Sort the paths by their total distance value
01   Allow the first x paths to continue
K    Shape the result
```

为了用 Gremlin 实现例 9-13 的伪代码，我们还需要介绍两个新的模式。首先，需要用 filter() 步骤创建自定义过滤器。

filter()

    filter() 对遍历器评估为真或假，如果是假，则不会将遍历器传递到下一步。

在过滤器的内部会用到一种新的模式。需要创建一种可以评估两个值 a 和 b 的模式。Gremlin 中的通用做法是创建一个 map，然后利用 where() 步骤检查 map 中的对象。

where()

    where() 会过滤当前对象，在我们的示例中，我们将根据对象本身进行过滤。

project().where()

    project().where() 模式根据 where() 步骤中提供的条件检测 map 中的对象。

看一下例 9-14 中这些步骤的实践。

例 9-14：

```
A  g.withSack(0.0).
B      V().has("Address", "public_key", "1094").
C      repeat(
D,E,F        outE("rated").sack(sum).by("norm_trust").inV().as("visited").
G            simplePath().
O2           group("minDist").
O2             by().
O2             by(sack().min()).
O3*          filter(project("a","b").                        // boolean test
O3*                   by(select("minDist").select(select("visited"))). // a
O3*                   by(sack()).                            // b
O3*                 where("a",eq("b"))                       // does a == b?
H      ).until(has("Address", "public_key", "1337")).
O1      order().
O1        by(sack(), asc).
O1      limit(1).
K      project("path_object", "total_elements", "trust_distance").
K        by(path().by("public_key").by("norm_trust")).
K        by(path().count(local)).
K        by(sack())
```

让我们描述一下标记为 O3* 的新的优化行发生了什么。我们使用 filter() 步骤为遍历器创建了一个布尔测试：如果条件为真，则遍历器通过。这个测试使用 project().where() 模式，设置两个变量 a 和 b 用于对比。变量 a 的值是 minDist map 中获取的到当前顶点的最小距离。遍历器当前的 sack 值作为 b 的值。

如果到当前节点的最小距离等于遍历器的 sack 值，测试结果为 True，则遍历器通过。这意味着遍历器当前路径为最短路径，因此可以继续图中的遍历。

如果你一直在使用 notebook，你会发现例 9-14 是加权路径查询中，第一次能够在没有超时错误的情况下返回结果。这是因为这个优化是减少在查询中处理的路径的第一步。前两个优化对应例 9-14 中标记为 03* 的行。

我们还可以通过其他几种方式从工作树中减少路径。

出于自定义原因移除遍历器，例如避免超级节点

我们可以添加的一个常见的优化方法，是通过减少搜索空间以解决路径查询的计算复杂性。具体来说，我们希望从处理流中过滤掉已经到达超级节点的遍历器。超级节点的定义根据你的数据集有可能不同，就像 9.2.2 节中讨论的 Twitter 社交网络中的名人问题。

让我们来看一下图 9-8 所示的图中的度数分布。

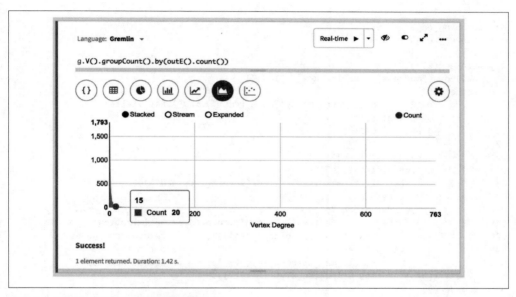

图 9-8：示例中所使用的图中的度数分布

该图的出度分布表明大多数顶点有 20 个或更少的出边。图 9-8 中最右边的值表明数据集中存在的异常顶点，有 763 个出边。

为了说明目的，假设要排除具有大于 100 条出边的顶点。例 9-15 中的伪代码通过标记为 04* 的行说明了如何使用过滤器。例 9-16 为对应的 Gremlin 查询。

例 9-15：

```
A    Use sack to initialize the path distance to 0.0
B    Find your starting vertex v1
C    Repeat
D       Move to outgoing edges
E       Increment the sack value by the edge weight
```

```
F       Move from edges to incoming vertices
G       Remove the path if it is a cycle
O2      Create a map; the keys are vertices, value is the minimum distance
O3      Remove a traverser if its path is longer than the min path to the current v
O4*     Remove a traverser if it walked into a supernode; 100 outgoing edges or more
O4*     Remove a traverser if its distance is greater than what we want to process
H   Check if the path reached v2
O1  Sort the paths by their total distance value
O1  Allow the first x paths to continue
K   Shape the result
```

例 9-15 对应的查询的实现如例 9-16 所示。

例 9-16：

```
max_outgoing_edges = 100;
max_allowed_weight = 1.0;

A g.withSack(0.0).
B     V().has("Address", "public_key", "1094").
C     repeat(
D,E,F         outE("rated").sack(sum).by("norm_trust").inV().as("visited").
G             simplePath().
O2            group("minDist").
O2              by().
O2              by(sack().min()).
O3            and(project("a","b").
O3                by(select("minDist").select(select("visited"))).
O3                by(sack()).
O3                where("a",eq("b")),
O4*           filter(sideEffect(outE("rated").count().// optimization:
O4*                   is(gt(max_outgoing_edges)))),    // remove supernodes
O4*           filter(sack().                           // optimization:
O4*                   is(lt(max_allowed_weight))))     // global heuristic
H     ).until(has("Address", "public_key", "1337")).
O1      order().
O1        by(sack(), asc).
O1      limit(1).
K     project("path_object", "total_elements", "trust_distance").
K       by(path().by("public_key").by("norm_trust")).
K       by(path().count(local)).
K       by(sack())
```

让我们来看看例 9-16 中标记为 O4* 的新步骤。我们新增了两个布尔测试。第一个是
filter()，它检查当前顶点的出度并将其与超级节点的阈值进行比较。如果出度大于
100，则遍历器测试失败，从当前处理流中删除。这就是如何从路径查找查询中中专门
删除超级节点的方法。

超级节点规模的优化需要使用 sideEffect()，我们会在 9.5 节解释原因。

例 9-16 中的第二个优化添加了另一个 filter() 并使用全局启发。我们将要考虑的最大

权重设置为 1.0，并将遍历器的 sack() 与阈值对比进行测试。如果遍历器距离大于 1.0，则测试失败且遍历终止。

例 9-16 中的查询通过一个新方法 and()，打包了所有的优化措施。在后面的内容中，我们会解释 and() 和 sideEffect()，并查看例 9-16 中查询的结果。

Gremlin 中的 and() 方法。Gremlin 中的 and() 是一个可以有任意遍历数量的过滤器。and() 将布尔值 AND 应用于每次遍历的结果，来为遍历器创建通过 / 失败条件。

and()

Gremlin 中的 and(t1，t2，...) 根据每个输入遍历 t1、t2 等的所有值为管道中的每个遍历器生成真或假。

在 Gremlin 的上下文中，and() 中的每次遍历都必须产生至少一个输出。在布尔运算的中，以下值被解释为假：

1. False。

2. 所有类型的数字 0。

3. 空字符串。

4. 空集合（包括元组、列表、字典、集合和冻结集合）。

其他的值都为 True。

例 9-16 中的 and() 包含了三个遍历。每次遍历都会测试布尔条件，用 and() 逻辑分析结果。只有三次遍历都返回真时遍历器才能通过。这意味着遍历器必须是最短路径，不包含超级节点，且总距离数值小于 1.0。

最后一个需要学习的概念就是为什么在超级节点测试中需要使用 sideEffect()。

Gremlin 中的 sideEffect()。可以用于路径查找中的最有价值的启发式方法之一就是删除位于超级节点上的遍历器。你需要计算当前顶点上的边来确定是否属于超级节点。当你访问一个顶点时，必须遍历所有的出边来计算总数。

从当前顶点访问所有出边会修改遍历器的位置。当我们在路径查找查询的过程中，这会使得遍历器从顶点的位置变更为一系列边集合的位置。这种变更会打断 repeat() 的条件循环。

因此，我们需要一种方式，既可以检查当前顶点是否为超级节点，同时不改变遍历器的当前位置（或者说不移动遍历器）。我们可以使用 sideEffect() 进行这些类型的计算，这是遍历器可以在整个图中移动的五种通用方式之一。

sideEffect()

sideEffect(<traversal>) 允许遍历器的状态不变地继续下一步，但可以提供下一步遍历的一些计算值。

例 9-16 中 使 用 了 sideEffect(outE("rated").count().is(gt(max_outgoing_edges)))，让我们来详细说明一下。

首先，通过 sideEffect() 包装的遍历是 outE("rated").count().is(gt(max_outgoing_edges))。这个代表的问题是：该顶点上的出边数是否小于我们允许的最大值？

为了回答这个问题，遍历器需要从顶点移动到所有出边，计算总数，并与 max_outgoing_edges 对比。问题在于，我们既需要移动，但是又不希望这个移动影响遍历器当前状态。因此我们用 sideEffect() 包装了这个遍历，这样无论我们在这个嵌入的遍历中做什么，都不会改变当前遍历器在图中的位置，因为它会移动到 sideEffect(<traversal>) 之后的步骤。

这提供给我们了关于遍历器如何工作的所有信息。让我们看一下例 9-16 中的结果。

解析最短加权路径的结果。 例 9-17 展示了本章示例中需要解释的最后一组结果。现在让我们看看最短的加权路径。

例 9-17：

```
{
  "path_information": {
      "labels": [<omitted in text>],
      "objects": ["1094",
                  "0.0","64",
                  "0.0","104",
                  "0.0","23",
                  "0.0792","1217",
                  "0.0248","1437",
                  "0.0","35",
                  "0.0248","1337"]
 },
  "total_elements": "15",
  "trust_distance": "0.1288"
}
```

我们最终的最短加权路径的总信任距离为 0.1288，长度为 7！（15 个元素表示 8 个顶点和 7 条边；路径长度是路径中的边数）

信任距离为 0.1288，$10^{(-0.1288)}$ = 0.7434，所以我们可以得出结论：我们信任这条路径。

回到应用背景下，我们还可以得出结论，我们信任且接受来自 1337 的比特币。那你会怎么决定？

9.5 生产环境中的加权路径和信任

无论你是否有真实交易比特币的经历，你都已经将加权路径和决策信任的概念融入日常生活中。你可能不会将数据转换为对数进行归一化，但我们敢打赌你肯定会以某种方式使用到前两章的概念。

图技术的美妙之处在于将人类的自然倾向转化为可量化的模型。从第 8 章和本章到目前为止，我们介绍了许多将自然思维转化为指标和模型的不同方法。我们向你展示了如何使用自然人与概念之间的距离思想来指导如何思考数据以解决生产环境中的复杂路径问题。

这里的重要时刻是你可以自然而然地对以前不相关的话题做出决定和推论。这个自然发生的过程可以很好地映射到图技术，在可重复的框架中量化决策。

图技术为我们提供了一个框架，用于定义、建模、量化和应用我们理所当然的思维过程，例如将路径距离与信任相关联。这就是图技术如此美妙和有影响力的原因。那些我们已经可以不假思索完成的事情可以用相同的方式从技术和逻辑上进行定义。

那么，考虑到你在本书中经历的所有旅程，你会如何评价对我们的信任？一旦你开始思考这段旅程，你会为旅程的不同部分分配不同的权重吗？

也许你应该考虑使用作者和内容进行评分来创建可信资源的图，这意外地让人联想到，Netflix 是如何通过基于用户的评分来进行电影推荐的故事。这听起来是一个非常适合进一步探索的话题。

第 10 章中会进行一个类似 Netflix 的示例，向你展示如何根据用户评分推荐电影。

第 10 章

开发环境中的推荐

Netflix 奖是 2006 年开始的一个开放的机器学习竞赛。参加比赛的每一个团队的目标是搭建一个能够超越 Netflix 内容评价预测程序的算法。在 2009 年，比赛的获胜者获得了 100 万美元的奖金。

Netflix 奖还产生了一个特别的影响，这个竞赛点燃了用图思维解决传统的基于矩阵的算法的热潮，这正是你在读这本书的时候所经历的。

我们意识到，用图来解释推荐系统比用矩阵表示要容易得多。想象一下，你有一组很喜欢的电影，每部电影来自其他人的评价都很高。如果你去看看这些人喜欢的其他的电影，那么你就有了一个你可能也喜欢的电影列表。这样你就拥有了一个属于你的电影推荐列表。

而你只是通过一个图来找到这个属于你的电影推荐列表。

Netflix 奖[注1] 推广了利用用户和电影之间的关系来预测和个性化你的数字体验的想法。这种像图一样思考数据的小想法已经成为图思维兴起的主要驱动力之一。

我们将在本章和第 12 章让这一想法成为现实。如果你对本章出现的图模型有疑惑，则第 11 章将向你展示我们是如何创建该图模型的。

10.1 本章预览：电影推荐的协同过滤

在本章中，我们将通过研究一个网站 / 应用程序如何向用户推荐电影来展示和定义协同过滤。

在 10.2 节中，我们将介绍三个不同的推荐系统示例。这三个例子说明了图思维在定制化应用程序中的用户体验方面已经变得多么根深蒂固。你甚至都意识不到自己每天都在使

注 1：James Bennett and Stan Lanning, "The Netflix Prize," Proceedings of KDD Cup and Workshop, 2007.

用这些技巧。

10.3 节将介绍协同过滤。我们将重点关注基于条目的协同过滤，因为它是使用图结构进行推荐的最流行的方式。

10.4 节将为我们的电影推荐示例介绍两个开源数据集。我们将构建一个复杂的模式，并展示数据结构和加载过程。我们将在接下来的两章中使用这些数据。

之后我们将会进行简短的介绍，并使用电影数据集的复杂数据模型，作为对本书主要技术的回顾。我们将通过不断校正图中最常见的三种查询（邻接点、树、路径）来探索合并之后的数据集。

10.5 节将逐步在 Gremlin 中进行基于条目的协同过滤。正如你在树和路径章节中看到的，由于实时协同过滤的可扩展性，我们将在本章的最后遇到一个问题。

10.2 推荐系统示例

使用图的推荐系统之所以受欢迎，是因为它们的工作原理十分简单。让我们通过图结构，一次一个邻接点循序渐进，来展示三个不同行业的推荐系统。

我们将通过看待以下的问题的方式来展开我们的样例。

10.2.1 我们如何在医疗保健领域提供推荐

如果你回想一下最近与医生的一些互动，那么你可能已经有了一个你最信任的医生的名单。

现在，如果你的朋友让你推荐一位医生，你会怎么说？

为了给出个人推荐，你要考虑很多因素，比如你上次就诊的结果，你受到的待遇、价格等。因此如果朋友向你询问你最喜欢的医生，你可能不会立刻回答，反而你会向你的朋友提问以获得更多的信息。

你需要从你的朋友那里获得更多的信息以确保你的推荐与他们相关。你从朋友的回答中获取额外的细节来匹配你的经历，然后制定出你的推荐。

你最终如何回答朋友并给出一个医疗保健相关的建议可能如图 10-1 所示。你对朋友的回应展示了你对建议的看法，比如你的个人健康图的一级邻接点。

你的建议背后的更深层次的细节使它具有相关性。

对于一个比医疗保健更不私人的话题，让我们看看如何使用来自图结构的更深入的信息在你的社交媒体账户中构建推荐。

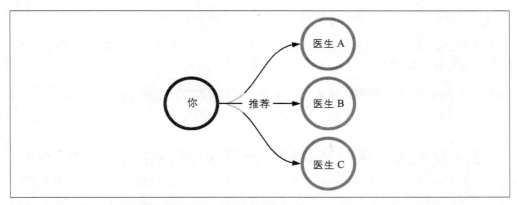

图 10-1：我们如何自然地思考我们给出的建议的例子

10.2.2 我们如何在社交媒体上经历推荐

想象一下你上一次登录领英的经历。你是否有看到一个通知"你可能认识的人"？

"你可能认识的人"就是一个使用图结构在社交媒体上推荐新联系人的例子。本节还说明了如何使用二级邻接点来创建推荐。图 10-2 展示了如何在图中构建你可能认识的人的列表。

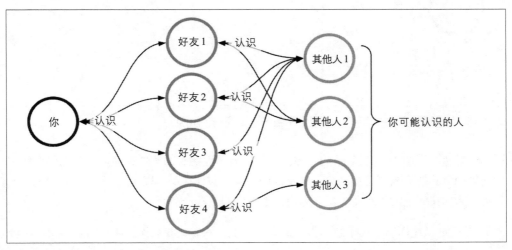

图 10-2：我们经历的社交媒体推荐的一个示例

让我们来看看图 10-2 中的概念是如何在领英或任何其他社交媒体平台上体现的。

随着时间的推移，你已经在你的社交媒体账户上建立了如图 10-2 所示的好友列表。你好友的好友构成了你可能也认识的人的列表，如图 10-2 中进一步向右所示。

这真的很简单。你可能认识的人是你在社交媒体上的二级邻接点好友。

这里通常会出现这样的问题：你最有可能已经认识的人是谁？你可能已经猜到了答案。你的好友中联系最紧密的好友就是最有可能推荐给你的人。

到目前为止的示例显示了对图数据的一级和二级邻接点的浅遍历。让我们探究一下更深层次的内容。

10.2.3 我们如何在电子商务中使用深度连接的数据进行推荐

推荐产品栏目已经成为在线零售中十分常见的内容。人们想要搜索一个产品，然后探索生产该产品的公司的同类产品目录。

产品推荐可以通过遍历连接数据的更深层邻接点来生成。图 10-3 展示了你所购买的产品如何创建其他三种产品的推荐。

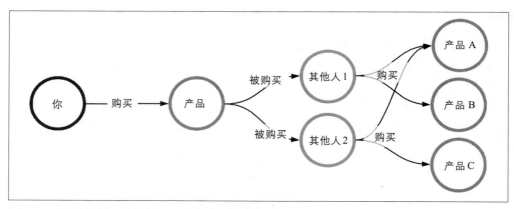

图 10-3：我们深入图结构数据以获取电子商务建议的一个示例

让我们思考一下图 10-3 所展示的内容。它首先展示你购买的一件产品。你访问的在线零售商也知道其他人购买了该产品，以及他们购买的其他产品。图 10-3 中最右边的三种产品将成为你在网上购物时在类似产品窗口中看到的三种产品。

图 10-3 还可以让你第一次了解协作过滤是如何工作的。让我们深入研究将在本章中实现的算法。

10.3 协同过滤导论

使用图结构数据协同过滤是一种经过验证的技术，可用于对内容推荐进行分类。业界对协同过滤的定义如下：

协同过滤

> 协同过滤是一种通过将单个用户的兴趣与众多用户的偏好相匹配（协同）来预测新内容（过滤）的推荐系统。

让我们快速介绍一下推荐系统和协同过滤的问题领域。

10.3.1 理解问题和领域

协同过滤是图社区中非常流行的技术。但它更广为人知的是在推荐系统中扮演的重要角色。一般来说，协同过滤属于推荐系统一类的四种自动化算法之一。其他三种是基于内容、社交数据挖掘和混合模型[注2]。

为了让你了解所有这些概念是如何组织的，图 10-4 展示了协同过滤及其子类型属于推荐系统的更广泛的分类。

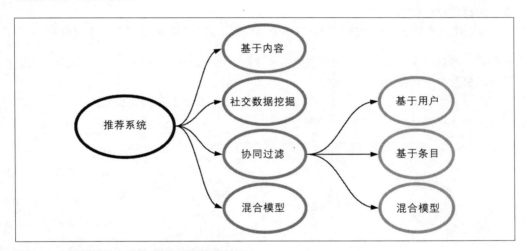

图 10-4：推荐系统一般空间的问题分类综述

基于内容的推荐系统只关注用户的偏好。根据用户之前的选择，从相似的内容中向用户提供新的推荐内容。

第二类推荐系统被称为社交数据挖掘，是一个不需要用户输入的系统。它们完全依靠社区的流行历史趋势向新用户推荐内容。

协同过滤不同于基于内容或社交数据挖掘，因为它结合了个人和社区的偏好。这类协同过滤方法的重点是将个人的兴趣与类似用户群体的历史偏好结合起来。最后，混合模型

注 2：Loren Terveen and Will Hill, "Beyond Recommender Systems: Helping People Help Each Other." _HCI in the New Millennium_, ed. Jack Carroll (Boston: Addison-Wesley, 2001), 487–509.

是一组混合和匹配其他三类技术的推荐系统。

最流行的协作过滤技术类别，基于条目的协作过滤，早于本章开头我们提到的 Netflix 奖出现。基于条目的协同过滤是有史以来推荐系统中最健壮的技术之一。它最初是由亚马逊在 1998 年发明并使用的[注3]。该技术首次发表于 2001 年[注4]。

10.3.2 图数据协同过滤

根据和你类似的人的偏好来定制特定内容的推荐能力描述了两类推荐系统：基于用户的协同过滤和基于条目的协同过滤。

基于用户的协同过滤

基于用户的协同过滤会找到与活跃用户共享相同评分模式的相似用户来推荐新内容。

基于条目的协同过滤

基于条目的协同过滤根据用户对这些条目的评价找到相似的条目并推荐新内容。

我们将在本章后面介绍的数据中有着给电影评分的用户。图 10-5 展示了一个用户对电影评分的模型中不同类型的协同过滤。

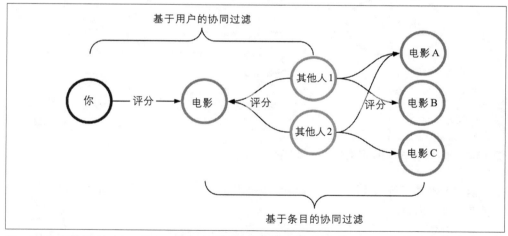

图 10-5：我们将在用户和电影评分数据集中使用两种类型的协同过滤

注 3：Gregory D. Linden, Jennifer A. Jacobi, and Eric A. Benson, Collaborative recommendations using item-to-item similarity mappings, U.S. Patent No. 6,266,649, filed July 24, 2001.

注 4：Badrul Munir Sarwar, George Karypis, Joseph Konstan, and John Riedl, "Item-Based Collaborative Filtering Recommendation Algorithms," WWW '01: Proceedings of the 10th International Conference on World Wide Web, Hong Kong Convention and Exhibition Center, May 1–5, 2001 (New York: ACM, 2001), 285–95. *https://doi.org/10.1145/371920.372071*.

图 10-5 展示了如何使用电影评分图向你推荐新内容。图 10-5 的左侧展示了如何遍历图并执行基于用户的协同过滤并向你推荐新内容。图 10-5 的右侧展示了如何遍历图以执行基于条目的协同并向你推荐新内容。

基于用户和基于条目的技术之间的基本区别可以总结为两种技术计算的内容相似而方式不同。基于用户的协同过滤计算相似的用户，基于条目的协同过滤计算相似的条目。这两种方法都使用各自的相似度评分来创建推荐。基于用户的协同过滤的任务是首先计算相似用户，然后预测新内容的评分。基于条目的协同过滤的任务是首先计算条目之间的相似度，然后预测新内容的评分。

我们将在第 10 章和第 12 章的所有示例中使用基于条目的协同过滤。你从本章中探索基于条目的协同过滤学到的模式和第 12 章中概述的生产实现过程，将向你展示扩展协同过滤的使用以集成其他技术（如基于用户的技术）的前进方向。

10.3.3 基于条目的协同过滤的图数据推荐

当使用图结构时，使用基于条目的协同过滤的一般过程如下所示：

1. 输入：获取用户最近评分、观看或购买的条目。

2. 方法：根据历史评分、观看或购买模式寻找相似的条目。

3. 推荐：根据评分模型发布不同的内容。

上面的过程适用任何系统，但我们将会拿电影来举例子。

使用我们的电影数据，输入将是单个用户（你）和你评分的电影。该模型会根据数据中观察到的评分模式使用基于条目的协同过滤，找出相似的电影。推荐的内容将使用评分模型对推荐进行排名。各步骤如图 10-6 所示。

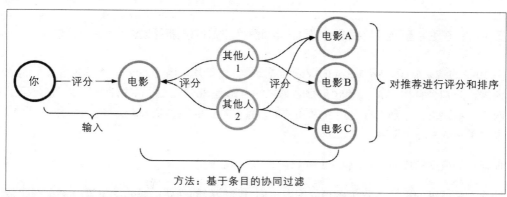

图 10-6：我们的基于条目的协同过滤图模型的输入、模型和推荐步骤

这些方法的诀窍在于如何对推荐内容进行排序。

10.3.4 三种不同的推荐排序模型

我们将在示例中演示三种不同的方法来对推荐进行评分和排序。它们将是基本路径计数、净推荐值评分和归一化推荐值评分。

在深入研究数据之前，让我们先了解一下这三种方法。

路径计数

在基于条目的推荐系统中使用图结构的最简单方法之一是计数。结合电影的例子，路径计数就是计算那些给输入的电影评过五星的用户中，给推荐集中的电影同样打五分的人数。

图 10-7 展示了我们如何使用路径计数来对推荐集中的电影进行排名。我们将到达 Movie C 的两条路径加粗，以展示三种推荐排序方法中的一种。让我们来看看我们是如何达到最右边所示的每个分数的。

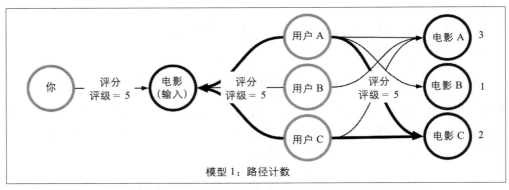

图 10-7：在使用基于条目的协同过滤时，如何使用路径计数对推荐集进行排序的示意图

图 10-7 的结果显示，Movie A 的评分为 3，是首选影片，因为 Movie A 总共有 3 个 5 星评级，分别来自用户A、B 和 C。排名第二的电影是 Movie C，它的评分为 2，它获得了两个 5 星评级，分别来自用户 A 和用户 C。排名第三的电影是 Movie B，它的评分为 1，来自用户 A 的 5 星评级。

推荐集的最终顺序是：Movie A，Movie C，Movie B。

计算 5 星评级的路径是基于条目的图表协同过滤的好的开始。我们希望第一个示例能帮助你了解基于条目的协同过滤如何在图结构中工作。

净推荐值——启发式度量

净推荐值（Net Promoter Score，NPS）是一种非常流行的度量标准，它使用一个尺度来量化某人向朋友推荐商品的可能性。对于下一个例子，我们想要创造一个受 NPS 启发的指标去平衡我们的第一个模型中的 5 星评级与不喜欢的评级。我们将用同样的方法来处理下一个评分。我们将通过平衡电影的受欢迎程度和不受欢迎程度来为电影评分。

首先让我们看看如何从数据中计算受 NPS 启发的指标。电影 NPS 的计算公式如图 10-8 所示。

$$NPS_m = \sum (评级 > 4) - \sum (评级 \leq 4)$$

图 10-8：一部电影的净推荐值的公式

我们将计算一部电影的所有好评数，然后减去所有的差评数。对于我们的数据，我们认为评级在 4 星以上的电影表示喜欢，评级低于或等于 4 星的电影表示中立或不喜欢。

在第一个模型的图结构中没有展示出来任何非五星评级的边。为了计算 NPS，我们需要在遍历中包含这些非五星评级的边。

我们不想讲得太复杂，因为这里只是想让你了解 NPS 是如何工作的，所以在下一个示例中，我们将通过向你展示两种类型的边来保持简单。在图 10-9 中，实线的粗边可以被认为评级大于 4 星（喜欢），虚线的细边可以被认为评级低于（或等于）4 星（不喜欢）。每部电影的 NPS 显示在最右边。

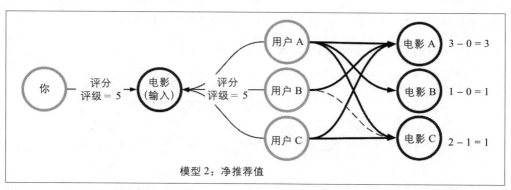

图 10-9：在使用基于条目的协同过滤时，如何使用受 NPS 启发的指标对推荐集进行排序的示意图

图 10-9 中推荐集的最终排序与之前不同：Movie A 是评分最高的电影，但 Movie B 和 Movie C 是并列的。这个例子向你展示了 NPS 如何使我们有不同的视角去看待一部电影在不同的社交群体中可能会有多受欢迎（或多不受欢迎）。

NPS 和路径计数模型集中于那些总是排名靠前的大受欢迎的电影。这可能是一个问题，因为应用程序总是会推荐相同的电影。如果用户每次登录到你的应用程序时都看到相同的内容，那么他们可能会失去兴趣。如果你想在你的建议中引入一些多样性，那么我们建议使用受 NPS 启发的指标的归一化版本。

我们为什么要归一化？

归一化的评分将帮助你为用户选择另类的电影，并为你的应用程序添加多样性。最后，你可能想在你的应用中使用这两个分数来推荐两部热门的电影和一部另类的电影。

让我们来看看如何引入归一化作为解决这些问题的方法。

归一化净推荐值

为了解释过度流行的电影，我们可以将电影的 NPS 归一化为总评分。图 10-10 展示了我们如何使用一个图属性：电影的度数，来做到这一点。

$$\text{NPS}_{norm} = \frac{\text{NPS}_m}{\text{度数（电影）}}$$

图 10-10：电影归一化净推荐值公式

图 10-10 展示了我们将在示例中使用的第三个模型。为了得到电影的最终评分，我们将取它的 NPS，然后除以它获得的评级总数。例如，一部非常受欢迎的电影可能在 100 个评级中获得 50 个赞，也就是 0.5 分。一部另类的电影可能会在 25 个评级中获得 20 个赞，也就是 0.8 分。我们想让我们的输入用户有机会看到另类的推荐。

图 10-11 展示了如何在接下来的示例中使用归一化的 NPS。

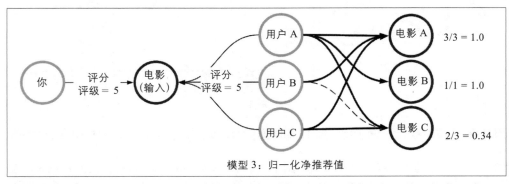

图 10-11：在使用基于条目的协同过滤时，如何使用受 NPS 启发的归一化评分对推荐集进行排序

图 10-11 将每部电影的 NPS 使用总评分次数进行相除。

让我们看看图 10-11 中的每部电影的评分是如何计算的。电影 A 的 NPS 为 3，被评分次数是 3，电影 A 的最终评分为 3/3 = 1.0。电影 B 的 NPS 为 1，被评分次数是 1。电影 B 的最终评分为 1/1 =1.0。电影 C 的 NPS 为 1，被评分次数是 3。电影 C 的最终评分是 1/3 = 0.3334。

一般来说，我们展示的是一部另类的电影如何可以像一部非常受欢迎的电影一样得到高度推荐，允许我们的电影推荐有一些多样性。

现在你已经了解了我们将要进行的内容，下面让我们介绍本示例将使用的数据模型。

10.4 电影数据：结构、加载和查询

我们将使用两个非常流行的关于电影的开源数据集：MovieLens[注5] 和 Kaggle[注6]。我们选择了 MovieLens 数据集，这样我们就可以使用一个非常多样化的、记录良好的电影用户评分数据集。Kaggle 数据集则使用每部电影的细节和演员增强了 MovieLens 数据。

我们将在第 11 章中提供如何匹配、合并和建模这些数据源的所有细节。在本章中，我们将跳至开发模式中使用数据，以便构建我们的推荐查询。

10.4.1 电影推荐的数据模型

我们在第 11 章中列出的 MovieLens 和 Kaggle 数据源之间的数据集成过程创建了我们将在示例中使用的开发结构。我们将会使用图结构语言，开发方案如图 10-12 所示。

 图 10-12 中的数据模型有很多细节。如果你想在使用数据模型之前了解它是如何形成的，那么我们建议你跳到第 11 章，在那里我们将深入概述如何合并两个数据源并创建这个模型。这个过程太长、太复杂，现在无法进行。实体解析的话题值得单独讨论。

图 10-12 展示了我们的数据有五个顶点标签：Movie（电影）、User（用户）、Genre（类型）、Actor（演员）和 Tag（标签）。每个顶点标签的分区键在属性名旁边用 (PK) 表示。acted_in（在……中出演）、belongs_to（属于）和 topic_tagged（被打上……

注 5：F. Maxwell Harper and Joseph A. Konstan, "The MovieLens Datasets: History and Context," *ACM Transactions on Interactive Intelligent Systems (TiiS)* 5, no. 4 (2016): 19, *https://doi.org/10.1145/2827872*.

注 6：Stephane Rappeneau, "350 000+ Movies from themoviedb.org," Kaggle, July 19, 2016, *https://www.kaggle.com/stephanerappeneau/350-000-movies-from-themoviedborg*.

标签）这三个边标签只会在连接两个顶点的边中出现一次。单连接线的 GSL 符号表示演员只在特定的电影中表演一次，电影只属于特定的类型一种，电影只能被打上一个特定的主题的标签。有三个边标签，它们连接的顶点之间有很多边：rated（评分）、tagged（打上标签）、collaborated_with（合作）这三个边标签可能会在连接两个顶点的边中出现多次。双连接线和带有聚类键（CK）的属性的 GSL 表示法表明，用户可以多次为特定的电影评分，用户可以多次标记特定的电影，演员可以多次与另一个演员合作。

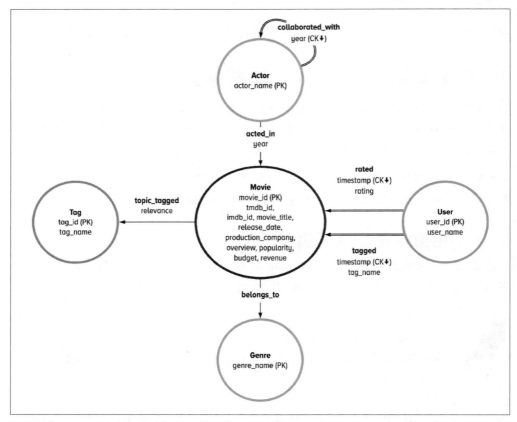

图 10-12：合并电影数据库的开发结构

希望你能够习惯图结构的图像，并使用 GSL 将其转换为结构语句。我们设计这个过程是为了遵循 ERD 如何提供一种将概念模型转换为结构代码的编程方式。

10.4.2 电影推荐的结构代码

从图 10-12 中，我们可以看到有五个顶点标签。这些顶点标签的结构代码如例 10-1 所示。

例 10-1：

```
schema.vertexLabel("Movie").
       ifNotExists().
       partitionBy("movie_id", Bigint).
       property("tmdb_id", Text).
       property("imdb_id", Text).
       property("movie_title", Text).
       property("release_date", Text).
       property("production_company", Text).
       property("overview", Text).
       property("popularity", Double).
       property("budget", Bigint).
       property("revenue", Bigint).
       create();

schema.vertexLabel("User").
       ifNotExists().
       partitionBy("user_id", Int).
       property("user_name", Text). // Augmented, Random Data by the authors
       create();

schema.vertexLabel("Tag").
       ifNotExists().
       partitionBy("tag_id", Int).
       property("tag_name", Text).
       create();

schema.vertexLabel("Genre").
       ifNotExists().
       partitionBy("genre_name", Text).
       create();

schema.vertexLabel("Actor").
       ifNotExists().
       partitionBy("actor_name", Text).
       create();
```

一个关于例 10-1 中数据类型的有趣的事实是：电影《阿凡达》的总收益十分之高，以至于我们不得不将 budget 和 revenue 的数据类型从 Int 更改为 Bigint。厉害呀，James Cameron。

 在第 11 章的 ETL（提取 – 转换 – 加载）过程中，我们编写了合并 MovieLens 和 Kaggle 数据源的过程，我们使用 Python 的 Faker 库为我们的用户随机生成名字。这些数据和 MovieLens 的数据没有任何的关联，名字都是完全随机的。

在图 10-12 中，我们可以看到有 6 个边标签。这些边缘标签的结构代码如例 10-2 所示。

例 10-2：

```
schema.edgeLabel("topic_tagged").
        ifNotExists().
        from("Movie").
        to("Tag").
        property("relevance", Double).
        create()

schema.edgeLabel("belongs_to").
        ifNotExists().
        from("Movie").
        to("Genre").
        create()

schema.edgeLabel("rated").
        ifNotExists().
        from("User").
        to("Movie").
        clusterBy("timestamp", Text). // Makes the ISO 8601 standard easier to use
        property("rating", Double).
        create()

schema.edgeLabel("tagged").
        ifNotExists().
        from("User").
        to("Movie").
        clusterBy("timestamp", Text). // Makes the ISO 8601 standard easier to use
        property("tag_name", Text).
        create()

schema.edgeLabel("acted_in").
        ifNotExists().
        from("Actor").
        to("Movie").
        property("year", Int).
        create()

schema.edgeLabel("collaborated_with").
        ifNotExists().
        from("Actor").
        to("Actor").
        clusterBy("year", Int).
        create()
```

我们为你做了匹配和合并 MovieLens 和 Kaggle 数据集的数据 ETL 工作。在此过程中，我们还格式化了新的数据集，以便将其加载到 DataStax Graph 中。在本书中，我们做了几次更改，就是在 ISO 8601 标准中格式化时间，以便更容易地推理书中的示例。

接下来，让我们看看一些数据，再看看如何将数据文件加载到 DataStax Graph 中。

10.4.3 加载电影数据

我们将继续使用 DataStax Graph 附带的批量加载功能，以便尽可能快地将数据集加载到 Cassandra 中的底层表中。

该过程的一部分要求格式化数据文件以匹配 DataStax Graph 中的结构。我们已经帮你做过了。这项工作包括编写与我们在 10.4.2 节中创建的顶点和边结构的属性名相匹配的文件。

让我们加载顶点数据，然后加载边数据。

加载顶点

首先我们要展示的是我们如何格式化一些顶点数据。我们将浏览这五个文件中的三个。图 10-13 展示了我们为本例合并并创建的电影数据的前三行（包括标题行）。我们在本书中略去了 overview。文件和加载的数据包含电影的完整概述。

movie_id	tmdb_id	imdb_id	movie_title	release_date	production_company	popularity	budget	revenue	overview
1	862	0114709	Toy Story (1995)	1995-10-30T00:00:00	Pixar Animation	8.644397	30000000	373554033	Led by Woody Andy ...
2	8844	0113497	Jumanji (1995)	1995-12-15T00:00:00	TriStar Pictures	3.594827	65000000	262797249	When siblings Judy and Peter discover ...

图 10-13：数据的标题行及前两个电影

顶点文件的标题行必须与 DataStax Graph 结构中的属性名称匹配。图 10-13 的第一行证实了这一点，因为我们看到标题行值与我们在例 10-1 中定义的属性键名称相匹配。

此外，我们希望更容易查询和推断该数据中的时间，因此我们将时间戳从纪元转换为 ISO 8601 标准，并将它们存储为字符串。你可以在图 10-13 的左起第五列中看到这一点。我们不建议在生产环境中这样做，因为这会增加额外的存储成本，但在使用数据练习时，这样做可以更容易地对数据进行推理。

让我们看看为这个例子加载的另外两个数据文件。表 10-1 展示了数据集中一些演员信息。

表 10-1：Actor.csv 文件中前五个演员

actor_name	gender_label
Turo Pajala	unknown
Susanna Haavisto	unknown
Matti Pellonpää	male
Eetu Hilkamo	unknown
Kati Outinen	female

最后，表 10-2 展示了我们加载到数据库中的一些用户。我们使用假名增强了用户，它们与 MovieLens 的用户没有任何关系。

表 10-2：User.csv 文件中前四个用户

user_id	user_name
1	Laura Pace
2	James Thornton
3	Timothy Fernandez
4	Stacy Roth

对于这些示例，我们为每个顶点标签创建了一个 csv 文件，总共有五个文件。我们做了这些额外的工作，这样就可以很容易地将数据直接加载到 DataStax Graph 中。例 10-3 展示了加载数据所需的 5 个命令。

例 10-3：

```
dsbulk load -g movies_dev -v Movie
          -url "Movie.csv" -header true
dsbulk load -g movies_dev -v User
          -url "User.csv" -header true
dsbulk load -g movies_dev -v Tag
          -url "Tag.csv" -header true
dsbulk load -g movies_dev -v Genre
          -url "Genre.csv" -header true
dsbulk load -g movies_dev -v Actor
          -url "Actor.csv" -header true
```

对于 5 个顶点标签中的每一个，表 10-3 展示了由批量加载工具处理的每个文件的顶点总数。

表 10-3：插入示例图结构的每个文件的顶点个数

260860	actor_vertices.csv
1170	genre_vertices.csv
329470	movie_vertices.csv
1129	tag_vertices.csv
138494	user_vertices.csv

现在我们已经将所有顶点加载到开发图中，我们可以使用边数据集将顶点连接起来。

加载边

最后，我们看一下如何格式化一些边数据。我们将查看六份文件中的三份。表 10-4 展示了我们为这个示例创建的评级数据的前三行（包括标题）。

表 10-4: 在 rated_100k_sample.csv 中的前两个用户的评级数据

User_user_id	Movie_movie_id	rating	timestamp
1	2	3.5	2005-04-02 18:53:47
1	29	3.5	2005-04-02 18:31:16

正如你在本书中已经多次看到的，标题行是格式化文件以匹配边标签结构的最重要的理念。用户评级数据与 DataStax Graph 模式的匹配情况如表 10-4 所示。标题行必须具有 DataStax Graph 中边表使用的属性名称，这就是为什么第一列被标记为 User_user_id，第二列被标记为 Movie_movie_id。你可以通过三种不同的方式获得这些信息：（1）通过 Studio 结构检查工具；（2）通过 cqlsh；（3）通过遵循命名约定。

接下来，表 10-5 展示了我们为这个例子创建的演员边的前三行（包括标题）

表 10-5: 在 acted_in.csv 文件中的前两个演员的连接数据

Actor_actor_name	year	Movie_movie_id
Turo Pajala	1988	4470
Susanna Haavisto	1988	4470

表 10-5 展示了数据库中从演员到电影的两条边。我们看到演员 Turo Pajala 和 Susanna Haavisto 在 1988 年出演 movie_id 为 4470 的电影。

最后，让我们看看为本例创建的演员合作边，如表 10-6 所示。

表 10-6: collaborator.csv 文件中前两个演员的合作数据

in_actor_name	year	out_actor_name
Turo Pajala	1988	Susanna Haavisto
Turo Pajala	1988	Matti Pellonpää

表 10-6 展示了在同一部电影中同时出现的演员。我们看到 Turo Pajala 和 Susanna Haavisto 在 1988 年的电影中出演，因此被列为合作者。这些演员数据符合我们的预期。

如果你愿意，在阅读这篇文章的同时你可以花时间现在看看所有的边文件。我们已经看过几个文件了，我们将继续将边加载到数据库中。

要加载所有的边，我们可以使用批量加载命令把它们加载到 Apache Cassandra 的表中。例 10-4 展示了加载该数据所需的 6 个命令。

例 10-4:

```
dsbulk load -g movies_dev -e belongs_to -from Movie -to Genre
        -url belongs_to.csv -header true
```

```
dsbulk load -g movies_dev -e topic_tagged -from Movie -to Tag
           -url topic_tag_100k_sample.csv -header true
dsbulk load -g movies_dev -e rated -from User -to Movie
           -url rated_100k_sample.csv -header true
dsbulk load -g movies_dev -e tagged -from User -to Movie
           -url tagged.csv -header true
dsbulk load -g movies_dev -e acted_in -from Actor -to Movie
           -url acted_in.csv -header true
dsbulk load -g movies_dev -e collaborated_with -from Actor -to Actor
           -url collaborator.csv -header true
```

对于 6 个边标签，批量加载工具处理每个文件的总行数如表 10-7 所示。

表 10-7：加载进示例图结构的每个文件的边总数

836408	acted.csv
2706175	collaborator.csv
523689	contains_genre.csv
11709769	movie_topic_tag.csv
100000	rated.csv
465321	tagged.csv

从现在开始，我们准备在 DataStax Graph 中查询这些数据。我们想从对数据的一些基本探索开始。为了复习，我们将执行三个探索性查询，它们重复了我们在本书中教授的前三个查询模式：遍历电影数据中的邻接点、树和路径。

我们可以用这些数据进行更多有趣的查询。我们希望你通过应用第 4 章、第 6 章和第 8 章中的技术来探索开发模式的可能性，以回答其他有趣的问题。

10.4.4 电影数据中的邻接点查询

在将新数据集加载到图中之后，第一个查询将尝试探索单个顶点周围的一级邻接点。让我们回顾一下在数据的一级邻接点中探索来展示特定用户的电影评级的基本知识。

我们将在此数据中探索的第一个查询是：对于用户 134558，显示由该用户评分的所有电影，以及每部电影的评级。例 10-5 展示了 Gremlin 中的这个查询。

例 10-5：

```
dev.V().has("User","user_id", 134558).      // WHERE: start at the user
      outE("rated").                         // JOIN: walk out to all rated edges
      project("movie", "rating", "timestamp"). // CREATE a json payload
        by(inV().values("movie_title")).     // JOIN and SELECT the movie title
        by(values("rating")).                // SELECT the edge's rating
        by(values("timestamp"))              // SELECT the edge's timestamp
```

例 10-5 的前三个结果如例 10-6 所示。

例 10-6：

```
{
  "movie": "Toy Story (1995)",
  "rating": "3.5",
  "timestamp": "2013-06-08 08:22:47"
},
{
  "movie": "GoldenEye (1995)",
  "rating": "3.5",
  "timestamp": "2013-06-08 08:25:13"
},
{
  "movie": "Twelve Monkeys (aka 12 Monkeys) (1995)",
  "rating": "2.0",
  "timestamp": "2013-06-08 08:23:45"
},...
```

例 10-6 中的结果是一个映射列表。每个映射中都有都有查询中选择的三个键：movie、rating 和 timestamp。我们为每个键选择了值，你还可以看到 ISO 8601 标准用于表示时间戳。

图 10-14 展示了另一种展现例 10-6 中的前三个查询结果的方式。

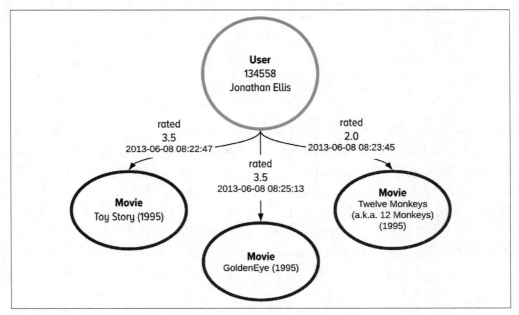

图 10-14：对例 10-5 的前三个查询结果进行可视化

通常情况下，你会对查询结果进行一些操作。在本书中，我们多次实践了如何变换查询结果。让我们再看看如何查询用户 134558 的一级邻接点，并按用户喜欢、不喜欢或中立的态度列出用户的电影。

通过喜欢、不喜欢或中立的态度对用户的电影评分进行分组

在下一个示例中，我们希望查询用户 134558 的一级邻接点。但这一次，我们希望根据用户喜欢、不喜欢或中立的态度，对 134558 评分的电影进行分组。我们数据中的评级范围是从 0.5 到 5.0。我们认为评级在 4.5 以上的电影是受欢迎的。评级在 3.0 到 4.5 之间（不包括 4.5）的电影将被视为中立电影。评级在 0 到 3.0 之间（但不包括 3.0）的电影会被认为不受欢迎。是的，这是一个不同于我们之前走过的模型的评级系统。我们用这个例子来教授塑造领域关系的概念。最终，我们会回到建议上来。

让我们看看如何在例 10-7 的 Gremlin 中实现这一点。

如果你愿意，步骤 choose() 可以取代例 10-7 中的 coalesce()。

例 10-7：

```
1 dev.V().has("User","user_id", 134558). // WHERE: start at the user
2       outE("rated").                    // JOIN: walk to the "rated" edge
3       group().                          // CREATE: make a group
4         by(values("rating").            // SELECT KEYS: according to the ratings
5           coalesce(__.is(gte(4.5)).constant("liked"),    // KEY 1: "liked"
6                    __.is(gte(3.0)).constant("neutral"), // KEY 2: "neutral"
7                    constant("disliked"))).              // KEY 3: "disliked"
8         by(inV().values("movie_title").fold()) // SELECT VALUES: the values
```

在查看例 10-8 的结果之前，让我们先看一下例 10-7 的每一步。例 10-7 中的第 1 行和第 2 行从用户 134558 开始，遍历用户的每一个评级。例 10-7 中的第 3 行创建一个组。Gremlin 中的组总是有两个组成部分：键和值。第一个 by() 步骤将第 4～7 行换行并设置键。第 8 行的第二个 by() 步骤确定组的值。这些键可以是"喜欢""中立"或"不喜欢"。我们在 Gremlin 中使用类似 if/elif/else 语句的 coalesce 步骤来确定将用户的评级分组到哪个键中。第 5 行将所有评分大于或等于 4.5 的评级过滤到"喜欢"组。在该过滤器之后，剩下的边将流向第 6 行上的下一个过滤器，它将所有评分大于或等于 3.0 且小于 4.5 的评级为"中立"组。所有其他边的评分将小于 3.0，并进入"不喜欢"组。

例 10-7 的第 8 行是变换查询结果的最后一步。对于这个映射中的每个对象，我们希望其值是电影标题。因此，我们必须从边进入影片顶点并获取影片标题。

例 10-8 展示了每个键的前三个电影。

例 10-8：

```
{
    "neutral": [
                        "GoldenEye (1995)",
                        "Babe (1995)",
                        "Apollo 13 (1995)",
                        ...
                        ],
    "liked": [
                        "Braveheart (1995)",
                        "Shawshank Redemption The (1994)",
                        "Forrest Gump (1994)",
                        ...
                        ],
    "disliked": [
                        "Twelve Monkeys (aka 12 Monkeys) (1995)",
                        "Stargate (1994)",
                        "Ace Ventura: Pet Detective (1994)",
                        ...
                        ]
}
```

本章中的前两个示例查询让你了解如何遍历电影数据库中的数据邻接点。我们希望它们是我们在本书中所教授的不同查询的一个很好的回顾。

下一个主要示例是遍历这个数据集中的树。

10.4.5 电影数据中的树查询

正如我们在通过传感器数据进行树形查询时所讨论的，数据的分支系数可能很快失去控制。对于我们为本例加载的数据来说，这仍然是正确的。

我们克服了将 Kaggle 数据集集成到数据库中的困难，这样我们就可以在数据中查询某种类型的树。我们喜欢把下面的查询看作查看演员的合作伙伴家族树。

我们想在数据中找到的树从 Kevin Bacon 开始，并找到一系列和他有合作关系的演员。我们保持了它的简单性，并在两方面限制了查询。首先，我们只考虑他 2009 年以后的合作。因为每个人都和 Kevin Bacon 有某种联系，所以我们只想深入到树的三层。

让我们看一下例 10-9 中的查询。

例 10-9：

```
1 dev.V().has("Actor", "actor_name", "Kevin Bacon").as("Mr. Bacon").
2       repeat(outE("collaborated_with").has("year", gte(2009)).as("year").
3             inV().as("collaborated_with").
4             simplePath()).
```

```
5        times(3).
6        path().
7          by("actor_name").
8          by("year")
```

例 10-9 中的查询从 Kevin Bacon 开始，并遍历从 2009 年开始的所有合作者。这个过程重复三次，其中我们在第 4 行使用 simplePath() 消除了遍历数据的重复路径。遍历三层之后，我们将在第 6～8 行上塑造结果，从顶点返回演员的名称，从路径对象的边返回年份。

例 10-10 展示了例 10-9 中的前两个结果。

例 10-10：

```
{
    "labels": [["Mr. Bacon"],["year"],["collaborated_with"],
              ["year"],["collaborated_with"],
              ["year"],["collaborated_with"]],
    "objects": ["Kevin Bacon","2009","David Koechner",
              "2009","Bob Gunton",
              "2009","Gretchen Mol"]
},
    "labels": [["Mr. Bacon"],["year"],["collaborated_with"],
              ["year"],["collaborated_with"],
              ["year"],["collaborated_with"]],
    "objects": ["Kevin Bacon","2009","Renée Zellweger",
              "2010","Forest Whitaker",
              "2009","Jessica Biel"]
},...
```

图 10-15 展示了例 10-10 的结果树。

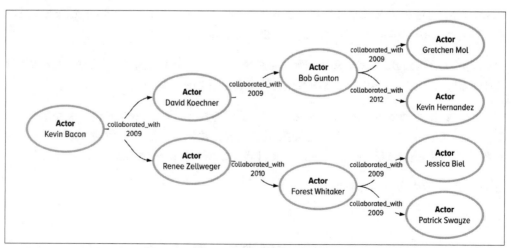

图 10-15：对例 10-10 中查询结果的演员树的前五个结果进行可视化

我们希望在电影数据中探索的最后一个查询回顾了我们在比特币数据上构建的路径查找

查询。让我们看看如何在这个数据集中查找路径。

10.4.6 电影数据中的路径查询

每个演员都和 Kevin Bacon 有关。让我们使用这种口语化来查找数据集中两个演员之间的路径。

例 10-11 使用 collaborated_with 边来找到 Kevin Bacon 和 Morgan Freeman 之间的前三条最短路径。

例 10-11：

```
1 dev.V().has("Actor", "actor_name", "Kevin Bacon").as("Mr. Bacon").
2       repeat(outE("collaborated_with").as("year").
3              inV().as("collaborated_with")).
4       until(has("Actor", "actor_name", "Morgan Freeman").as("Mr. Freeman")).
5       limit(3).
6       path().
7         by("actor_name").
8         by("year")
```

重新尝试 repeat().until() 的模式使用广度优先搜索没有任何问题。因此，当我们在例 10-11 的第 5 行使用 limit(3) 时，我们实际上是在这个数据集中找到三条满足停止条件的最短路径。正如我们在本书中多次讨论的那样，第 6~8 行变换了路径对象的结果。

例 10-12 展示了例 10-11 的 JSON 有效负载。

例 10-12：

```
{
    "labels": [["Mr. Bacon"],
               ["year"],["collaborated_with"],
               ["year"],["collaborated_with"]],
    "objects": ["Kevin Bacon",
                "1979","Julie Harris",
                "1990","Morgan Freeman"]
},{
    "labels": [["Mr. Bacon"],
               ["year"],["collaborated_with"],
               ["year"],["collaborated_with"]],
    "objects": ["Kevin Bacon",
                "1982","Mickey Rourke",
                "1989","Morgan Freeman"]
},{
    "labels": [["Mr. Bacon"],
               ["year"],["collaborated_with"],
               ["year"],["collaborated_with"]],
    "objects": ["Kevin Bacon",
                "1983","Ellen Barkin",
                "1984","Morgan Freeman"]
}
```

为了好玩，我们还想看看演员在图结构中的结果。例 10-12 中的三条路径如图 10-16 所示。

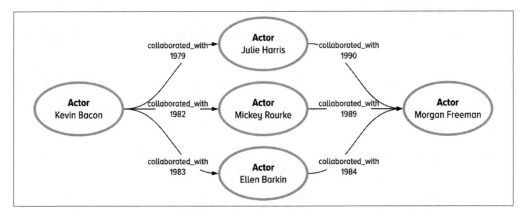

图 10-16：对例 10-12 的查询结果的前三条最短的合作者路径进行可视化

我们希望你能发现本节中的四个查询对我们在本书中一直教授的查询概念有帮助。我们希望把将这些转换为生产环境的查询留给你自己去做，我们不会在生产推荐的章节中这样做。

现在让我们回到本章的主题：推荐系统。10.5 节我们将构建不同的 Gremlin 查询，向你展示如何进行协同过滤。

10.5 Gremlin 中基于条目的协同过滤

我们已经建立了我们的用例，定义了协同过滤，看到了一些例子，并探索了我们的数据。本章的最后一部分着重于执行基于条目的协同过滤，向数据中的用户推荐新电影。我们将向你展示在开发环境中实现这一点的三种不同方法。

让我们从使用图数据进行基于条目的协同过滤的第一种方法的查询和结果开始。

10.5.1 模型 1：统计推荐集中的路径

我们向用户推荐电影的第一种方法将遵循基本路径计数方法。在例 10-13 中我们概述了遍历图数据的一般过程。

例 10-13：

```
For a specific user
    Walk to the last movie they rated
    Walk to all users who highly rated that movie
```

```
Walk to all movies highly rated by these users
Group and count all movies in the recommendation set
Sort the movies by frequency, in descending order
The top movies form the recommendation set
```

（对于特定用户
　　　找到他们评分的最后一部电影
　　　遍历所有给该电影高评分的用户
　　　遍历所有被这些用户评为高评分的电影
　　　分组并计算推荐集中的所有电影
　　　按频率对电影进行降序排序
　　　排名靠前的电影构成推荐集）

例 10-13 中的伪代码概述了我们将如何遍历第一个协同过滤示例的图数据。第一种方法基本上是计算电影在推荐集中出现的频率。评分最高的电影将根据用户最近的评分被认为是最有可能被推荐的电影。

例 10-14 中展示了例 10-13 的 Gremlin 查询。

例 10-14：

```
1 dev.V().has("User","user_id", 694).      // look up a user
2   outE("rated").                          // traverse to all rated movies
3     order().by("timestamp", desc).        // order all edges by time
4     limit(1).inV().                       // traverse to the most recent rated movie
5     aggregate("originalMovie").           // put this movie in a collection
6   inE("rated").has("rating", gt(4.5)).outV(). // users who rated this movie 5
7   outE("rated").has("rating", gt(4.5)).inV(). // the full recommendation set
8   where(without("originalMovie")).        // remove the original movie
9   group().                                // create a map of the recommendations
10    by("movie_title").                    // an entry's key is the movie title,
11    by(count()).                          // the value will be the total # of ratings
12  unfold().                               // unfold all map entries into the pipeline
13  order().                                // order the results
14    by(values, desc)                      // by their count, descending
```

让我们逐步分析一下例 10-14。第 1 行和第 2 行查找图中的特定用户顶点并遍历到所有用户的评分。第 3 行和第 4 行按时间对评分进行排序，并只遍历最近的评分的电影顶点。我们将这部电影存储在第 5 行的集合中，以便稍后从推荐选项中删除这部电影。在第 6 行，我们从电影找到所有给该电影打了 5 分的用户。我们从这些用户遍历所有他们评分为 5 的电影。此时，我们删除第 8 行上的原始评分电影。

我们在第 9 行开始格式化结果集，在这里我们创建了一个映射集。第 10 行的映射集的键将是 movie_title。第 11 行显示，这些值将是到达该影片的遍历器的总数。因为这是一个映射，所以我们将映射中的所有条目展开到第 12 行的遍历管道中。第 13、14 行根据各个映射的值对它们进行排序。

例 10-14 中推荐的前 5 部电影如图 10-17 所示。

index ↑	keys	values
0	The Shawshank Redemption (1994)	24
1	Forrest Gump (1994)	22
2	Apollo 13 (1995)	21
3	Jurassic Park (1993)	21
4	Schindler's List (1993)	20

图 10-17：例 10-14 中前 5 个结果

在图 10-17 中，我们看到 *The Shawshank Redemption* 的评分是 24 分，*Forrest Gump* 的评分是 22 分，*Apollo 13* 的评分是 21 分。

第一个模型仅基于通过我们的样本数据跟踪 5 星评级。让我们看看如何使排名算法更复杂一点。

10.5.2 模型 2：NPS 启发

我们推荐电影的第二种方法是使用净推荐值的一个版本。我们将考虑评级为 4 星或更高的电影代表喜欢的电影，评级低于 4 星的电影代表不喜欢的电影。我们将把它添加到处理用户评级时所描述的相同过程中。让我们看一下例 10-15 中的伪代码，以理解我们将如何遍历图的数据。

例 10-15：

```
For a specific user
    Walk to the last movie they rated
    Walk to all users who highly rated that movie
    Walk to all outgoing rating edges
        For each edge
            If the rating is 4 or higher,
                Store 1 in the traverser's sack
            If the rating is less than 4,
                Store -1 in the traverser's sack
    Walk into all movies
    Group all movies in the recommendation set
    For each movie in the group,
        Calculate the movie's NPS by adding all the traversers' sacks
    Sort the movies by NPS, in descending order
    The top movies form the recommendation set

（对于特定用户
    找到他们评分的最后一部电影
```

遍历所有给该电影高评分的用户
遍历所有的评级边
对于每条边
    如果评分高于或等于 4
        在遍历器的 sack 中存储 1
    如果评分低于 4
        在遍历器的 sack 种存储 −1
遍历所有的电影
将所有的电影在推荐集合中分组
对于每一个在推荐集合中的电影
    计算电影的 NPS 并将计算结果加入至遍历器的 sack 中
根据 NPS 降序排序电影
排序靠前的电影构成推荐合集）

例 10-15 中概述的方法与我们的第一个模型非常相似。唯一的添加发生在从用户集遍历到所有用户的评级时，因为我们包含了所有评级。如果评级是 4 星或以上，将在总 NPS 中增加 1 分。如果评级低于 4 星，将从 NPS 中扣除 1 分。

我们将在 Gremlin 中使用 sack() 步骤来尽可能高效地完成此任务。我们将允许每个遍历器遍历数据，并在其 sack 中跟踪边的评级。然后我们将把所有的遍历器分组在一起，就像我们之前做的那样。但是，我们不会计算到达电影的遍历器的总数，而是将存储在它们的 sack 中的值加在一起，以创建一个 NPS。在此之后，我们将遵循与上一个查询中看到的相同的排序过程。

例 10-16 展示了例 10-15 中概述的方法中的 Gremlin 查询。

例 10-16：

```
1 dev.withSack(0.0).                           // use sack to calculate NPS
2   V().has("User","user_id", 694).
3   outE("rated").
4     order().by("timestamp", desc).
5     limit(1).inV().
6     aggregate("originalMovie").
7   inE("rated").has("rating", gt(4.5)).outV().
8   outE("rated").
9     choose(values("rating").is(gte(4.0)), // testing the rating value
10          sack(sum).by(constant(1.0)),    // add 1 if user liked the movie
11          sack(minus).by(constant(1.0))).// subtract 1 if disliked
12    inV().
13  where(without("originalMovie")).
14  group().
15    by("movie_title").
16    by(sack().sum()).                       // NPS: sum all sack values
17  unfold().
18  order().
19    by(values, desc)
```

让我们逐步解释例 10-16。第一个新部分是在第 1 行使用 withSack(0.0)，就像我们在第 9 章计算加权路径中看到的那样。第 2～8 行遵循与本节中介绍的第一个查询相同的设置。

例 10-16 的第 9 行展示了我们如何开始根据用户的评分计算 NPS。我们将向你展示如何在 Gremlin 中使用 choose（condition、true、false）语义。条件在第 9 行上，并检查边的评级是否大于或等于 4。如果是真，第 10 行将 1.0 添加到遍历器的 sack 中。如果第 9 行上的条件为假，我们从遍历器的 sack 中减去 1.0。在第 12 行，遍历器移动到评级的所有电影，第 13 行删除原来的电影。

第 14～19 行遵循与前面相同的分组和排序过程，但有一个变化。第 16 行的映射集中电影的值是到达该电影的所有遍历器的 sack 的和。我们会把一堆 1 或 –1 加在一起。例 10-16 中推荐的前 5 部电影如图 10-18 所示。

index ↑	keys	values
0	The Fugitive (1993)	30.0
1	Star Wars: Episode IV - A New Hope (1977)	28.0
2	Forrest Gump (1994)	28.0
3	Apollo 13 (1995)	26.0
4	Terminator 2: Judgment Day (1991)	25.0

图 10-18：例 10-16 中的前五个结果

在图 10-18 中，我们看到了一组不同于图 10-17 的推荐：*The Fugitive* 的评分是 30 分，*Star Wars:Episode IV-A New Hope* 的评分是 28 分，*Forrest Gump* 的评分也是 28 分。

第二种模式仍然可以产生一组重复的结果，其中流行电影继续作为主要推荐出现。让我们更进一步，看看如何归一化结果集，以便尝试找到不同的推荐集。

10.5.3 模型 3：归一化 NPS

我们将在数据上使用基于条目的协同过滤的最后一种方法演示在评分模型中使用归一化的一种方法。我们仍然像 10.5.2 节一样使用电影的 NPS，但最终将 NPS 除以我们观察到的该电影的评分数。例 10-17 演示了我们在遍历图形数据时如何做到这一点的伪代码。

例 10-17：

```
For a specific user
    Walk to the last movie they rated
```

```
Walk to all users who highly rated that movie
Walk to all outgoing rating edges
    For each edge
        If the rating is 4 or higher, store 1 in the traverser's sack
        If the rating is less than 4, store -1 in the traverser's sack
Walk into all movies
Group all movies in the recommendation set
For each movie in the group,
    Calculate its NPS
    Count all of its incoming ratings
    Divide NPS by incoming ratings
```

（对于特定用户
    找到他们评分的最后一部电影
    遍历所有给该电影高评分的用户
    遍历所有的评级边
    对于每条边
        如果评分大于或等于 4
            在 traverser 的 sack 中存储 1
        如果评分小于 4
            在 traverser 的 sack 中存储 −1
    遍历所有的电影
    将所有的电影在推荐集合中分组
    对于每一个在推荐集合中的电影
        计算电影的 NPS
        计算评级的总数
        使用评级总数除以 NPS）

例 10-17 和我们计算 NPS 的过程是一样的。但是，在构造推荐映射集时，我们会用 NPS 除以电影的总评级数。让我们在例 10-18 中看看如何在 Gremlin 中实现这一点。

例 10-18：

```
1 dev.withSack(0.0).
2   V().has("User","user_id", 694).
3   outE("rated").
4     order().by("timestamp", desc).
5     limit(1).inV().
6     aggregate("originalMovie").
7   inE("rated").has("rating", gt(4.5)).outV().
8   outE("rated").
9     choose(values("rating").is(gte(4.0)),
10          sack(sum).by(constant(1.0)),
11          sack(minus).by(constant(1.0))).
12     inV().
13  where(without("originalMovie")).
14  group().
15    by("movie_title").
16    by(project("numerator", "denominator"). // NPS/degree(movie)
17        by(sack().sum()).                    // this is NPS
```

```
18        by(inE("rated").count()).        // this is the degree of the movie
19        math("numerator/denominator"))   // this is how we divide them
```

例 10-18 中的第 1～15 行与例 10-16 中的前 15 行相同，其中我们计算了 NPS。新的代码跨越了第 16～19 行，展示了如何将 NPS 除以电影的入度。

在例 10-18 的第 16 行，我们正在将电影的值填充将会成为结果的映射集。进入映射集的值将是电影的 NPS 除以它的总评级数。我们使用 project() 步骤创建一个只有两个元素的映射。然后第 19 行中的数学步骤将对这两个值进行除法，并将结果放入组中。第 17 行是映射集的第一个元素，也是电影的 NPS。第 18 行构成第二个元素，是传入评级的总数。查询的前 5 个结果如图 10-19 所示。

index ↑	keys	values
0	Apocalypse Now (1979)	0.00819672131147541
1	Spider-Man (2002)	0.009433962264150943
2	Repo Man (1984)	0.027777777777777776
3	Juno (2007)	0.023255813953488372
4	Men in Black (a.k.a. MIB) (1997)	0.005319148936170213

图 10-19：例 10-18 中的前五个结果

图 10-19 的结果显示了归一化 NPS 的前五个例子。根据这个模型，这五个例子的得分都是正的，被认为是"喜欢"的。你可以在本章的 Studio Notebook（*https://oreil.ly/egfkr*）中探索一些负评分的电影。

有些人可能想知道为什么我们不展示图 10-19 的排序版本和前五个推荐。我们只展示查询结果的 5 个而不是排序的最高 5 个，因为最后的查询超出了我们在遍历中合理计算的极限，即使在这个小样本集中也是如此。额外的 inE("rated").count() 是每个顶点的另一个完整分区扫描，这使得这个查询的代价十分之高。

10.5.4 选择你自己的冒险：电影和图问题版

为了能够在具有真实用户期望的生产环境中交付基于条目的协同过滤，我们已经大大超出了实时操作的合理范围。

所以在这一点上，你需要选择下一步去哪里。你有两个选项。

第一个选项是返回并理解我们为这个示例合并的数据。第 11 章将简要介绍我们如何将 MovieLens 和 Kaggle 数据匹配在一起，以展示在本章中看到的模型和查询。我相信任何图用户都必须经历某种形式的数据清理和合并，不管它会有多简单。如果你对简单的实体解析感兴趣，那么请继续阅读下一章。

如果你想跳过基本实体解析的细微差别，那么你可以跳到第 12 章继续基于条目的协同过滤的产品版本。在第 12 章中，我们将解释为什么我们在开发模式中进行的遍历不能在生产环境中运行。我们将详细介绍本书的最后一个生产技巧，并向你展示如何通过基于条目的协同过滤与图数据交付推荐。

第 11 章

图中的简单实体解析

回想一下我们在本书中给出的第一个例子，你是如何知道你的 C360 模型的客户是谁的？

你的数据集中是否有强标识符，如社会安全号码或会员 ID？你在多大程度上相信这些标识符及其来源能够以 100% 的准确率标识唯一的一个人？

不同的行业对误差有不同的容忍水平。

在医疗保健领域，假阳性可能导致误诊和潜在的致命药物分发。另外，如果你正在处理关于电影的数据，那么不正确的电影分辨率将导致应用程序的用户体验不那么无缝，但至少我们不是在谈论某人的生命受到威胁。

从我们开始记录关于人的信息以来，从数据源中的键和值推断谁是谁、什么是什么一直是一个挑战。这个问题被称为实体解析，有很长的技术解决方案发展史。

对任何致力于实体解析的团队来说，重要的是在业务领域可接受的误差范围内正确处理事情。

11.1 本章预览：合并多个数据集到一个图

在本章中，我们将揭示我们是如何合并两个电影数据集的、我们在这一过程中面临的挑战，以及我们所做的决定。

在 11.2 节中，我们将定义实体解析，并说明它与我们在本书中一直教授的两个问题之间的关系：C360 和电影推荐。

在 11.3 节中，我们将详细介绍这两个数据集。我们将创建对数据的详细理解，以迭代地构建概念图模型。我们在本节中构建的最后一个图模型与我们在第 10 章中为开发引入的概念图模型相同。

在 11.4 节中，我们将逐步介绍合并过程。我们希望你对我们的方法论部分有正确的期望：两个数据源所需的匹配和合并类型不需要图结构来进行实体解析。我们希望本节中的细节能帮助你了解原因。

在 11.5 节中，我们将深入研究在合并过程中发现的错误，并介绍数据中假阳性和真阴性之间的区别。我们还将简要介绍一些误用图结构来解析数据中的实体的常见问题。我们将展示几个例子，其中图结构增强了实体解析流程。

我们本章的最终目标有两个。

本章的第一个目标是展示合并数据的实际情况。警告：这个过程并不迷人。合并数据集是一项烦琐的工作，经常被忽视，尽管它是创建图模型的常见第一步。

本章的第二个目标是让你了解整个问题域。因为合并数据是创建图数据库最常见的第一步之一，所以我们希望这些信息能够帮助你理解解决这个复杂问题所需的所有工具。提示：你最有可能使用的大多数（如果不是全部）实体解析技术都不需要图结构来确定谁是谁。

11.2 定义一个不同的复杂问题：实体解析

两个数据源之间的匹配和合并过程的主要工作是一个称为实体解析的庞大问题域。非正式地说，实体解析的复杂问题旨在解决不同数据源中谁是谁或什么是什么的问题。

Jon Smith 和 John Smith 是同一个人吗？或者在我们的电影数据中，来自 MovieLens 的电影 *Das Versprechen* 和来自 Kaggle 的电影 *The Promise* 是同一个吗？

然而，在大多数传统情况下，链接身份的唯一用户标识符可能无法使用，原因有很多：外部源数据的使用、用户隐私限制导致的数据不可用，或者不一致的数据。

在大多数情况下，必须从每个数据块当前属性的键和值计算逻辑标识。

过去，实体解析（也称为实体匹配或记录链接）依赖于一组概率规则，通常由领域专家定义，以考虑特定领域的数据分布和数据偏差。这组概率规则组合成一个函数模型来计算实体 a 是否等于实体 b。

通常，实体解析从寻找可以跨记录系统链接的强标识符开始。在此之后，你开始寻找关于数据的不同属性，以确定系统是否真的引用相同的逻辑标识。

例 11-1 概述在不同数据源中解析身份的过程。在本章的其余部分中，我们将多次回顾这个过程。

例 11-1：

A. Identify your data sources
B. Analyze the keys and values available from each source
C. Map out which keys strongly identify a single logical concept
D. Map out which keys weakly identify a single logical concept
E. Iterate until your matched and merged data is "good enough":
　　1. Form a matching process
　　2. Identify incorrect matches
　　3. Resolve errors in the matching process
　　4. Repeat Step #1

　（A. 确定你的数据源

　　B. 分析每个源可用的键和值

　　C. 标出哪些键强标识一个逻辑概念

　　D. 标出哪些键弱标识一个逻辑概念

　　E. 持续迭代，直到你的匹配和合并数据 "足够好"：

　　　　1. 形成匹配过程

　　　　2. 识别不正确的匹配

　　　　3. 解决匹配过程中的错误

　　　　4. 重复步骤 #1）

你可以分析你的源和其中的关键字，并迭代地建立如何将它们匹配在一起的规则。

这听起来很简单。

但整个过程取决于我们在步骤 E 中所陈述的 "足够好" 的理念，这就是这个过程开始感觉更像是一门艺术而不是科学的地方。

从数学的角度来看，图 11-1 定义了如何进行 "足够好" 的量化。

$$\forall a,b \in D, f(a,b) > t \rightarrow a = b$$

图 11-1：实体解析模型的数学定义

图 11-1 可以解读为：对于数据集 D 中的所有 a 和 b，定义一个函数 f。函数 f 比较两段数据 f(a,b)，并给出分数。如果分数大于某个阈值 t，那么我们说 a 和 b 相同。

例 11-1、图 11-1 和 "Jon Smith = John Smith ？" 都是在说同一件事情。

意识到复杂的问题

为了说明这个复杂的问题，图 11-2 展示了跨不同数据源匹配和合并数据的概念。

图 11-2 将实体解析问题可视化为图模型。图 11-2 中左侧的图说明了大多数数据架构的当前状态，移动端、网站和现场数据库包含同一个客户的非连接视图。图技术最流行的使用是 Customer 360 模型，它从统一的、连接的图开始，如图 11-2 中右图所示。

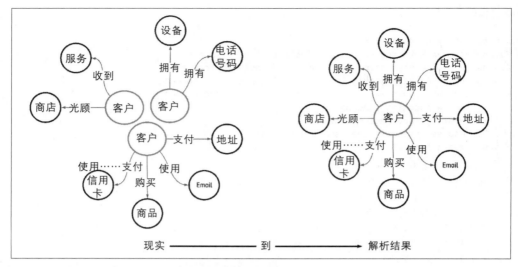

图 11-2：实体解析的概念性问题定义的可视化描述

你可以轻松地用图模型描述这个问题的所有组件，这恰恰说明了为什么许多团队在整个实体解析过程中错误地应用了图技术，其中大多数团队的技术解决方案并不依赖于图。

因此，让我们将实体解析付诸实践。

11.3 分析两个电影数据集

我们想向你展示我们是如何分析两个流行的开源电影数据集 MovieLens 和 Kaggle[注1] 的。我们的过程与例 11-1 中的步骤 A 到 D 相似。

我们选择了 MovieLens 数据集，这样我们就可以使用一个非常多样化的、记录良好的用户电影评分数据集。Kaggle 数据集使用每部电影的细节和演员增强了 MovieLens 数据。

决定把两个数据集放在一起是我们为这本书所做的最好的决定之一，因为它要求我们真正深入了解图技术入门的过程。为了说明这一点，本节将向你详细介绍在合并这两个数据集时，我们是如何推理概念图数据模型的。

从 MovieLens 源代码开始，我们将看看可用的数据文件以及它们如何组合在一起。然后

注 1：F. Maxwell Harper and Joseph A. Konstan, "The MovieLens Datasets: History and Context," *ACM Transactions on Interactive Intelligent Systems (TiiS)* 5, no. 4 (2016): 19, *https://doi.org/10.1145/2827872.*; Rappeneau, Stephane. "350 000+ movies from themoviedb.org," Kaggle, 19 July 2016, *https://www.kaggle.com/stephanerappeneau/350-000-movies-from-themoviedborg.*

我们将浏览 Kaggle 数据。这个过程中最重要的部分是确定 Kaggle 数据集中哪些键和值引用了 MovieLens 数据集中的相同逻辑概念。具体来说，我们将寻找可以用来将数据集匹配在一起的强标识符。

接下来的部分很长，很详细，可以让你真正了解这个过程。

11.3.1 MovieLens 数据集

我们在 MovieLens 数据集的结构和示例中使用了 6 个文件：

1. `links.csv`

2. `movies.csv`

3. `ratings.csv`

4. `tags.csv`

5. `genome-tags.csv`

6. `genome-scores.csv`

在迭代构建第 10 章中的开发环境图模型时，我们将逐个检查这 6 个文件。接下来将分 5 部分讨论，因为我们将在同一部分中讨论 `genome-tags.csv` 和 `genome-scores.csv`。

links.csv

我们从 MovieLens 的 `links.csv` 文件开始，因为它是外部数据源的强标识符的来源。`links.csv` 文件包含 27 278 行链接标识符，可用于链接外部电影数据源。该文件标题行之后的每一行表示一部电影，具有以下格式：

```
movieId,imdbId,tmdbId
```

每个强标识符的定义如下：

1. `movieId` 是由 MovieLens 项目（*https://movielens.org*）使用的电影标识符。

2. `imdbId` 是由 IMDB（*http://www.imdb.com*）使用的电影标识符。

3. `tmdbId` 是由 TMDB（*https://www.themoviedb.org*）使用的电影标识符。

例如，电影 *Toy Story* 有为 1 的 `movieId`（*https://movielens.org/movies/1*），

tt0114709 的 `imdbId`（*http://www.imdb.com/title/tt0114709*） 和 862 的 `tmdbId`（*https://www.themoviedb.org/movie/862*）。

我们用这个文件开始数据建模过程，并构建了如图 11-3 所示的结构。

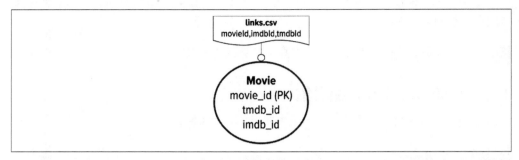

图 11-3：我们使用 MovieLens 数据集进行数据建模过程的第一步，即将链接文件中的值映射到顶点标签中

图 11-3 中的结构有一个顶点标签：Movie。这个顶点有一个 `movie_id` 的分区键和两个附加属性：`tmdb_id` 和 `imdb_id`。在使用 Apache Cassandra 时，我们将大小写从 camel Case 改为 snake_case，以符合命名标准。

按照我们在例 11-1 中概述的过程，我们了解了关于这个文件的以下信息：

1. 总共有 27 278 部电影。

2. 27 278 部电影有 `imdbId`（100% 覆盖）。

3. 26 992 部电影拥有 `tmdbId`（98.95% 覆盖）。注：这些电影同时也拥有一个 `imdbId`。

4. 252 部电影缺少 `tmdbId`。

可能有人已经注意到 27 278 不等于 26 992 + 252。比较误差为 34，因为在这个数据集中将电影的 `tmdbId` 映射到 `imdbId` 时，有 17 个错误。我们将在后面深入讨论这个问题。

这个信息告诉我们 MovieLens 数据 100% 覆盖了来自 IMDB 数据源的强标识符。因此，在匹配此数据时要检查的第一个标识符将是 `imdb_id`。

让我们看一下开始用关于每部电影的更多信息填充模型的数据集。

movies.csv

MovieLens 数据集有一个 `movies.csv` 文件，其中包含每部电影的标题和类型。MovieLens 资源表明我们通过 `movieId` 将该数据连接到 `links.csv` 信息。

在电影文件中，对于数据集中的 27 278 部电影，每一部都有一个条目。每一行都有如下结构：

```
movieId,title,genre_1|genre_2|...|genre_n
```

根据 MovieLens 文档，电影标题是手动输入的，或者是从 MovieLens 项目导入的。类型
是由管道符号划分的列表，从动作、冒险、喜剧、犯罪、戏剧和西部片等主题中选择。

我们发现这一组数据中有 18 种不同的类型。

我们继续使用该文件进行数据建模过程，并添加结构。我们的结构的下一次迭代如
图 11-4 所示。

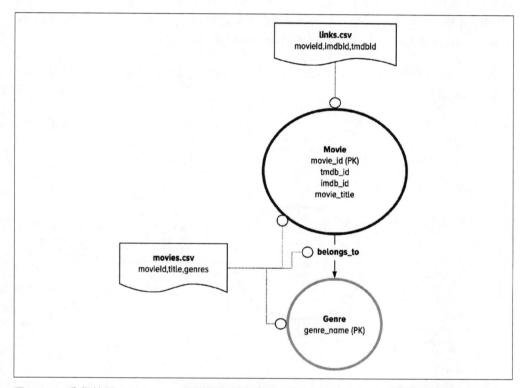

图 11-4：我们使用 MovieLens 数据集进行数据建模过程的第二步，即将电影文件中的值映射
为一条边、一个新的顶点标签和新的属性

movies.csv 文件为我们的数据模型增加了三个内容。movies.csv 文件与数据模型中三
个新增内容的映射如图 11-4 所示。

首先，我们增强了 Movie 顶点，使其具有 movie_title 属性。其次，我们创建了一个
Genre 顶点，并根据 genre_name 对该顶点进行分区。再次，我们创建了一条从 Movie 顶
点到 Genre 顶点的边，标签是 belongs_to。

我们需要 MovieLens 数据集来进行用户评级。接下来让我们看看那个文件。

ratings.csv

在 ratings.csv 文件中，来自用户的电影评级有 20 000 263 个。该文件的每一行都表示一个用户的评级。文件格式为：

    userId,movieId,rating,timestamp

这个文件让我们对 MovieLens 数据集中的用户有了初步了解。在超过 2000 万的评级中有 138 493 个唯一 userId。评级标准为 5 星，以半星递增 [0.5 星，5.0 星]。时间戳以 epoch 为单位：从 1970 年 1 月 1 日午夜协调世界时（UTC）开始的秒数。

ratings.csv 文件在我们的数据模型中引入了一个新的顶点和边标签。图 11-5 用这个新信息对结构进行了增强。

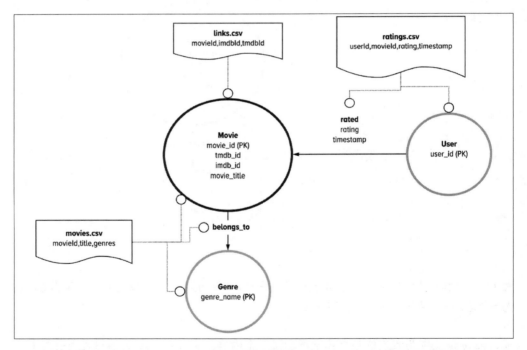

图 11-5：我们使用 MovieLens 数据集进行数据建模过程的第三步，即将评级文件中的值映射到顶点和边标签

如图 11-5 所示，我们的数据模型现在有一个 User 顶点标签和一个 rated 边标签。我们根据 user_id 划分 User 顶点。我们将 rating 和 timestamp 属性添加到 rated 边上。

tags.csv

除了评级，用户还提供了自己的数据标记。每个标记都是一个单词或短语，由用户创建。用户创建的关于电影的标记共有 465 564 个。

tags.csv 文件中的每一行都有如下结构：

    userId,movieId,tag,timestamp

我们使用来自标记文件的信息继续构建数据模型。下一次迭代如图 11-6 所示。

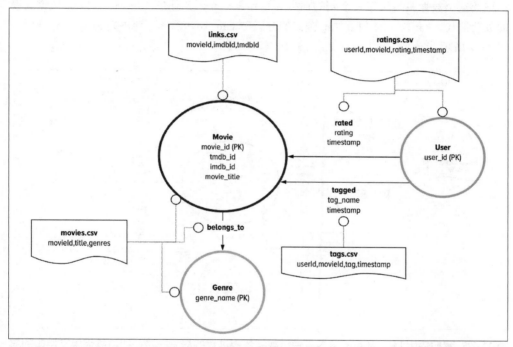

图 11-6：使用 MovieLens 数据集进行数据建模过程的第四步，即将标记文件中的值映射到顶点和边标签

如图 11-6 所示，我们可以使用 userId 和 movieId 将标记从用户链接到电影。我们将 tag_name 和 timestamp 属性建模在 tagged 边上。

标记基因组

你可以在 MovieLens 数据集中找到两个文件：genome-tags.csv 和 genome-scores.csv。这两个文件分析了我们在图 11-6 中修改的标记，并表示了如何通过用户标记的适当联系来描述一部电影。

标记基因组（tag genome）使用机器学习算法对用户贡献的内容进行计算，包括标记、评级和文本评论[注2]。

`genome-scores.csv` 文件包含如下格式的 11 709 768 个电影标记相关性评分：

> `movieId,tagId,relevance`

第二个文件 `genome-tags.csv` 提供基因组文件中 1128 个标记的标记描述，格式如下：

> `tagId,tag`

标记为这个数据集提供了一个新的顶点标签和边标签，并且是使用 MovieLens 数据建模的最后迭代。`tagId` 将映射到 Tag 顶点的分区键 `tag_id`，而 `tag` 将映射到 `tag_name`，如图 11-7 所示。

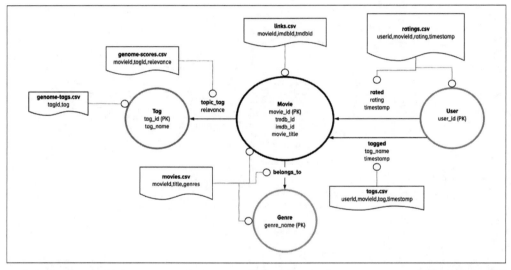

图 11-7：我们使用 MovieLens 数据集进行数据建模过程的最后一步，即将基因组文件中的值映射到我们的结构中

图 11-7 中的概念数据模型表示了 MovieLens 数据到图模型的完整映射。这个模型中的强标识符是理解和遵循的最重要部分。在所有强标识符中，最重要的是 `movie_id`，因为它在每个文件中用于将每个概念与电影连接起来。

你可以选择以不同的方式映射数据，这是可以的。这一切都归结于你最终如何在生产环

注 2：Jesse Vig, Shilad Sen, and John Riedl, "The Tag Genome: Encoding Community Knowledge to Support Novel Interaction," *ACM Transactions on Interactive Intelligent Systems (TiiS)* 2, no. 3 (2012): 13, *http://doi.acm.org/10.1145/2362394.2362395*.

300 | 第 11 章

境中从这些集合中查询信息和你想问的问题。

图 11-7 中的模型是一个很好的开发起点。

让我们用 Kaggle 提供的数据建立这个模型。

11.3.2 Kaggle 数据集

我们将使用 Kaggle 数据集中的两个主要信息源来增强我们的数据模型：电影数据和演员数据。我们按照处理 MovieLens 数据的相同过程继续构建我们的数据模型。

电影细节

Kaggle 数据集是一个极好的信息来源，原因有二。第一个原因是它包含了最完整的电影信息列表，有 329 044 部电影的数据可用。

第二个原因是每部电影都有大量的细节。包含电影的所有详细信息的文件是 `AllMovies-DetailsCleaned.csv`。这个文件中有 22 个不同的标题，描述了关于电影的其他公开信息，如预算、原始语言、概述、受欢迎程度、制作公司、运行时间、标语、上映日期和许多其他事实。

该数据中最重要的键是 `id` 和 `imdb_id`。以下是我们从 Kaggle 数据中了解到的强标识符：

1. Kaggle 数据集的 `id` 映射到 TMDB 中的 `tmdb_id`。

2. `imdb_id` 映射到 IMDB 的电影 ID。

3. 所有来自 Kaggle 数据集的 329 044 部电影都有来自 TMDB 的标识符。

4. Kaggle 数据集中的 78 480 部电影在 IMDB 中缺少一个 ID。

5. 我们从 Kaggle 获得的唯一可以与 MovieLens 数据进行比较的其他信息是电影的名称。

Kaggle 数据集中强标识符的覆盖率可以帮助我们理解如何将这些数据与 MovieLens 进行匹配和合并。Kaggle 数据源 100% 覆盖了来自 TMDB 的强标识符，而 MovieLens 数据源几乎 100% 覆盖了来自 IMDB 的强标识符。

数据源之间强标识符覆盖率的不匹配既不好也有好处。之所以说它不好，是因为匹配过程并不简单。然而，有一点值得欣慰的是，这个例子将成为匹配数据的一个很好的教育工具。

从 `AllMoviesDetailsCleaned.csv` 文件中，我们提取了 7 条信息来增强我们的数据模型。图 11-8 说明了我们的数据模型开发的下一个阶段。

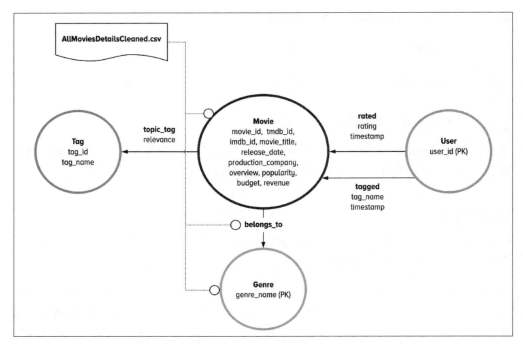

图 11-8：使用 Kaggle 数据集扩展 MovieLens 数据的两个步骤中的第一步，即向电影顶点添加属性

图 11-8 展示了我们添加到电影顶点的 6 个新属性：上映日期、制作公司、概述、受欢迎程度、预算和收入。我们从 Kaggle 数据中提取的第 7 个细节是类型属性。这增加了从电影到类型的更多 Genre 顶点和边。

有了这个数据集，我们就可以合并每部电影的演员信息。让我们看看如何访问这些信息。

演员和选角细节

AllMoviesCastingRaw.csv 文件提供了每部电影的演员、导演、制片人和编辑的信息。我们只选择要包含在示例中的参与者。

AllMoviesCastingRaw.csv 文件列出了 329 044 部电影中每一部的 5 名演员。此信息列在一行中，前 11 列的结构如下所示：

    id,actor1_name,actor1_gender, ..., actor5_name, actor5_gender....

通过将 ID 与 Movie 顶点的 tmdb_id 相匹配，将每个演员连接到他们的电影。

此外，我们为在同一部电影中的演员创建了 collaborator 边。我们使用来自 AllMovies-

DetailsCleaned.csv 文件的 release_date 来为每个关于演员的新边标签添加年份。

图 11-9 展示了我们的示例所获得的数据模型。

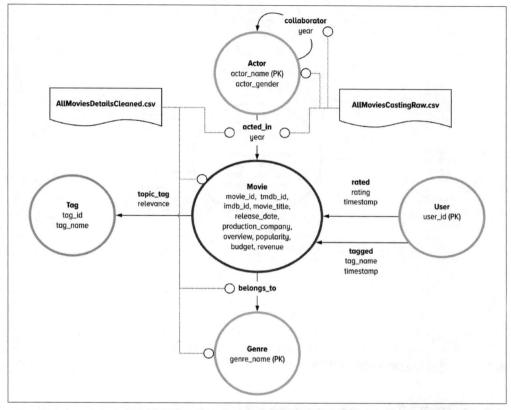

图 11-9：用 Kaggle 数据集增强 MovieLens 数据的两个步骤中的第二步，即向模型中添加演员

合并 MovieLens 和 Kaggle 数据集的数据模型如图 11-9 所示。我们没有包括 Kaggle 数据集中所有可用的内容。如果你有什么想要使用的，那么请访问我们的网站 *https://oreil.ly/graph-book*。

11.3.3 开发结构

MovieLens 和 Kaggle 数据源之间的数据集成过程创建了我们将在示例中使用的开发结构。使用 GSL 语言，开发结构如图 11-10 所示。

第 10 章展示了如何使用 GSL 将图 11-10 转换为结构语句。我们设计这个过程是为了让你遵循 ERD 所普及的相同思想。

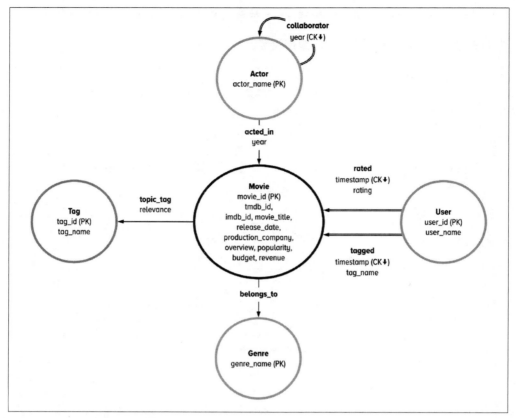

图 11-10：合并电影数据库的开发结构

11.4 匹配和合并电影数据

为本例合并 MovieLens 和 Kaggle 数据集的想法比我们预期的要困难和复杂得多。

根据我们的经验，匹配和合并数据源的问题总是比预期的要复杂得多。

解析两个数据源的过程首先映射两个系统中存在的用于链接数据的强标识符，11.3 节我们已经讲过了。我们了解到，跨两个数据集可用的强标识符是来自 TMDB 和 IMDB 的电影标识符。

然而，每个数据集有这些 ID 的不同分布。在研究了这两个来源后，我们了解到以下内容：

1. MovieLens 数据集中的每个条目都有一个 IMDB 标识符。

2. MovieLens 数据集中 1% 的电影缺少 TMDB 标识符。

3. Kaggle 数据集中的每个条目都有一个 TMDB 标识符。

4. Kaggle 数据集中 24% 的电影缺少 IMDB 标识符。

从这些信息中，我们知道我们将不得不构建一个使用数据集中的两个 ID 的流程，因为我们不能总是依赖其中任何一个。

 当你需要合并数据源时，总是要先查找和理解每个系统中强标识符的分布！

让我们讨论一下，当一切都正确匹配时，我们如何在程序上匹配和合并数据源之间的数据。在下一节之后，我们将讨论在两个数据集中发现的错误以及如何解决它们。

我们的匹配过程

一开始，我们的合并过程很简单。我们首先处理 MovieLens 数据。然后，我们必须弄清楚从 Kaggle 数据集匹配意味着什么，以及如何合并信息。

我们将从 Kaggle 数据源到 MovieLens 数据源的匹配定义为：MovieLens 数据集中恰好有一个条目与 TMDB 和 IMDB 标识符的一个或两个标识符相匹配。

成功匹配和合并所遵循的步骤如例 11-2 所示。

例 11-2：

```
1 For each movie_k in the Kaggle dataset:
2     movie_m = MATCH MovieLens data by the tmdb_id of movie_k:
3     if there is a movie_m:
4         if imdb_id of movie_k == imdb_id of movie_m:
5             movie_m2 = MATCH MovieLens data by the imdb_id of movie_k:
6             if tmdb_id == tmdb_id_m2:
7                 UPSERT the kaggle data
8     else:
9         movie_m = MATCH MovieLens data by the imdb_id of movie_k:
10        if movie_m is not null:
11            if imdb_id identifiers match:
12                UPSERT the data
13        else:
14            We know movie_k is not in the MovieLens data
15            INSERT movie_k from Kaggle
```

例 11-2 中的过程匹配了两个数据库中的 26 853 部电影。在匹配过程之前，MovieLens 数据库中有 252 部电影没有 IMDB 标识符。根据这些电影的 TMDB 标识符，Kaggle 数据集找到并解析了其中的 15 部电影。

你可能想知道为什么例 11-2 的第 5 行和第 6 行的逻辑是必要的。原来源数据中有一些错误。我们将在 11.5 节讨论这些错误。

作为一个更深入的例子，图 11-11 说明了电影 *Toy Story* 是如何在两个数据集之间成功匹配的，使用的过程在例 11-2 中列出。

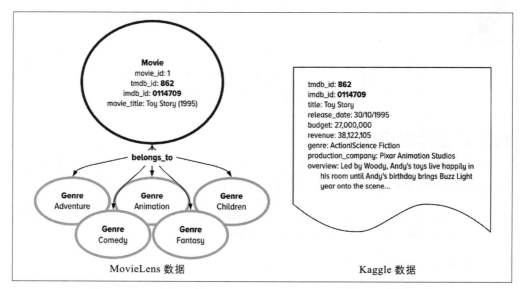

图 11-11：如何将 Kaggle 数据源与电影 *Toy Story* 的 MovieLens 数据源相匹配

图 11-11 最重要的特征是观察两个源之间强标识符的值。我们已经根据 MovieLens 数据建模了一部名为 *Toy Story*（1995）的电影，其 `tmdb_id` 为 862，`imdb_id` 为 0114709。当我们处理 Kaggle 电影时，算法如例 11-3 所示。

例 11-3：

```
1 For the "Toy Story" movie in the Kaggle dataset:
2    movie_m = search MovieLens data by the 862:
3    if there is a movie_m:
4       if 0114709 == 0114709:
5          movie_m2 = search MovieLens data by the 0114709 of movie_k:
6          if 862 == 862:
7             UPSERT the kaggle data
```

我们在插入数据时使用 UPSERT，因为底层数据存储是 Apache Cassandra。在这种情况和大多数情况下，UPSERT 是处理写操作的最快方法。

图 11-12 展示了最终出现在我们数据集中的 *Toy Story* 电影的合并版本。

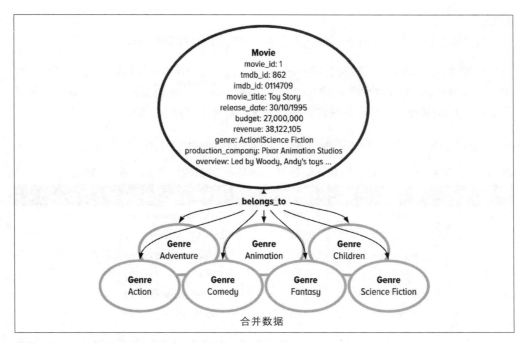

合并数据

图 11-12：合并数据后的 *Toy Story* 电影的最终视图

在这一过程中，我们记录了一些关键点和我们必须做出的决定。我们将在 11.5 节中详细介绍这些内容。

11.5 解决假阳性

当你第一次通读例 11-2 中的匹配过程时，你可能会认为一些额外的检查是多余的。例如，当确定 Kaggle 数据是否与 MovieLens 电影匹配时，我们首先通过它的 TMDB 标识符找到电影，然后通过它的 IMDB 标识符再次查找它。只有当所有这些场景都找到了相同的电影和标识符时，我们才认为它是匹配的。

然而，我们在这个过程中发现了 MovieLens 数据中非常有趣的事情：它自己的数据中包含假阳性。

11.5.1 MovieLens 数据集中发现的假阳性

例 11-2 中描述的匹配过程首先揭示了 MovieLens 数据库链接中的错误。具体来说，在 MovieLens 数据中出现了 17 次相同 TMDB 标识符指向不同的 IMDB 标识符的情况。这被称为假阳性（false positive）。

假阳性

当实体解析过程链接两个不相同的引用时，就会出现假阳性错误。

当我们试图基于 TMDB 标识符合并 Kaggle 记录时，我们在 MovieLens 数据中发现了假阳性。当 Kaggle 条目通过各自的 `tmdb_ids` 匹配 MovieLens 电影时，通过 Kaggle 条目的 IMDB 标识符进行的顺序查找将从 MovieLens 数据中返回两个结果。

让我们看看存在于 MovieLens 数据中的一些假阳性（如表 11-1 所示）。

表 11-1：由于 MovieLens 数据中 `tmdbId` 到 `imdbId` 的不正确映射，显示了 6 个假阳性

movie_id	imdb_id	tmdb_id	movie_title
1533	0117398	105045	The Promise (1996)
690	0111613	105045	Das Versprechen (1994)
7587	0062229	5511	Samouraï, Le (Godson, The) (1967)
27136	0165303	5511	The Godson (1998)
8795	0275083	23305	The Warrior (2001)
27528	0295682	23305	The Warrior (2001)

要知道这些电影是相同的还是不同的，需要检索原始资源。我们没有为这些例子做这些工作。因此，对于 MovieLens 数据中冲突映射的这 17 个实例（或者总共 34 个实例），我们从 MovieLens 源中删除了每对记录。

通过对 IMDB 和 TMDB 的深入研究，我们发现 Kaggle 数据集具有正确的条目。因此，我们在这些例子中使用 Kaggle 数据作为基础事实。

在解决了 MovieLens 数据源中的问题之后，我们收集了关于将两个数据源映射到一起时发现的错误的信息。

11.5.2 在实体解析过程中发现的其他错误

我们在数据集之间发现了一些错误和不正确匹配的统计数据：

1. 没有电影匹配 TMDB 标识符但不匹配 IMDB 标识符。

2. 合并数据集产生了 143 个错误，其中源的 IMDB 标识符匹配，但 TMDB 标识符不匹配。

一开始，我们不知道这 143 个错误是假阳性还是假阴性。我们需要检查它们，找出它们代表的错误类型。

关于这 143 部不匹配的电影的可供比较的附加数据如下：

1. 每个数据库中的电影标题。

2. IMDB 上关于这部电影的公开页面。

3. TMDB 上关于这部电影的公共页面。

在解决错误时，你希望从已有的数据开始。在本例中，我们可以比较电影名称。表 11-2 分享了这些标题的对比明细。

表 11-2：深入研究 MovieLens 和 Kaggle 数据集之间电影标题不匹配的原因

标题不同的原因	总出现次数	百分比
"A"	5	3.50%
Actually different	9	6.29%
Same, but different languages	1	0.70%
"The"	36	25.17%
(year)	92	64.34%

MovieLens 的数据源表明，MovieLens 增强了电影的标题，以包含该信息可用的上映年份。因此，我们期望看到标题中的许多冲突是由数据的准备方式造成的。表 11-2 证实了这一点，在两个来源之间 64.34% 不匹配的电影标题中，MovieLens 标题有（year），而 Kaggle 标题没有。

MovieLens 和 Kaggle 数据集之间标题不同的其他原因相当有趣：

1. 3.50% 的情况下，一个标题中有"A"这个词，而另一个标题中没有。

2. 25.17% 的情况下，一个标题中有"The"这个词，而另一个标题中没有。

3. 有一种情况，标题是相同的，但使用的语言不同：*The Promise*（英语）与 *La Promesse*（法语）。

4. 完全不同的两个标题出现了 9 次。

对不同标题的分析还不足以说明这些电影是否相同。

对于这些不匹配的电影中的 10%，也就是 15 部电影，我们在 TMDB 和 IMDB 上查看了它们的电影细节，看看哪个来源有正确的信息。通过深入分析，我们发现在我们调查的所有案例中，Kaggle 数据源都具有正确的 TMDB 和 IMDB 标识符。我们对不匹配电影的深入研究的细节是：

1. 在 15 个案例中，有 12 个 MovieLens 的数据包含一个 TMDB 标识符，指向一个已被删除的网页。

2. 在抓取 TMDB 和 IMDB 上的原始数据源的基础上，143 部不匹配的电影中有 15 部在 Kaggle 数据源中有正确的信息。

3. 对于我们深入调查的所有不正确的映射，MovieLens 数据源从来没有正确的信息。

结果，对于所有 143 个强标识符不匹配的情况，我们依赖于来自 Kaggle 数据源的信息。也就是说，我们最终解决的错误包含 143 个假阳性，其中 MovieLens 数据错误地将 TMDB 标识符链接到 IMDB 标识符。

11.5.3 合并过程的最终分析

在我们完成解析过程后，我们合并的数据库中总共有 329 469 部电影。下面是关于合并数据集的一些附加统计信息：

1. 在 MovieLens 和 Kaggle 的数据源中有 26 853 部电影。

2. 在我们合并的数据库中，有 78 480 部电影没有 IMDB 标识符。

3. 在我们合并的数据库中，有 237 部电影没有 TMDB 标识符。

我们希望你能发现关于我们如何合并这些数据集的细节能够说明并代表合并数据集的不那么迷人的过程。在开始使用图中的数据之前，这是每个团队都必须经历的常见的第一步。

这就提出了一个问题：图如何帮助我们解析电影数据？

11.5.4 图结构在合并电影数据中的作用

当我们讨论解决电影数据中的假阳性时，有一个领域可以让我们使用数据中的边来解决一些假阳性。让我们来看看一个具体的例子。

如果我们有来自 MovieLens 源的演员，我们可以（假设）使用图结构来帮助解决一些假阳性。例如，考虑表 11-3 中列出的两部电影，它们是 MovieLens 数据的假阳性。

表 11-3：需要额外数据来确定它们是否是同一部电影的示例电影

movie_id	imdb_id	tmdb_id	movie_title
8795	0275083	23305	The Warrior (2001)
27528	0295682	23305	The Warrior (2001)

表 11-3 展示了关于这两部电影我们掌握的所有信息。从我们所掌握的数据来看，我们无法确定这是否是同一部电影。TMDB 标识符相同，但 IMDB 标识符不同。然而，标题是一样的。

我们掌握的数据还不足以做出决定性的结论。所以，让我们看看我们对这两部电影有什么了解，从而得出一个结论。

在做了一些更深入的挖掘之后，我们可以使用 IMDB 数据来获取每一部电影的演员。给定每部电影的演员信息，图 11-13 展示了两部电影各自对应的图。

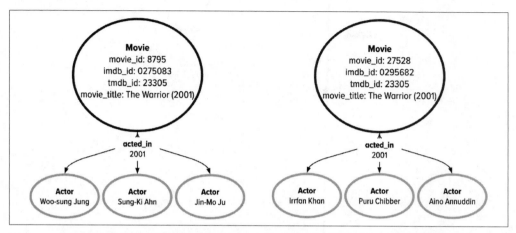

图 11-13：在对这两部电影的演员进行了深入的研究之后，我们再来看看这两部名为 *The Warrior*（2001）的电影

通过分析演员，创建电影和演员之间的关系，我们可以看到这些电影实际上是截然不同的电影。他们的演员名单中没有共同的演员（尽管我们在图 11-13 中只展示了每个演员名单中的前三位演员）。

图 11-13 告诉你什么时候可以使用图中的边帮助你发现你的数据是否不同。

本章中简单实体解析示例的教训是，实体解析中的大多数任务不需要图结构。定义良好的过程从强标识符的精确匹配开始。在强标识符不够的情况下，你可以依赖于字符编辑距离，获取关于数据的下一个最重要的键和值。

然后，在你掌握了基本知识之后，如果关系在你的数据中有意义，那么你可能希望将关系引入你的实体解析过程。

图 11-13 说明了在我们的示例中使用图结构进行实体解析的一个令人信服的理由（在我们用编辑距离解析强标识符和名称之后），因为你可以立即看到影片是不同的。你可以推断出它们为什么不同。虽然我们当然不能对所有问题都进行这种分析，但在实体解析过程中添加图是比深入挖掘表格信息来排序答案更有用的工具。

使用图来解决和合并数据的能力是一个多方面的问题。详细说明在何处、何时以及如何使用图进行广义实体解析的全部细节将会填满一本书。

从这里开始，让我们回到如何在生产应用程序中大规模地交付这些建议。

第 12 章

生产环境中的推荐

几乎你现在使用的每一个应用程序都有一个"为你推荐"的部分。

想想你最喜欢的数字媒体、服装或零售供应商的应用程序。我们依靠媒体应用程序中的推荐模块来寻找新的电影或书籍。像 Nike 这样的品牌会根据你的个人和定制衣橱来定制你的应用内体验。甚至你当地杂货店的应用程序也会在你下次去的时候向你发送推荐优惠券。

推荐和个性化已经渗透到我们数字体验的几乎每一个角落和缝隙。

但是，你如何构建一个流程，在应用程序中以我们都知道的预期速度提供建议呢？

正如我们在第 10 章中所述，将数据源与图连接起来并为用户创建个性化的推荐是非常可能的。然而，大规模处理基于图的推荐需要大量的数据，这极大地限制了在生产应用程序中使用协同过滤的方式。

我们不认为 Nike 服装应用程序的用户会等待几秒钟来处理端到端 NPS 启发的协同过滤图查询。你也不应该这样做。

相反，我们鼓励你像生产工程师一样思考。我们想要建立一个程序，优先考虑终端用户的应用程序内体验，然后找出如何连接一个长时间运行的查询，如基于图的协同过滤器，与一个可以保证你的终端用户在 Web 响应时间内收到推荐的内容的过程。

本章的重点是教你如何将复杂的图问题分解为可以实时查询的部分，而不是需要批处理的部分。

12.1 本章预览：快捷边、预计算和高级修剪技术

12.2 节我们将从解释快捷边开始。我们将展示为什么我们的开发过程无法伸缩，以及

如何通过快捷边解决问题。我们还将讨论使用不同修剪技术对数据使用快捷边的不同方法。

在 12.3 节中，我们将解释如何为电影数据预计算快捷边。我们将深入研究数据并行性，以及在集成事务查询中使用运行时间较长的计算时将面临的不同操作挑战。

12.4 节将介绍我们用于电影数据的最终制作模式。我们将详细介绍模式代码以及如何加载我们计算的边，就像你已经做过的很多次那样。

在 12.5 节中，我们将展示如何使用快捷边向终端用户提供推荐。我们将深入研究 Apache Cassandra 中的分区策略，以便你对使用我们数据的不同类型的推荐查询的延迟进行推理。

12.2 实时推荐的快捷边

在第 10 章中，我们用一个对图数据执行协同过滤的图查询结束了对推荐的讨论。我们创建并计算了一个受 NPS 启发的指标，根据用户对电影的评分来确定我们应该推荐哪部电影。图 12-1 说明了我们构建的方法背后的一般概念。

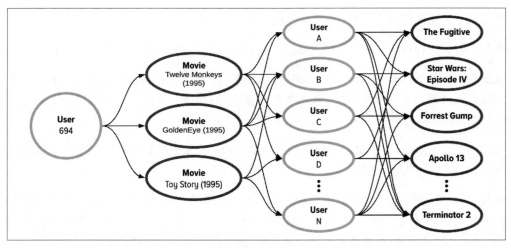

图 12-1：一个说明了我们在第 10 章处理开发查询所需的大量数据的示例

图 12-1 展示了我们如何从左到右遍历开发图数据以找到推荐。如果你也一直在笔记中跟随，那么可能已经注意到，若想在生产环境用这种方式，这些查询的整体处理时间是无法缩减的。用户需要等待很长时间才能看到他们的推荐，因为处理查询耗时过长。

让我们来讨论一下为什么要解决这些问题，然后如何解决。

12.2.1 我们的开发过程在哪里无法扩展

我们的开发图查询无法扩展的原因很简单：分支系数和超级节点。如果你站在我们的角度思考，那么你会同意同时处理这两个问题的适当反应是非常讽刺的"伟大"。

但是，如果你还记得的话，我们以前遇到过关于你的图的分支系数和超级节点的问题。

在第 6 章中，我们第一次遇到了传感器网络中的分支系数，当时我们试图从一个塔遍历到所有的传感器。数据中边缘的分支系数使我们的处理开销呈指数增长。

同样的分支问题也存在于一般的推荐问题中。当你从一个用户遍历到电影，从电影遍历到用户，再从用户遍历到电影时，你的查询扩展了指数数量的遍历器，以处理数据中的所有边。

我们还必须在协同过滤查询中处理超级节点。超级节点与分支系数密切相关：超级节点表示图的分支系数的极端端点，因为它们是最高度顶点。

我们在第 9 章创建路径查找过滤器和优化时首次体验了超级节点。我们特意从路径查找查询中删除了高度顶点，因为它们（通常）在路径查找应用程序中不能提供有意义的结果。

我们将不得不在我们的推荐数据中以不同的方式处理超级节点。

在推荐问题中，我们有两种类型的超级节点：超级用户和超级热门内容。超级用户是你的平台的成员，他们浏览或评价了几乎所有的内容。只要在协同过滤查询期间发现该用户，就会将大量电影插入结果集。还有一些非常受欢迎的内容，在你的平台上被大多数用户观看或评价。

与我们在路径查找中处理这些超级节点的方式不同，在推荐系统中，你需要在算法中考虑这种流行类型，因为它可以指示趋势或极有可能的推荐。

那么我们该如何解决这两个问题呢？我们围绕它们建立联系。

12.2.2 我们如何解决扩展问题：快捷边

我们还有最后一个制作技巧要教你：快捷边。快捷边是世界各地的团队使用的最流行的技巧之一，用于降低生产查询中图的分支系数和超级节点的综合风险。

快捷边

　　快捷边包含从顶点 a 到顶点 n 的多跳查询的预计算结果，将被存储为直接从 a 到 n 的边。

让我们看看如何在本章的例子中使用快捷边。图 12-2 展示了我们如何使用一个叫作 recommend 的边，根据中间的用户评分的 NPS 启发的指标，直接将电影与它们的推荐连接起来。

`recommend` 边本质上是在协同过滤查询中风险最大的部分上建立一座桥梁，以确保应用程序中的终端用户不必等待。

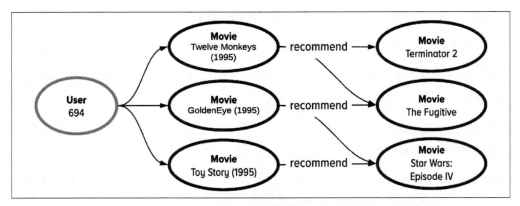

图 12-2：使用预计算的 `recommend` 边作为从电影直接到其推荐的快捷方式的示例

你可能正在思考或与你的团队讨论为什么我们不直接从用户到内容建立推荐边。从技术上讲，这是一个可行的选择。但是，我们采用了不同的方法，因为我们希望能够为用户的最新评分提供即时推荐。

为了从概念上理解如何使用快捷边，让我们来探究我们想要如何使用它们。

12.2.3 探索我们的设计在生产环境中交付了什么

仔细考虑需要在生产环境中查询的内容，可以帮助你在预计算快捷边的复杂问题上定义边界。我们通过图 12-3 来说明我们在最后一个例子中要实现的目标。

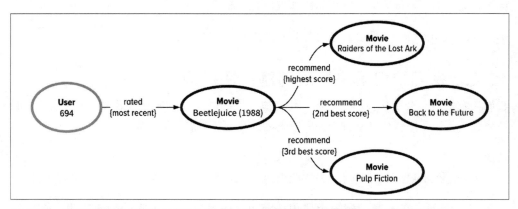

图 12-3：我们试图预计算的内容的可视化表达，以便我们理解批作业需要计算什么

图 12-3 展示了电影推荐生产环境版在最终查询中使用快捷边的概念模型。具体来说，我们希望遵循用户最近的推荐来生成排名最高的电影推荐集。为此，我们需要预计算一个名为 recommend 的快捷边，它将用户最近的电影评分与我们将推荐给用户的新内容连接起来。

12.2.4 修剪：预计算快捷边的不同方法

本节最后一个主题是用数据修剪和计算快捷边的不同方法。

使用快捷边时的主要技巧归结为你预计算它们所跳过的聚合的内容和频率。让我们讨论一下我们建议你在应用程序中考虑的技术，并且我们将指出在此过程中我们为数据所做的决策。

当你第一次探索如何使用快捷边时，你的团队将希望讨论你将构建到计算过程中的限制。通常，有三种方法可以限制考虑用于快捷边的数据总量：通过总得分、通过总结果数量和通过领域知识期望。

让我们简单讨论一下这些方法的含义。

按分数阈值修剪

过滤掉快捷边的第一种方法是使用预定义的分数阈值。在这种方法中，只有在计算的分数高于某个阈值时，才会为推荐包含一个快捷边。

在本书中，你已经了解了在结果集中使用硬阈值的想法。在第 9 章中定义信任拐点时，我们介绍了一个特定阈值的使用。我们推导出了一个特定的点，在这个点上权值高于阈值意味着我们的路径是可信的。这个点是一个数学推导的极限，高于这个极限的路径是应用程序的可信路径，低于这个极限的路径是不可信的。

对于给你的建议和我们的电影数据，不会有这样一个确定的固定点。

如果你想沿着这条路走下去，那么你将需要分析数据的推荐分数，以了解你的用户基础是否喜欢某个值范围。遗憾的是，对于我们的电影数据，当涉及 NPS 启发的指标时，我们并没有一个特定的阈值。但是对于你和你的团队来说，为数据考虑这个选项仍然很重要。

在没有数学阈值（或与数学阈值相结合）的情况下，还可以限制结果中包含的快捷边的数量。

对总推荐量有硬性限制的修剪

限制使用快捷边的第二种方法是定义要包含在生产环境中的边的总数。决定只存储 100

条快捷边是硬限制的一个例子。你的团队可以选择包含分数最高的 100 个推荐，也可以从分数范围中选择一个。

对边总数的硬性限制可能比特定的分数阈值更受欢迎，原因有二。第一，推断硬限制对生产环境中的应用程序的影响更容易。通过硬性限制，你可以计算出在生产中存储和维护该数据所需的磁盘空间总量。第二，通过为用户选择最受欢迎的推荐，可以在生产查询中合理地使用它们。或者你可以选择用户以前没有看过的最推荐的内容。

我们将使用硬限制技术来计算电影数据的快捷边。

在开发和部署了针对快捷边的流程之后，我们还需要考虑一个概念，以使你的建议与用户更加相关。

通过应用领域知识过滤器进行修剪

通过筛选电影类型来根据用户的喜好定制推荐是如何使用领域知识来修改推荐的一个例子。

从本质上说，如果你的用户喜欢电视剧，那么你需要在推荐新电影时包含这种类型的过滤器。

有许多关于领域知识如何为我们的电影数据量身定制推荐的例子可以供你去探索。例如，当你使用 Netflix 时，你已经体验过的最流行的方式是根据类型、特定演员或当前趋势进行推荐。

最终，根据领域知识筛选你的推荐是需要在应用程序中计划的事情。随着应用程序的发展，领域知识过滤器的应用程序最终将成为应用程序的一个组件。

我们将首先从基础开始，这样你就可以专注于进入生产环境需要什么。

12.2.5 更新推荐的考虑因素

当计划在生产环境中交付推荐时，你还需要考虑多久更新一次快捷边。你的团队需要弄清楚如何设计流水线，以便及时完成计算。

考虑一下你自己使用推荐功能的经历，比如 Netflix 上的"为你推荐"部分。你时隔多长时间能够看到一个已经更新过的电影推荐列表？根据你最近的浏览记录，你能知道这部分是什么时候更新的吗？这些问题和考虑因素就是我们所说的计算如何更新你的推荐以提供更好的用户体验。

计算所有用户评分的快捷优势是非常昂贵的。你将不得不减少团队进行这些计算的频率范围。当你在设计如何在应用程序中构建快捷边的过程时，我们会建议你和你的团队讨论三个技巧：

1. 仅为已更改的内容更新快捷边。

2. 构建能够解释成功推荐的数据管道。

3. 创建足够健壮的计算过程。

我们将简要描述这些技巧的含义。

首先，并非你平台上的所有内容都会每天甚至每周被浏览或评级。因此，你不需要为整个图重新计算快捷边。你的团队将希望找到一种方法，仅为最新的数据构建快捷边，以跟上趋势。

其次，你需要考虑你的用户群实际上点击了哪些推荐，并使用这些信息来帮助确定你需要重新计算的推荐类别。今天，你将在应用程序的"今日趋势"部分体验到这一点。应用程序中的这些信号是需要捕获的一些最重要的特性，因为它们代表了你的用户现在喜欢什么事件。与你的团队一起计划如何捕获成功的推荐，并使用这些信息来解释当前的趋势。

最后一个要考虑的主题是构建健壮的计算过程。当我们说"健壮"时，我们指的是将你的问题分解为更小的、确定的、容易重复的计算。使用更小、更局部的计算，而不是更大的全局计算，可以让你的团队拥有更灵活和容错的数据管道。

接下来，让我们了解一下如何为示例计算快捷边。

12.3 计算我们的电影数据的快捷边

快捷边可以帮助你在查询时绕过图的分支系数和超级节点。

而你无法绕过的是预计算快捷边所需的大量时间。

对于我们的电影数据，我们设置了一个单独的环境来为你预计算快捷边。本节将介绍我们做了什么以及为什么要做出这些决定。不可否认，有许多不同的方法可以设置脱机或批处理流程来向生产数据添加功能。

我们正在向你展示一种这样的方法，知道它可能并不适合所有的情况。在本节的最后，我们将指出不同的方法和所涉及的权衡。

12.3.1 分解快捷边预计算的复杂问题

我们发现，我们在第 10 章中构建的结构和查询对于计算快捷边已经足够好了。

每个查询只是需要更多的时间来处理所有数据。

因此，我们将计算快捷边的过程分解为以下三个步骤：

1. 找出在生产图中使用受 NPS 启发的指标所需的模式。

2. 使用第 10 章中的最后一个查询为一部电影创建一个快捷边列表。

3. 划分工作以计算具有基本并行性的快捷边。

让我们首先看一下我们在这个环境中使用的结构。

计算影片数据上的快捷边所需的结构

抛开指标，我们的协同过滤查询只需要电影、用户和 rated 边。rated 边有两个要求。首先，我们需要根据 rating 对它们进行排序，这样我们就可以根据它们的评级对边进行分组。其次，我们需要能够从两个方向遍历边。

这些要求为我们提供了图 12-4 中的结构。

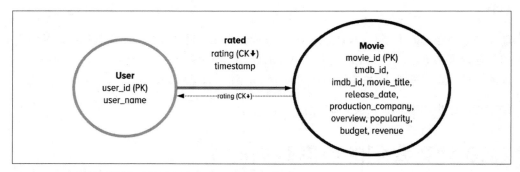

图 12-4：在外部环境中计算快捷边所需的生产结构

图 12-4 中的数据模型描述了我们构建并加载到单独环境中的整个图。我们只加载了电影和用户顶点。我们创建了一个边，rated，拥有一个聚类键 rating。然后我们添加了一个物化的视图，这样我们就可以在协同过滤查询中反向使用边。

图 12-4 中的顶点标签和边标签如下所示：

```
schema.vertexLabel("Movie").
    ifNotExists().
    partitionBy("movie_id", Bigint).
    property("tmdb_id", Text).
    property("imdb_id", Text).
    property("movie_title", Text).
    property("release_date", Text).
    property("production_company", Text).
    property("overview", Text).
    property("popularity", Double).
```

```
        property("budget", Bigint).
        property("revenue", Bigint).
        create();

schema.vertexLabel("User").
        ifNotExists().
        partitionBy("user_id", Int).
        property("user_name", Text). // Augmented, Random Data
        create();

schema.edgeLabel("rated").
        ifNotExists().
        from("User").
        to("Movie").
        clusterBy("rating", Double).
        property("timestamp", Text).
        create()
```

图 12-4 展示了一个双向边或一个需要物化视图的边。代码如下：

```
schema.edgeLabel("rated").
        from("User").
        to("Movie").
        materializedView("User__rated__Movie_by_Movie_movie_id_rating").
        ifNotExists().
        inverse().
        clusterBy("rating", Asc).
        create()
```

接下来，让我们使用这个数据模型来计算我们的快捷边。

协同过滤查询以计算快捷边

根据我们的结构，下一步是概述我们将如何使用我们的工作在第 10 章的图数据上构建查询。

我们提升了为 NPS 启发的查询开发的查询，并对其进行了三处修改：

1. 我们想从一部电影而不是一个人开始。

2. 我们希望限制在 1000 个分数最高的结果。

3. 我们需要创建一个列表，其中每个条目都有原始电影、推荐电影和 NPS 启发的指标。

我们使用了在第 10 章中开发的 Gremlin 查询，并进行了以下三个小的调整。我们将向你展示代码之后的三个修改位置。此外，例 12-1 展示了我们用于计算给定电影的 1000 条快捷边的查询。我们选择了 1000 条边，一方面是为了满足即将到来的查询，另一方面是为了提供一组有趣的边供你探索。

例 12-1：

```
1  g.withSack(0.0).                                  // starting score: 0.0
2    V().has("Movie","movie_id", movie_id).          // locate one movie
3      aggregate("originalMovie").                    // save as "originalMovie"
4    inE("rated").has("rating", P.gte(4.5)).outV().  // all users who rated it 4.5+
5    outE("rated").                                   // movies rated by those users
6    choose(values("rating").is(P.gte(4.5)),          // is the rating >= 4.5?
7        sack(sum).by(constant(1.0)),                 // if true, add 1 to the sack
8        sack(minus).by(constant(1.0))).              // else, subtract 1
9    inV().                                            // move to movies
10   where(without("originalMovie")).                 // remove the original
11   group().                                         // create a group
12     by().               // keys: movie vertices; will merge duplicate traversers
13     by(sack().sum()).   // values: will sum the sacks from duplicate traversers
14   unfold().             // populate every entry from the map into the pipeline
15   order().              // order the whole pipeline
16     by(values, desc).   // by the values for the individual map entries
17   limit(1000).          // take the first 1000 results, which will be the top 1000
18   project("original", "recommendation", "score"). // structure your results
19     by(select("originalMovie")).    // "original": original movie
20     by(select(keys)).               // "recommendation": rec movie
21     by(select(values)).             // "score": sum of NPS metrics
22   toList()                          // wrap the results in a list
```

下面我们指出例 12-1 中与我们在第 10 章中开发的查询不同的三个地方。首先，例 12-1 中的第 2 行展示了我们如何从一个特定的电影开始。然后，从第 3～16 行，我们遵循相同的流程执行协同过滤并计算 NPS 启发的指标。

例 12-1 中的最后两个更改关于格式化结果以供以后使用。第 17 行展示了我们的第二个更改：我们减少了结果的总数，只包括 1000 个评分最高的推荐。这种限制是至关重要的，因为当你收集到足够多的评分时，这种方法将最终计算出数据库中所有 327 000 多部其他电影的优势。然后，例 12-1 中的第 18～22 行展示了我们如何格式化结果，以方便将工作保存到生产环境中。我们创建了一个包含 1000 个条目的列表，结构如下：原始电影、推荐电影、NPS。

为了让你对结果有个大概的了解，图 12-5 展示了我们的一部电影的前五个推荐。

序号	原始	推荐	分数
0	Aladdin (1992)	The Lion King (1994)	4911.0
1	Aladdin (1992)	The Shawshank Redemption (1994)	4697.0
2	Aladdin (1992)	Beauty and the Beast (1991)	4624.0
3	Aladdin (1992)	Forrest Gump (1994)	4310.0
4	Aladdin (1992)	Toy Story (1995)	4186.0

图 12-5：在批处理过程中为电影 588 计算的前五个快捷边

图 12-5 中最初的电影是电影 588 *Aladdin*。我们计算并保存为快捷边的前五名推荐包括 *The Lion King*、*The Shawshank Redemption*、*Beauty and the Beast*、*Forrest Gump* 和 *Toy Story*。

现在你已经了解了我们使用的结构和查询，让我们讨论一下如何划分工作来完成它。

使用简单的并行性来划分工作

我们选择将整个图的快捷边预计算的大过程分解为较小的、独立的问题。我们可以将电影推荐分解为许多更小的查询，因为每一部电影的推荐集都独立于其他电影的推荐集。

例 12-2 概述了我们如何将数据的计算快捷边划分为许多更小的、独立的查询。

例 12-2：

1 初始化（SETUP）：将用户、电影和评分图加载到单独的环境

2 拆解（DECOMPOSE）：将电影划分为 id，划分为 N 个更小的、独立的列表

3 分配（ASSIGNMENT）：为每个处理器分配一个列表

4 编排（ORCHESTRATION）：同步计算每个电影的快捷边

5 提取（EXTRACTION）：保存将要加载到生产图的结果

例 12-2 中描述的方法使用了一种简单而基本的方法来划分计算影片快捷边所需的工作。我们首先设置了一个单独的环境，并将用户、电影和评分加载到该环境中。然后我们将 `movie_id` 列表分成 N 个独立的组。我们将每个列表分配给一个单独的进程，这样我们就可以使用基本的并行性来同步计算单个电影的快捷边。最后，我们将结果保存到一个列表中，然后将其加载到我们的生产模型中。

 将快捷边的计算分解为许多更小的查询，这个过程称为数据并行。当需要对相同数据的不同子集进行相同的计算时，可以使用数据并行。实际上，你对计算环境中的每个线程使用相同的模型，但是给每个线程的数据是划分和共享的。如果你想了解更多，我们推荐 Vipin Kumar 关于这个话题的书[注1]。

我们在例 12-2 中概述的方法优先考虑最小化计算时间而不是内存。我们可以将电影推荐分解为许多更小的查询，因为每一部电影的推荐集是独立的。一些复杂的问题，如 PageRank，不能以同样的方式分解。

注 1：Ananth Grama, Anshul Gupta, George Karypis, and Vipin Kumar, *Introduction to Parallel Computing*. 2nd ed.(Boston: Addison-Wesley Professional, 2003).*https://www.oreilly.com/library/view/introduction-to-parallel/0201648652/*.

在向你展示如何在生产图中使用此方法之前，我们需要简单讨论一下解决相同问题的另一种非常常见的方法。

12.3.2 解决刻意回避的问题：批计算

在决定如何计算这本书的快捷边时，我们必须做出一些权衡。正如你刚刚学到的，我们决定使用基本并行来划分工作，并为每个独立的电影独立计算快捷边。

然而，Gremlin 查询语言也有一个批处理执行模型，它通常用于跨图的大部分进行更大规模的批计算。

那么我们为什么不使用批计算来预计算快捷边呢？

对本书来说，主要的原因是范围。使用批计算引入的深度和复杂性足以出版另一本书。因此，我们只是在这里提供了一个批图形查询的提示，并将让你兴奋地认识到，关于应用图思维，还有更多的东西要学习，而不是我们在本书中所能涵盖的。

如果你正在为你的快捷边计算在并行事务查询和批计算之间做出选择，那么下面是你应该考虑的一些权衡。

批计算何时更适合你的环境的示例

执行批计算的 Gremlin 查询可以利用共享计算。这可以导致更快的整体执行，因为不必遍历图的相同部分两次。例如，在我们的例子中，我们有许多由同一名评论家评分的电影。对于事务性查询，我们多次遍历那些评论家的顶点。通过批计算，我们可以将这些计算集中在一起。

批计算通常需要更多的资源（特别是内存），这可能会干扰并发事务工作负载。例如，在我们的示例中，并发批处理查询可能会对数据库施加足够的压力，从而延迟并行运行的推荐检索查询。这种压力可能会导致更长的延迟和更糟糕的用户体验。因此，批计算通常在数据库负载很少的时候启动，或者在单独的数据中心和 Cassandra 聚类中启动，但这可能不是你的选择。

使用 DataStax Graph，可以在分析数据中心（同一聚类）中进行批计算。然后，一旦预计算的结果被写回图中，它们也会自动复制到操作数据中心。这就是在 Apache Cassandra 和 DataStax Graph 中工作负载分离的方式。

事务性查询何时更适合你的环境的示例

使用批计算，你总是要重新计算所有的快捷边，这使该方法具有计算优势。但在许多情况下，你可能希望更新某些快捷边的频率高于其他快捷边，并且需要事务方法提供的灵活性。

事务性查询允许对预计算的边进行更有选择性的更新。

例如，在我们的例子中，随着新评分的涌入，最近电影的快捷边会更快地被淘汰。在这种情况下，我们希望比老电影更频繁地重新计算这些边，因为老电影几乎没有变化。对于第二种情况，可能你的预计算作业失败了，必须重新开始。与重新计算整个图相比，使用较小的事务查询更容易跟踪和重新启动。

如果起始点较少，那么数据并行性的事务处理方法工作得更好。在我们的示例中，我们从数千部电影开始，这是一个相当小的数字。如果这个数字是数百万，那么事务方法将花费很长时间（并且非常容易出错），这将有利于批处理方法。

根据你的特定情况、环境和基础设施，还有其他一些权衡，但这些是在做出此决定时需要考虑的主要因素。

我们选择了事务性查询的数据并行性方法，向你展示了如何为这个示例推理计算快捷边。这并不一定是适用于所有情况的最佳方法。在确定如何为下一个项目设置预计算快捷边时，需要考虑环境和应用程序的期望。

现在你已经了解了如何计算快捷边，下面让我们展示在生产环境中使用的推荐数据模型，加载数据并最后一次遍历查询。

12.4 电影推荐的生产结构和数据加载

回想之前的内容，当我们向你展示概念设计时，我们希望如何传递推荐。图 12-3 展示了我们如何查询用户最近的评分，然后使用排名靠前的推荐为用户提供新内容。我们在该图中介绍的细节为我们提供了在环境中如何交付推荐的概述。

让我们演示最后一个示例将使用的结构和最终的数据加载过程。

12.4.1 电影推荐的生产结构

在图 12-3 中，我们的概念可视化的一个最重要的细节显示在边下面。我们看到，我们希望使用用户最近的评分来交付三个评分最高的推荐。这些约束描述了我们如何对边进行最优的性能聚类。

图 12-6 是我们将用于推荐的最终结构模型。我们将使用与快捷边相同的两个顶点标签：

User 和 Movie。

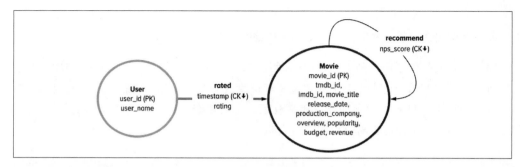

图 12-6：我们将用于推荐系统的生产版本的结构的概念模型

本章中两个模型的区别在于边标签。用户的评分将按时间聚类，这样我们就可以方便地获得最新的评分。然后，我们将使用我们在 12.3 节中预计算的快捷边，直接从给定的电影中推荐电影。快捷边将被存储为 recommend 边，按其评级排序。

例 12-3 展示了顶点标签，例 12-4 展示了边标签。

例 12-3：

```
schema.vertexLabel("Movie").
      ifNotExists().
      partitionBy("movie_id", Bigint).
      property("tmdb_id", Text).
      property("imdb_id", Text).
      property("movie_title", Text).
      property("release_date", Text).
      property("production_company", Text).
      property("overview", Text).
      property("popularity", Double).
      property("budget", Bigint).
      property("revenue", Bigint).
      create();

schema.vertexLabel("User").
      ifNotExists().
      partitionBy("user_id", Int).
      property("user_name", Text). // Augmented, Random Data
      create();
```

例 12-4：

```
schema.edgeLabel("rated").
      ifNotExists().
      from("User").
```

```
        to("Movie").
        clusterBy("timestamp", Text, Desc).  // Note: changed clustering key
        property("rating", Text).
        create()

schema.edgeLabel("recommend").
        ifNotExists().
        from("Movie").
        to("Movie").
        clusterBy("nps_score", Double, Desc).
        create()
```

我们初始化的最后一部分是介绍如何加载数据。

12.4.2 电影推荐的生产数据加载

用户和电影顶点的加载方式与我们在第 10 章中介绍的相同。我们将跳过加载过程的这一部分，因为它是完全相同的，并且使用相同的文件。

要加载的唯一新数据是 recommend 边标签的快捷边。我们创建了一个所有预计算的边的 csv 文件，这样我们就可以轻松地将它们加载到我们的图中，以进行最终的生产推荐查询。

我们创建了一个文件来加载本章中所有预计算的快捷边。文件结构如表 12-1 所示。

表 12-1：本例的 csv 文件中有六个快捷边

out_movie_id	in_movie_id	nps_score
588	364	4911.0
588	318	4697.0
588	595	4624.0
588	356	4310.0
588	1	4186.0
588	593	3734.0

正如你在本书中多次看到的，构建边文件的最难部分是确保数据、标题行和图结构都对齐。表 12-1 的标题行显示了每行的第一个 movie_id 对应了一个 out_movie_id。out_movie_id 是我们为其计算推荐的电影。每行上的第二个 movie_id 对应于 in_movie_id。第二个标识符将边连接到推荐的电影。每一行的最后一个数据是我们已经用 NPS 启发的协同过滤方法计算出的推荐的 nps_score。

如果要确认标题行、数据和结构都对齐，可以检查 recommend 边标签表定义的结构。

最后一步是将快捷边加载到图中。例 12-5 展示了使用批处理加载工具加载数据的命令。

例 12-5：

```
dsbulk load -g movies_prod
            -e recommend
            -from Movie
            -to Movie
            -url "short_cut_edges.csv"
            -header true
```

让我们浏览一下我们的推荐查询的最终版本，看看我们将如何使用这些快捷边在几个步骤中交付推荐。

12.5 带有快捷边的推荐查询

我们设计了我们的结构并预计算了我们的快捷边，这样我们就可以尽可能快地将我们的推荐交付给终端用户。提前完成所有工作可以确保你的应用程序提供最快、最好的用户体验。

在本节中，我们想做三件事。第一，我们要检查加载的快捷边是否与脱机过程中计算的边匹配。第二，我们将向你展示如何在三种不同风格的推荐查询中使用这些快捷边。第三，我们将介绍如何通过映射三个生产查询中的两个期间访问的边分区的数量来推断查询性能。

让我们首先确认我们的快捷边与我们在 12.3 节中展示的计算相匹配。

12.5.1 确认边加载正确

我们在 12.3 节中为电影 *Aladdin* 计算了一个快捷边快照。我们知道 *Aladdin* 的 `movie_id` 是 588，所以在例 12-6 中，让我们查询 *Aladdin* 的前 5 个推荐，以确保它们符合我们的期望。

例 12-6：

```
1 g.V().has("Movie", "movie_id", 588).as("original_movie").
2     outE("recommend").
3     limit(5).
4     project("Original","Recommendation", "Score").
5       by(select("original_movie").values("movie_title")).
6       by(inV().values("movie_title")).
7       by(values("nps_score"))
```

例 12-6 应用了我们在本书中使用的 Gremlin 模式。第 1 行从 *Aladdin* 的电影顶点的分区键查找开始。然后我们走到第 2 行的 recommend 边。

例 12-6 的第 3 行集合了两个非常重要的概念：Apache Cassandra 中的聚类键和 Gremlin

中的限制。回想一下，recommend 边是根据它们的评级聚类的。因此，在边表上使用 limit(5) 会根据评分找到前五个推荐，因为它会选择底层表中分区的前五行。这就是为什么在 Apache Cassandra 中使用分布式邻接表的 Gremlin 如此之快的原因。

例 12-6 的第 4～7 行中剩下的工作很好地格式化了结果。我们创建了一个用户友好的结构，其中列出了 *Aladdin*、推荐电影的名称和分数。图 12-7 展示了你将在附带的 Studio Notebook（*https://oreil.ly/G1Lrz*）中看到的内容。

序号	原始	推荐	分数
0	Aladdin (1992)	The Lion King (1994)	4911.0
1	Aladdin (1992)	The Shawshank Redemption (1994)	4697.0
2	Aladdin (1992)	Beauty and the Beast (1991)	4624.0
3	Aladdin (1992)	Forrest Gump (1994)	4310.0
4	Aladdin (1992)	Toy Story (1995)	4186.0

图 12-7：确认我们从例 12-6 中的第一个查询中正确加载了快捷边

图 12-7 匹配了我们在 12.3 节中预览过的对 *Aladdin* 电影的前 5 个推荐。

现在让我们使用这些边来展示如何向特定用户提供推荐。

12.5.2 为用户提供生产环境推荐

在本节中，我们想展示如下三个查询：

1. 查询 1：我们的用户对最新评级的前三个推荐

2. 查询 2：我们的用户对三个最新评级的最高推荐

3. 查询 3：结合 1 和 2，我们的用户对三个最新评级的前三个推荐

前两个查询采用不同的方法向终端用户提供三个推荐。最后一种方法旨在向你展示如何使用 Gremlin 中的遍历栅栏来获得 9 个特定的推荐。

查询 1：我们的用户对最新评级的前三个推荐

我们在设计结构、流程和快捷边时只考虑了一个目的：能够根据用户最近的评级立即交付新内容。我们可以通过访问用户最近评级的电影，然后访问我们预先计算的前三个推荐。例 12-7 展示了如何在 Gremlin 中执行此操作。

例 12-7：

```
1 g.V().has("User","user_id", 694).        // our user
2     outE("rated").limit(1).inV().        // first "rated" edge is most recent
3     outE("recommend").limit(3).          // first three are top 3 recommendations
4     project("Recommendation", "Score").  // create a map with two keys
5       by(inV().values("movie_title")).   // move to the movies; get title
6       by(values("nps_score"))            // stay on edges; get score
```

例 12-7 中的 Gremlin 步骤都是我们以前使用过的步骤。这个例子的美妙之处在于第 2 行和第 3 行，在边上使用了 limit(x)。

在第 2 行，回想一下，rated 边是按时间聚类的。因此，outE("rated").limit(1) 访问分区中的第一个边，这也是最新的评级。

同样的访问模式在第 3 行上使用 outE("recommend").limit(3)，因为推荐（recommend）边在磁盘上按评级排序。第 4～6 行使用项目步骤创建用户友好的数据格式。查询结果如图 12-8 所示。

序号	推荐	分数
0	Rear Window (1954)	85.0
1	Casablanca (1942)	78.0
2	Dr. Strangelove or: How I Learned to Stop Worrying and Love the Bomb (1964)	77.0

图 12-8：根据我们在例 12-7 中最新的评级，得到三个新的内容推荐

图 12-8 显示，根据用户最新的电影评级，推荐给他们的三部最新电影是：*Rear Window*、*Casablanca* 和 *Dr.Strangelove*。真是有趣的选择，用户 694。

鉴于这些电影的分数相对较低，你可能想要通过考虑更多的评级来扩大推荐的电影范围。让我们看看如何通过查询 2 使你的评级多样化。

查询 2：我们的用户对三个最新评级的最高推荐

下一个示例的目标仍然是向用户提供三个建议，但找到它们的方法略有不同。我们希望查询用户最近的三个评级结果，并为每个评级结果提供最优推荐。例 12-8 展示了我们如何在 Gremlin 中完成这一点。

例 12-8：

```
1 g.V().has("User","user_id", 694).    // our user
2     outE("rated").limit(3).inV(). // three most recently rated movies
3     project("rated_movie", "recommended_movie", "nps_score"). // map w/ 3 keys
```

```
4          by("movie_title").          // value for the key "rated_movie"
5          by(outE("recommend").       // value for the key "recommended_movie"
6             limit(1).                 // first recommendation is top rated
7             inV().values("movie_title")). // traverse to the movie and get title
8          by(outE("recommend").       // value for the key "nps_score"
9             limit(1).                 // first recommendation is top rated
10            values("nps_score"))      // stay on the edge; get the score
```

例 12-8 的美妙之处在于，它展示了如何在推荐集中创建更多的多样性。在第 2 行上，我们使用了 rated 边按时间聚类的事实，但这次我们收集了三个最近的评级，limit(3)。然后，对于这三部最近的评级，我们想要找到最受推荐的电影。

这是我们在第 5 行和第 6 行所做的。我们将每个遍历器限制为其首选推荐，然后访问电影标题。示例 12-8 的其余部分格式化查询的不同部分，以便我们收集结果数据的有意义的视图。结果如图 12-9 所示。

序号	rated_movie	recommended_movie	nps_score
0	Safety Last! (1923)	Rear Window (1954)	85.0
1	Bill & Ted's Excellent Adventure (1989)	Back to the Future (1985)	691.0
2	Overboard (1987)	The Shawshank Redemption (1994)	52.0

图 12-9：以一种不同的方式来找到三个新的符合用户最近评级的内容推荐

图 12-9 展示了来自第一个查询 Rear Window 的一个推荐。我们现在看到，这部电影是 Safety Last!。用户 694 最近评分的另外两部电影也显示在图 12-9 中，以及它们的首选推荐。

通过扩大用户近期的评级范围，我们找到了一部相当受欢迎的电影：*Back to the Future*。这部电影的 NPS 启发指标最高，因此也是我们推荐的电影中最受欢迎的一部。

查询 3：我们的用户对三个最新评级的前三个推荐

关于这些数据的最后一个自然的问题是，收集用户三个最新评级的前三个推荐。对于每个评级，我们希望移动到推荐电影集，并要求每个遍历器找到三个。在 Gremlin 中，我们使用遍历器周围的 local() 作用域来实现这一点。然后，我们希望将所有的推荐合并到一个列表中。让我们把它作为例 12-9 中这个数据集的最后一个示例。

例 12-9：

```
1 g.V().has("User","user_id", 694).       // our user
2     outE("rated").limit(3).inV().        // 3 most recent rated movies
3     local(outE("recommend").limit(3)).   // top 3 recommendations for each movie
```

```
4    group().                          // create a map
5      by(inV().values("movie_title")). // keys for the map; merge duplicates
6      by(values("nps_score").sum()).   // values; sum values for duplicates
7    order(local).                      // sort the map
8      by(values, desc)                 // by its values, descending
```

例 12-9 的开头与例 12-8 相同，但在第 3 行引入了局部作用域的使用。使用局部作用域可以确保每个遍历器获取三个推荐，并将其填充到我们在第 4 行构造的映射中。第 5 行告诉我们，这个映射的键将是电影标题。第 6 行将所有评级聚合为一个值。测试结果如图 12-10 所示。

序号	键	值
0	Back to the Future (1985)	737.0
1	Raiders of the Lost Ark (Indiana Jones and the Raiders of the Lost Ark) (1981)	665.0
2	Matrix The (1999)	660.0
3	Rear Window (1954)	85.0
4	Casablanca (1942)	78.0
5	Dr. Strangelove or: How I Learned to Stop Worrying and Love the Bomb (1964)	77.0
6	The Shawshank Redemption (1994)	52.0
7	Forrest Gump (1994)	42.0

图 12-10：用户对三个最新评级的前三个推荐

图 12-10 展示了需要推荐给用户的电影和每部电影的最终评分。值得注意的是，我们并没有总共提出九项推荐。图 12-10 有 8 个结果，因为 *Raiders of the Lost Ark* 作为电影 *Overboard* 和电影 *Bill and Ted's Excellent Adventure* 的推荐出现；*Raiders of the Lost Ark* 的最终分数是将每个推荐的分数加起来的和。

我们鼓励你在随附的 Notebook 中（*https://oreil.ly/G1Lrz*）仔细研究这些问题。最值得注意的是，看看在使用或不使用 fold() 查询此数据时发生了什么。当你移除遍历栅栏时，你期望结果的结构会发生怎样的变化？你做对了吗？

我们忽略了什么你需要考虑的

你还需要为你的应用程序考虑另外三个主题。

第一个主题是你希望在应用程序中包含的最明显的过滤器将根据用户的偏好限制推荐。这样的过滤器可以删除他们已经看过或评分较差的电影。

第二个要考虑的主题是结果集的大小。我们随意选择了三个推荐，但我们预计算了每部电影 1000 个推荐。我们在示例中使用较小的数字以有意义的方式说明这些概念。你可以对 1000 条边进行抽样，以比较使用它们的不同方法。

扩展前三个推荐之外最流行的方法也是我们针对你的推荐查询的最后一个提示。在用户查看了少量推荐之后，你会希望应用程序继续滚动并提取更多数据。你希望将应用程序设置为能够向最终用户传输更多结果，这就是为什么你可能需要更深入地研究你的快捷边集。

希望通过本书的所有练习，你已经学会了如何应用限制和过滤器，以适应你交付给用户的推荐类型的任何这些选项。

12.5.3 通过计算边分区了解生产环境中的响应时间

在 Gremlin 中合成 `limit(x)`，结合你的图结构的分布式架构，是本书中最重要的概念之一。

我们在 12.5.3 节中介绍的查询为终端用户提供了一组不同的建议。我们看到，查询 2 和查询 3 的结果比查询 1 的结果更加多样化。

因此，你可能已经得出结论，像查询 2 或查询 3 这样的查询更适合你的应用程序，因为它们为用户提供了更多的选择。

但是为了理解查询 1、查询 2 和查询 3 的性能权衡，还需要综合最后一个概念。

我们的每个查询的性能影响归根结底取决于要访问多少个边分区来提供推荐。当谈到性能时，我们的一个查询具有显著的优势。

让我们把我们在这里展示的遍历与我们在第 5 章中详细介绍的概念综合起来，列出每个遍历所需的边分区的数量。我们首先显示第一个查询所需的边分区的数量。

为查询 1 遍历的分区

图 12-11 展示了我们需要访问两个独立的边分区来交付我们的三个推荐。

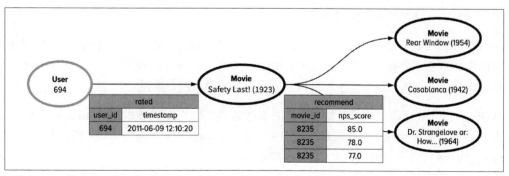

图 12-11：例 12-7 访问的边分区的数量，查询使用两个不同的边分区

第一个边分区是从用户 694 到电影顶点的 Safety Last!。第二个边分区是从单个电影顶点到它的三个最高评分的电影。图 12-11 展示了在我们的遍历过程中不同的边分区被访问的确切时间。

为查询 2 遍历的分区

让我们通过查看图 12-12 中查询 2 所需的边分区数量来对比查询 1 所需的分区数量。

图 12-12 展示了我们需要访问四个独立的边分区来交付我们的三个推荐。第一个分区与我们之前使用的相同：用户的评级边。然而，这次我们选择了三个独立的电影顶点。要访问每部电影的最佳推荐，我们必须查看三个不同的分区。因此，查询 2 需要四个不同的边分区来查找三个不同的推荐。

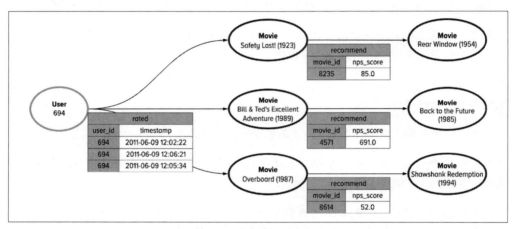

图 12-12：例 12-8 访问的边分区的数量，查询使用四个不同的边分区

为查询 3 遍历的分区

要考虑的最后一个查询是查询 3，与图 12-12 一样，图 12-13 展示我们需要访问四个独立的边分区，以便交付我们的推荐。

第一个分区与我们之前使用的相同：用户的评级边。然而，这一次，我们选择了三个独立的电影顶点。要获得对我们每部电影的前三名不同的推荐，我们必须看三个不同的分区。因此，查询 3 需要四个不同的边分区来查找三个不同的推荐。

从图 12-13 中还可以看到，第二部和第三部电影都推荐了 Back to the Future。回头看看我们的结果，如图 12-10 所示。我们可以看到，Back to the Future 的分数是两个 nps_scores 的总和：691.0 + 52.0 = 737.0。

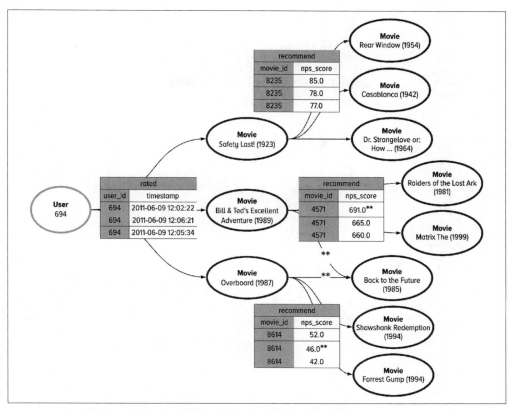

图 12-13：例 12-9 访问的边分区的数量，查询使用四个不同的边分区

12.5.4 关于分布式图查询性能推理的最后思考

理解分布式环境中查询性能的关键在于综合两个概念。正如我们刚刚介绍的，查询的速度与它在分布式环境中需要的分区数量直接相关。

通过练习，跟踪查询中访问的分区数量将变得更容易。继续思考和可视化你的查询，就像我们在图 12-13 中展示的那样，来建立你的理解。

影响查询性能的第二个主要因素是数据的连通性。在本章中，我们用快捷边来减弱数据的分支效应和可能的超节点带来的影响。

我们在过去的几节中构建了所有的信息，以便你可以了解查询的性能。总之，图查询的性能是分布式分区管理和数据分支系数规划之间的复杂平衡。最终，为了能够推断分布式图查询的性能，这些都是你需要实践的基本概念。我们希望它们对你有所启发。

第 13 章

结语

我们非常荣幸你能和我们一起踏上图思维及其在复杂问题中的应用之旅。你学到了解决复杂问题的新思维方式，学到了将这种思维形式化的新理论体系，学到了将这种思维应用于构建实际解决方案的许多新技巧和技术。

正如列奥纳多·达·芬奇所说，"一个开发人员在能够用语言描述代码示例在瞬间所能表达的内容之前，会被睡眠和饥饿所征服。"

就像所有的手艺一样，图思维技术可以通过不断的练习获得。我们设置了 notebook 和例子，展示了如何开始你的新手艺。你可以随意使用这些 notebook，并根据你的具体问题进行调整。

我们希望鼓励你将本书中的框架应用到你遇到的问题中。本书的第 1 章向你展示了如何推理哪些问题可以从图思维中受益。我们讨论的标准并不是硬性的规则，只是用来辨别问题是否具有适合图思维的特征的粗略指南。随着时间的推移，你会建立起一种支撑这种决策的直觉。

当你刚开始学习时，通过表格数据的方式来考虑数据问题可能会感觉更自然、更舒服。你需要克服采用不同视角的不适，尝试使用图思维，特别是当数据的关系和连接结构对手头的问题很重要时。

用关系的视角来表示数据并没有什么错，我们并不是在争论图思维更好。它是不同的，对于某一类问题，它可以更容易且更有效地找到解决方案。掌握这两个方法对于解决复杂问题至关重要，因为它们通常需要分解成子问题，这些子问题需要结合这两个方法。

当你开始将图思维应用于你的问题时，我们鼓励你遵循我们在本书后面几章中所采用的"开发第一、生产第二"的方法。换句话说，首先将数据作为图来研究，然后快速迭代应用和改进合适的图技术，之后再深入地为生产使用对这些技术进行微调。第 4～12 章介绍了我们如何将这种思维方式应用于最常见的连接数据问题：探索邻接点、树的分支、寻找路径、协同过滤和实体解析。

可以将这些技术看作乐高积木，你可以以各种方式组合和组装，以构建适合你的特定应用程序的解决方案。

13.1 何去何从

这就是关于图思维的全部知识吗？

远不是这样，这只是最开始的结束。

图思维是一个非常丰富的话题，与计算机科学、物理学、数学、生物学等许多其他领域都有关系。一旦你习惯了通过边连接的顶点来观察问题，你会惊讶于这种视角的变化所带来的理解的深度，它开启了人类探索的各个领域。

我们推荐四种方法来继续你的图思维之旅：图算法、分布式图、图论和网络理论。这个列表绝不是全面的，只是你可以从这里学习的许多道路的一个粗略的轮廓。

最后，我们将分别简要介绍这四个主题，并对接下来要读什么给出建议。

13.1.1 图算法

还有另一类图问题需要提及：图算法。与本书中教授的特定生产遍历不同，图算法通常需要分析整个图的结构，就像计算关于数据连通性的特定分析。

我们在第 10 章中第一次看到的协同过滤是图算法的一个例子。其他流行的图算法有全对最短路径、PageRank、图着色、连接组件识别、中介中心性、图划分和模块化。

关于图算法有两个主要的概念。

第一点，图算法通常需要对图的大部分（如果不是整个图的话）进行全局计算。我们介绍了批计算作为使用 Gremlin 查询语言对图结构数据进行全局计算的替代方法。

第二点是承认一些图算法可以分解成许多局部计算，而另一些则不能。我们看到了一种图算法，即协同过滤，它可以用全局分布式计算或许多局部计算来解决。

大多数更流行的全局图算法，如 PageRank 和 Connected Components，不能分解为更小的计算，当应用于非常大的图时，需要分布式批计算。对于这类图算法，可能需要以批处理（或批量同步）模式运行图计算，这种模式将计算分布到聚类中的多台机器上。

如果你对学习更多关于全局图算法的知识感兴趣，我们推荐两本书。首先如果你想深入研究如何以及何时将图算法分解为更小的局部问题，那么推荐你学习 K. Erciyes（Springer）的 *Distributed Graph Algorithms for Computer Networks*。第二本是 Mark Needham 和 Amy E. Hodler 的 *Graph Algorithms: Practical Examples in Apache Spark and Neo4j*（*https://www.oreilly.com/library/view/graph-algorithms/9781492047674/*），图的实践者可能会十分喜欢里面的一些流行算法示例。

13.1.2 分布式图

本书强调了分布式图。由于工作负载需求（例如，在低延迟的情况下实现一定的吞吐量），或者考虑到数据的地理分布需求，当图太大而不能合理地放在一台机器上时，就需要对其进行划分。分布式图尤其具有挑战性，因为你要将分布式数据的复杂性与图思维的复杂性结合起来。

虽然 Cassandra 中的 DataStax Graph 可以代表用户处理大量这种复杂性，例如数据复制和容错，但了解分布式系统的详细工作方式对于理解系统在极端条件下的行为至关重要。

我们在本书中没有详细介绍的一些元素与数据一致性有关。DataStax Graph 使用一种最终的一致性模型，它更看重系统正常运行时间，而不是强大的一致性保证。其他图数据库则相反，它们提供更强的一致性保证，但数据库不可用的可能性更高。

什么适合你的应用程序取决于你的业务需求。在任何情况下，了解系统提供了什么一致性和可用性保证以及如何对它们进行推理是很重要的。

分布式数据库是一种迷人的系统，它们的讨论填满了整本书。我们鼓励我们的读者更多地了解它们。要了解更多关于 Cassandra（DataStax Graph 底层的分布式数据库）的信息，我们推荐 Jeff Carpenter 和 Eben Hewitt 的 *Cassandra: The Definitive Guide*（O'Reilly）。关于分布式数据库的更广泛的讨论，我们推荐 M. Tamer Özsu 和 Patrick Valduriez 合著的 *Principles of Distributed Database Systems*（Springer Science+Business Media）教科书。

13.1.3 图论

数学中有一个分支叫作图论，专门研究图的结构。本书中介绍的许多术语都来源于图论。从从业者的角度来看，熟悉术语并对图论的特点有一个基本的理解是最有用的。

如果你想更深入地了解图思维的术语和基本概念，那么我们鼓励你学习图论。图论将教给你某些类型的图，如平面图，以及这些图具有什么特征。你将了解更多关于著名的图形"着色问题"的知识。

对于图论的引导之旅，一个很好的起点是 Richard J. Trudeau 的 *Introduction to Graph Theory*（Dover）。此外，你可以在网上找到很多关于图论的介绍性材料，包括 Sarada

Herke 在 YouTube 上的一个致力于图论和离散数学内容的频道（*https://www.youtube.com/user/DrSaradaHerke*）。

当你在网上搜索关于图论的内容时，你很快就会遇到网络理论这个术语。

13.1.4 网络理论

网络是图的同义词，网络理论是图论在现实世界中的应用。网络理论研究自然图，或发生在我们周围的现实世界和不同学科中的图结构。

例如，社会学家应用网络理论来研究社会网络和推理自然连接结构。生物学家观察发生在生物世界中的图表，比如食物网络（或者谁吃谁），以及在人类内部，如分子途径或蛋白质－蛋白质相互作用网络。

从网络理论中一个有趣的发现是，许多自然存在的网络是"无标度"的，这些网络上顶点的度分布具有幂律分布。简单地说，图中有几个顶点有很多条边，还有很多顶点只有几条边。Twitter 是无标度图的一个很好的例子：Twitter 上很少有人拥有百万粉丝，而数百万人只有少数粉丝。

各种各样的自然网络是无标度的，这就是图中存在超级节点的原因。

一个试图解释无标度网络盛行的流行理论，被称为优先连接理论，推测随着时间的推移，新的顶点加入网络，它们更有可能在已经有很多边的顶点上建立边。也就是说，这是典型的"富人越富"现象。

这一点在推特上很直观：如果一个新用户加入推特，那么他们更有可能关注像奥巴马这样的名人，而不是随便一个人。

网络理论有很多关于自然图和塑造它们的动态的内容。这与图的实践者有关，以确保我们构建的系统在目标图上很好地工作。我们已经意识到围绕超级节点工作是多么重要。网络理论帮助我们理解超级节点何时以及如何出现。类似地，在网络理论中还有许多其他的主题可以让我们更好地理解某些域图。

Albert-László Barabási（优先连接理论之父）所著的 *Linked: The New Science of Networks* (Perseus)，是一个很好的图思维的科普介绍。如果你不害怕阅读或深入其中的数学，我们推荐 Mark Newman 的调查论文" The Structure and Function of Complex Networks"[注1]。这篇论文为网络科学中的许多领域提供了一个高水平的介绍，具有足够的数学深度来实现实用性，同时又保持了足够高的水平来快速覆盖许多领域。它包含了很多对更深入的材料的参考。

注 1：SIAM REview 45, no. 2(2003): 167-256。

13.2 保持联系

如果你喜欢本书关于实用图思维的介绍，并希望更多地了解它，或加入志同道合的团队，那么你可以：

1. 关注我们的 Twitter：@Graph_Thinking

2. 查看我们的 Github：*https://github.com/datastax/graph-book*

关于作者

Denise Koessler Gosnell 博士 作为 DataStax 的首席数据官，她运用本书中的思维方式结合数据做出了更加明智的决策。在此之前，Gosnell 博士加入 DataStax 创立并领导了 Global Graph Practice 团队，该团队构建了世界范围内一些最大型的分布式图应用程序。Gosnell 博士曾是美国国家科学基金会的研究员，并在田纳西大学获得了计算机科学博士学位。她在研究中首创了社交指纹的概念，它可以在社交媒体互动中通过图算法预测用户身份。

Gosnell 博士致力于研究、应用和推广图数据。她的专利、技术成果、著作以及演讲涉及图论、图算法、图数据库和图数据在所有行业垂直领域的应用等数十个主题。在加入 DataStax 之前，Gosnell 博士曾在医疗保健行业工作，在许可链、图分析的机器学习应用以及数据科学的软件解决方案上有所建树。

Matthias Broecheler 博士 作为 DataStax 的首席技术官，也是一位具有丰富研发经验的企业家。Broecheler 博士致力于颠覆性软件技术以及理解复杂系统。他是公认的图数据库、关系型机器学习和通用大数据分析方面的行业专家。他身体力行精益方法论及其实验，用以推动持续改进。Broecheler 博士是 Titan 图数据库的发明者，也是 Aurelius 的创始人。

关于封面

本书封面的动物是杂斑盔鱼（Coris julis）。这种多彩的鱼栖息于大西洋东部，分布于挪威到塞内加尔，直到地中海。它生活在海岸线附近，喜欢多石、海草丰富的区域。它以小型甲壳类动物（如虾、海胆）以及腹足类动物（如海蛞蝓）为食。为了猎食甲壳类食物，这种杂斑盔鱼进化出了锋利的牙齿和突出的下颚。

作为一种顺序雌雄同体鱼，杂斑盔鱼在其生命周期内会改变颜色和大小。这些鱼出生时可能是雄性也可能是雌性，在生命的最初阶段，它们是棕色的，腹部是白色的，身体两侧各有一条黄橙色的条带。第二阶段的雌性鱼体长可达 7 英寸[编辑注1] 左右，它们也可能会在第二阶段转变成雄性鱼，体长可达 10 英寸左右。第二阶段的雄性鱼色彩更加丰富——绿色或蓝色，两侧有明亮的橙色人字形条纹。

杂斑盔鱼的数量稳定，没有受到威胁。O'Reilly 出版的图书封面上的许多动物都濒临灭绝，它们对世界都很重要。

编辑注 1：1 英寸＝2.54cm。

云数据平台：设计、实现与管理

作者：[加] 丹尼尔·兹布里夫斯基 (Danil Zburivsky) 琳达·帕特纳 (Lynda Partner) 译者：刘红泉
书号：978-7-111-71204-6 定价：139.00元

本书介绍如何设计既可伸缩又足够灵活的云数据平台，以应对不可避免的技术变化。你将了解云数据平台设计的核心组件，以及Spark和Kafka流等关键技术。你还将探索如何设置流程来管理基于云的数据、确保数据的安全，并使用高级分析和BI工具对数据进行分析。本书旨在帮助企业通过现代云数据平台使用所有数据的业务集成视图，并利用先进的分析实践来驱动预测和数据服务。本书总结了不同的数据消费者如何使用平台中的数据，并讨论了影响云数据平台项目成功的常见业务问题。